La neurociencia de tu cerebro

Chantel Prat

La neurociencia de tu cerebro

Cómo la neurociencia explica que cada cerebro es diferente y te ayuda a entender el tuyo

Título original: *The neuroscience of you: How every brain is different and how to understand yours*

Calle de Cervantes, 26
28014, Madrid
© Traducción: Equipo Pinolia, 2025

www.editorialpinolia.es
info@editorialpinolia.es

Colección: divulgación científica
Primera edición: abril de 2025

Depósito legal: M-6414-2025
ISBN: 979-13-87556-33-4

Diseño y maquetación: Almudena Izquierdo
Diseño cubierta: Óscar Álvarez
Impresión y encuadernación: Liberdúplex, S.L.

Printed in Spain - Impreso en España

A Jasmine, Andrea y Coccolina,
por quererme como soy.

CONTENIDO

PREFACIO

DE MI CEREBRO AL TUYO

Dicen que todo el mundo lleva un libro dentro, pero nadie te cuenta lo difícil que es sacar ese libro de ti. Bueno, a mí tampoco me lo dijeron y, para ser justos, probablemente no les habría hecho caso. Resulta que mi cerebro es más de los que aprenden tocando la estufa para ver lo caliente que está, no sé si me explico. Si te soy sincera, estoy agradecida por ello, porque aunque me queme de vez en cuando por el camino, si tuviera un cerebro del tipo «porque me lo han dicho» no habría hecho la mayoría de las cosas difíciles que me prepararon para escribir este libro. Y si cuando lo leas aprendes la mitad de lo que yo aprendí cuando lo escribí, todo habrá merecido la pena.

Baste decir que mi primera experiencia escribiendo un libro ha sido de todo menos «normal», si es que existe tal cosa. Una gran parte de ella tuvo que ver con el experimento en el que todos participamos y que comenzó en 2020 (y estoy bastante segura de que ninguno de nosotros firmó un formulario de consentimiento). Ya sabes, el que estuvo centrado en un virus. Me gustaría pensar en ello como una exploración radical de lo que los psicólogos han llamado la cuestión de la naturaleza contra la crianza: ¿cuánto de lo que te hace ser tú es inherente a tu constitución biológica y cuánto es una respuesta a tu entorno? Cuando se produjo la pandemia de COVID-19, muchos de nosotros cambiamos la rutina de nuestra vida cotidiana por una ansiedad generalizada por nuestra salud y la seguridad de nuestros seres queridos.

Afortunadamente, mi «trabajo diario» como científica y profesora de la Universidad de Washington en Seattle me proporcionó algunas herramientas para comprender lo que podría ocurrirme en esas circunstancias. Pero, por razones que se explicarán en la segunda parte de este libro, el hecho de saber más no se tradujo inmediatamente en hacer mejor las cosas. Por el contrario, observé cómo mi vida se iba transformando con fascinación y horror a partes iguales. Me cautivaron las diferencias entre cómo me sentía yo y cómo parecían afrontar los cambios en sus rutinas las personas que me rodeaban. Algunos se pusieron en «la mejor forma de su vida», mientras yo permanecía estancada. Otros intercambiaban recetas y se obsesionaban con hornear la hogaza de pan de masa madre perfecta. No solo cociné menos que nunca, sino que no hice ninguna de las cosas que siempre dije que haría si tuviera más tiempo.

En lugar de eso, hice todo lo posible por ver todas las películas habidas y por haber en Netflix. Convencí a mi marido para que jugara conmigo durante horas a *Pandemic,* un juego de mesa en el que intentas salvar al mundo del brote de un virus. Comí fatal. Bebí más de lo normal. Y en los momentos de quietud, mientras me miraba el ombligo cada vez más prominente, me encontré haciéndome la misma pregunta que me metió en este campo en primer lugar:

«¿Por qué estoy así?».

La respuesta es sencilla desde el punto de vista pragmático, pero lo suficientemente complicada desde el punto de vista biológico y filosófico como para llenar un montón de libros. Mi cerebro me hace ser así.

Recuerdo el momento exacto en que me di cuenta de esto y lo rápido que cambió mi vida para siempre. Tenía diecinueve años y, después de ver demasiados episodios de *Doogie Howser, M.D.*, estaba a punto de matricularme en la facultad de Medicina. Para cumplir el último requisito, me apunté a un curso de psicología en la universidad local que no interfiriera con mi trabajo diario en el centro comercial: vender zapatos en Kinney's.

Durante la primera clase, el profesor nos contó la historia de Phineas Gage. Gage era un trabajador ferroviario. En 1848 cometió un error durante su jornada laboral que provocó que un pincho de hierro le atravesara la mejilla izquierda y le saliera por la parte superior de la cabeza. Al hacerlo, se llevó un trozo importante de su cerebro. Sobrevivir a una lesión así sería casi un milagro incluso con las prácticas médicas actuales, por lo que el hecho de que Gage se levantara y saliera literalmente caminando del lugar del accidente es todavía más increíble. Con el tiempo, muchas de sus capacidades físicas y mentales volvieron a la «normalidad», pero los daños sufridos en el lóbulo frontal cambiaron su personalidad de forma fundamental y permanente. Si bien Gage era un hombre respetado y fiable, capaz de elaborar y ejecutar planes racionales, su médico lo describió como «caprichoso, irreverente... que manifestaba muy poca deferencia por sus semejantes, impaciente ante la restricción o el consejo cuando entraba en conflicto con sus deseos, a veces pertinazmente obstinado, pero caprichoso y vacilante, ideando muchos planes de operaciones futuras, que no tardaban en ser abandonados por otros que parecían más factibles». En pocas palabras, Gage no era la misma persona después de su lesión cerebral.

Esto me fascinó.

Salí de clase intentando asimilar que el cerebro humano es un órgano, como el corazón o los pulmones, pero que el funcionamiento de este órgano te hace ser tú. Los pulmones oxigenan la sangre. El corazón hace circular la sangre oxigenada por todo el cuerpo y luego tu cerebro utiliza esa sangre oxigenada para crear la energía que da lugar a cada pensamiento, sentimiento, emoción y acción que identificas como tuyos. Cambia el cerebro y cambiarás a la persona. De lo que me di cuenta a los tres meses de la pandemia es de que, a menor escala (y espero que menos permanente), mi cerebro estaba cambiando. Empapado de cortisol —un neuroquímico relacionado con el estrés prolongado—, mi cerebro luchaba por encontrar un equilibrio entre los impulsos de «debería hacer» y «quiero hacer». Y no sé quién necesita oírlo, pero el estrés también mata la creatividad.

Afortunadamente, mientras escribía el capítulo 2, tuve un momento que me dio la perspectiva que tanto necesitaba. Entre otras cosas, me recordó por qué la gente reaccionaba a la pandemia de formas tan diferentes. Al fin y al cabo, las personas responden al estrés de forma diferente por la misma razón por la que algunas se sienten paranoicas cuando fuman hierba por primera vez, mientras que a otras simplemente les entra hambre. Todo vuelve a la cuestión de la naturaleza frente a la crianza, y la respuesta es casi siempre una combinación de ambas. Las diferencias básicas en nuestra biología se combinan con las experiencias vividas para dar forma a nuestra manera de pensar, sentir y responder a los cambios ambientales. Y sé que, dadas las circunstancias, mi cerebro lo hizo lo mejor que pudo. Siempre lo hace. Espero sinceramente que el tuyo disfrute aprendiendo sobre sí mismo a través de los frutos de nuestro trabajo.

INTRODUCCIÓN A TU NEUROCIENCIA

Permíteme empezar diciendo lo mucho que me emociona tener la oportunidad de presentarte a tu cerebro. Al fin y al cabo, no me parece bien que yo sepa más que tú sobre el responsable que te mueve por el mundo. Para ser justos, llevo ya un tiempo en esto, así que tengo un poco de ventaja. Desde que conseguí mi primer trabajo en un laboratorio de desarrollo cerebral a mediados de los noventa, he estado trabajando en la intersección de la neurociencia, la psicología, la lingüística y la ingeniería neuronal. El objetivo de mi investigación es claro, pero no sencillo: averiguar cómo las diferencias en el funcionamiento del cerebro determinan la forma en que las personas procesan la información. En pocas palabras, quiero entender qué es lo que mueve a la gente como tú.

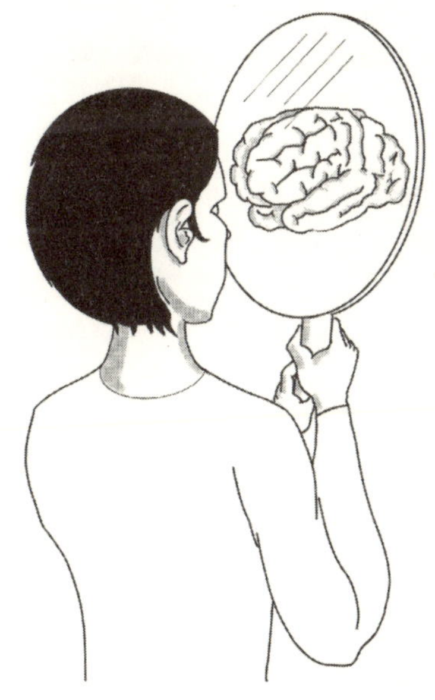

Aunque estoy segura de que la mayoría de vosotros entendéis, en cierto nivel, que vuestras formas únicas de pensar, sentir y comportarse están relacionadas con el funcionamiento de vuestro cerebro, la gran mayoría de los libros de neurociencia que se encuentran en las librerías adoptan el enfoque de «talla única» que ha dominado el campo durante más de un siglo. Y seamos realistas, las prendas de talla única no se adaptan bien a nadie. De hecho, lo que he aprendido en mi vida profesional coincide con lo que he observado en mis interacciones más interesantes y gratificantes con la gente en el mundo real: no todos funcionamos igual.

Este libro va más allá de la descripción del funcionamiento de la mayoría de los cerebros, para permitirte comprender mejor cómo funciona el tuyo. Porque, a riesgo de sonar a tópico, cada cerebro es realmente único. Incluso los gemelos idénticos tienen cerebros diferentes. Y aunque esto pueda sorprenderte un poco, algunas de las diferencias entre cerebros humanos sanos pueden tener profundos efectos en su funcionamiento.

¿Recuerdas el vestido que arrasó en Internet en 2015 porque la gente no se ponía de acuerdo sobre si era azul y negro o blanco y dorado?[1] Tengo que suponer que la razón por la que millones de personas quedaron cautivadas por esa imagen es porque la versión de la realidad que nuestro cerebro crea para nosotros es muy convincente. Resulta un poco chocante saber que algo tan elemental como el color de un vestido puede prestarse a interpretaciones. Pero cuando hayas terminado el capítulo 5, la ciencia que hay detrás de cómo los distintos cerebros entienden el color del vestido debería quedarte clara. Esto no cambiará tu forma de ver el vestido, pero puede que te dé una nueva perspectiva sobre el dicho de «ver para creer». Porque, como pronto aprenderás, las diferencias en el funcionamiento de nuestros cerebros no solo determinan nuestra forma de ver el mundo, sino también las decisiones que tomamos sobre cómo comportarnos en él.

¿Listo para empezar a conocer el tuyo? Pon las manos en puño y gíralas de modo que ambos pulgares queden mirando hacia ti.

---

[1] Si te perdiste este fenómeno, Wikipedia tiene una bonita entrada titulada «The dress» que incluye la foto original.

Ahora junta los nudillos de los dedos y… *Voilà!* Tienes delante un modelo bastante parecido al tamaño de tu cerebro.

Un poco decepcionante, ¿verdad? Aunque sea más pequeño de lo que imaginabas, es poderoso. Ese bulto de kilo y medio y 86 000 millones (más o menos) de neuronas que producen señales es el único responsable de traducir la energía física del mundo «exterior» a tu versión de la realidad. Por supuesto, también controla la mayoría de tus funciones corporales y te mantiene vivo en su «tiempo libre». Para llevar a cabo sus importantes tareas, el cerebro utiliza al menos el 20 % de los recursos energéticos del cuerpo en un momento dado, aunque solo represente el 2 % de su peso total. En otras palabras, el cerebro es caro.

Por no hablar de su compleja ingeniería. Para obtener la máxima potencia cerebral en una cabeza que aún se pueda transportar, la presión evolutiva provocó la «girificación» de los grandes cerebros, proceso por el cual sus superficies se pliegan sobre sí mismas para caber en espacios más pequeños. Es como coger un trozo de papel y arrugarlo hasta formar una bola. Si «desarrugáramos» la poderosa capa de neuronas que recubre el cerebro —la corteza cerebral—, cubriría aproximadamente la misma superficie que dos pizzas medianas.[2] Y como las neuronas están tan apretadas, el cerebro no tiene espacio para almacenar reservas de combustible, como la mayoría de los demás órganos. Como resultado, necesita un suministro constante de glucosa, incluso cuando duermes. Basta decir que, si no hemos llegado al límite de la potencia cerebral que puede soportar nuestro cuerpo, estamos muy cerca.

Aunque puede que aún te estés preguntando qué puede decirte el tamaño de tus puños sobre el funcionamiento de tu cerebro. Si esperas leer este libro y enterarte de que, porque tienes las manos muy grandes, tu cerebro es mejor, más rápido y más fuerte que la media, probablemente te vas a decepcionar.[3] No me malinterpretes, más grande es mejor en algunos casos, pero este libro no trata

---

[2] El tamaño real es algo más de dos metros cuadrados.

[3] Bueno, estadísticamente hablando, si tienes manos grandes, puede que seas más fuerte que la media, pero eso no viene al caso.

de eso. La mayoría de las características importantes del órgano que te hace ser tú son más complejas que eso.

Tomemos, por ejemplo, el trabajo de investigación titulado *Big-Brained People Are Smarter* de Michael McDaniel. En él, McDaniel analizó la relación entre el volumen cerebral y el rendimiento en pruebas de inteligencia estandarizadas utilizando datos recogidos de más de 1 500 personas. Como se puede sospechar por el *spoiler* del título, las personas con cerebros más grandes tienden a obtener mejores resultados en los *tests* de inteligencia.[4] Según su análisis, la correlación entre las dos variables —una estadística que estima cuánto puede decir el valor de una variable (como el tamaño del cerebro) sobre el valor de otra (como los resultados de inteligencia)— era de 0,33. Si se eleva al cuadrado este número y se multiplica por dos, se obtiene una correlación de 0,33. Si elevamos este número al cuadrado y lo multiplicamos por cien, obtendremos algo más interpretable: el porcentaje de variabilidad de un valor explicado por el otro. En este caso, el valor es del 10,89 %, lo que significa que si se intenta explicar por qué las personas obtienen resultados diferentes en los *tests* de inteligencia, conocer el tamaño de sus cerebros supone casi el 11 % del camino recorrido. Aunque está claro que se trata de una pieza decente del rompecabezas, espero que te haga preguntarte qué explica el 89 % restante, sobre todo teniendo en cuenta que tu cerebro es responsable al 100 % de tu rendimiento en cualquier prueba.

Cómo está diseñado su cerebro

La verdad sobre las diferencias entre los cerebros humanos —o al menos la versión que mi cerebro ha creado para mí— es más compleja que la idea de que cuanto más grande, mejor.[5] Esto tiene

---

[4] Intento no utilizar palabras como «más listo» o «más inteligente» para describir a las personas que obtienen mejores resultados en los tests de inteligencia. La comunidad científica sigue debatiendo mucho sobre qué es la inteligencia y cómo medirla. Me inclino por Edwin Boring, que escribió en 1923 que «la inteligencia es lo que prueban los tests de inteligencia».

[5] Si no fuera así, los cachalotes, con sus enormes cerebros de seis kilos, gober-

sentido si tenemos en cuenta que la evolución lleva cientos de millones de años metiendo más y más potencia en nuestras cabezas. Pero las presiones evolutivas que dieron forma a tu cerebro no se preocuparon específicamente por su tamaño. En cambio, el éxito de un cerebro se mide por su capacidad para conducir el cuerpo que habita por el mundo de forma que le permita vivir lo suficiente para encontrar otro cerebro dispuesto a reproducirse con él. A lo largo del tiempo, han evolucionado muchos tipos diferentes de cerebros, cada uno diseñado de forma óptima para pilotar diferentes tipos de cuerpos a través de los entornos específicos en los que habitan.[6]

También debo advertirte de que este libro tiene poco que ver con cómo encontrar la pareja adecuada, aunque el último capítulo del libro describe los retos a los que se enfrentan dos cerebros cuando intentan comunicarse a través de los diferentes mundos que han creado para sí mismos. En su lugar, nos centraremos en el enorme motor de procesamiento de información que es tu cerebro y solo el tuyo. Al igual que las piezas del motor de un vehículo traducen la energía de las baterías o de la combustión del combustible en fuerzas mecánicas que lo mueven por el mundo, el objetivo de cualquier cerebro es traducir la energía física del entorno en el que habita en información que pueda utilizar para tomar las decisiones que lo conduzcan por el mundo de forma que maximice su éxito. Pero aquí está el truco, el universo en el que opera tu cerebro es esencialmente infinito y cambia continuamente. Tu cerebro, por poderoso que sea, es finito. Tiene que procesar el mundo exterior en trozos pequeños y discretos. Es como tomar una serie de instantáneas de baja resolución y construir una película a partir de ellas. Para ello hay que tomar millones de decisiones sobre qué información es la más importante y cómo unir los puntos cuando faltan piezas. Como verás en este libro, los

---

narían el mundo.

[6] El pulpo, con ocho grandes cerebros para controlar cada uno de sus brazos y un pequeño sistema nervioso central para coordinar las actividades entre ellos, es un ejemplo sorprendente de ello. Sospecho que si le pidiéramos a un cerebro de pulpo que pilotara un cuerpo humano, le costaría muchísimo ponerse los pantalones.

cerebros individuales tienen distintas formas de tratar de gestionar sus limitaciones inherentes.

Al igual que los motores tienen distintos mecanismos para transformar la energía en movimiento (por ejemplo, el número de cilindros o el tipo de transmisión), cada cerebro tiene un conjunto de características de diseño que determina la forma en que reconstruye los datos incompletos que recibe y genera los pensamientos, sentimientos y patrones de toma de decisiones que te impulsan. Y así es como vamos a averiguar cómo funciona tu cerebro. Porque, obviamente, sin todo el equipo de lujo que utilizo en el laboratorio para medirlo más directamente, lo mejor que podemos hacer es aplicar ingeniería inversa a tu cerebro, basándonos en la forma en que piensas, sientes y actúas. En los capítulos siguientes, he incluido una serie de evaluaciones que te ayudarán a hacerte una mejor idea de cómo está diseñado tu cerebro.[7] A medida que nos adentremos en el proceso de ingeniería inversa, empezarás a conocer los costes y beneficios asociados a cada una de las diferentes características de diseño que analizamos. Esto tiene sentido, si tenemos en cuenta el tiempo que la evolución ha estado trabajando para eliminar los diseños cerebrales que no funcionan bien para nadie en ninguna situación. Claro, cuando se enfrentan a un tipo específico de problema, un tipo de cerebro puede hacerlo mejor que otro. Pero casi siempre hay otra situación en la que el segundo tipo de cerebro destacará.

En otras palabras, intentar decidir qué tipo de diseño cerebral es «el mejor» es algo así como intentar decidir si un Honda Civic es mejor o peor que un Subaru Outback. Claro que tengo una opinión personal al respecto, pero en realidad son dos coches diferentes que han sido diseñados para satisfacer necesidades distintas. Decidir cuál es mejor depende mucho de lo que necesites que haga tu coche. Espero que tengas esto en cuenta cuando empieces a averiguar cómo funciona tu cerebro. Este libro trata más de «encontrar tu carril» que de «ganar una carrera» con él.

---

[7] Si quieres saber más sobre tu cerebro de lo que cabría en esta página, visita mi sitio web, chantelprat.com, donde encontrarás enlaces a más evaluaciones cerebrales.

Los cerebros de los taxistas londinenses, que se hicieron famosos en el año 2000, ilustran perfectamente esta idea. Antes de obtener la licencia para conducir un taxi en Londres, una persona tiene que superar una prueba increíblemente difícil con un nombre igualmente intimidatorio «the Knowledge» ('El conocimiento'). La prueba consiste en memorizar el trazado de más de 20 000 calles del área metropolitana de Londres, una proeza que exige una cantidad increíble de memoria. Como puedes imaginarte, esto elimina rápidamente a los candidatos como yo, cuyo cerebro es todo RAM y nada de disco duro, por así decirlo. De hecho, menos del 50 % de las personas que se matriculan para ser taxistas aprueban el examen, ni siquiera después de pasar dos o tres años estudiando para ello. Así pues, resulta que los cerebros de los taxistas londinenses son diferentes de los de los humanos que no conducen taxis en características que reflejan sus hercúleos esfuerzos de memoria. De hecho, la parte del cerebro que se ha asociado con más frecuencia a la memoria espacial, la cola de la región cerebral con forma de caballito de mar, llamada hipocampo, es más grande que la media en estos taxistas.[8] Pero he aquí un dato curioso que he dejado como guinda final: ¡la cabeza del hipocampo es más pequeña que la de la media en los taxistas!

Para averiguar las implicaciones de este particular diseño cerebral, Eleanor Maguire, la neurocientífica irlandesa que descubrió los extraordinarios cerebros de estos conductores, realizó un estudio de seguimiento. Para controlar las exigencias del entorno en el que operan los cerebros de los taxistas, al hacer circular un vehículo por calles muy transitadas sin chocar con nada, comparó su rendimiento de memoria con el de otro grupo cuyos cerebros operan en un entorno similar, los conductores de autobús de Londres. Los resultados de esta comparación fueron fascinantes. Mientras que los taxistas superaron a los conductores de autobús en pruebas que consistían en reconocer puntos de referencia o juzgar la distancia entre lugares conocidos de la ciudad, los conductores

[8] Si te interesa saber cómo ha llegado a ser así, abróchate el cinturón. Hablaremos de ello en la siguiente sección.

de autobús superaron a los taxistas en pruebas que consistían en dibujar de memoria figuras complejas o en recordar listas de palabras. Dicho de otra manera, los cerebros de los taxistas mostraban un tipo específico de «mejora» de la memoria que les permitía adquirir una gran cantidad de información espacial a partir de los mapas que estudiaban. Sin embargo, esa mejora también parecía tener un coste cuantificable para otras funciones de la memoria, ya que hacía que regiones cerebrales cercanas estuvieran ocupadas con otras tareas. Y aunque estoy segura de que se podría entablar un animado debate entre taxistas o conductores de autobús sobre qué grupo es más inteligente, ambos obtuvieron resultados igual de buenos en más pruebas de las que se diferenciaban, incluidas cosas que son fundamentales en muchos entornos, como la capacidad de recordar historias o reconocer las caras de las personas.

El ejemplo de los dos tipos de cerebros de los conductores ilustra muy bien muchos de los principios de ingeniería cerebral en torno a los que se organiza este libro. El primero es la noción de costes y beneficios. Si Maguire no hubiera estado motivada para comprender toda la historia, habría sido muy fácil decidir que más grande era mejor. Los taxistas tienen regiones de memoria espacial más grandes y son más capaces de memorizar un gran número de mapas. Y si le preguntara a una persona promedio si le gustaría tener mejor memoria, la mayoría diría que sí. Pero ¿y si te preguntara si prefiere ser capaz de memorizar cantidades masivas de información espacial, memorizar la lista de la compra o dibujar de memoria algo que ha visto una vez? Entonces la respuesta probablemente dependería de lo que necesites o te guste, ¿verdad?

Y esto me lleva de nuevo a mi segundo punto sobre los diseños cerebrales…

No tiene sentido decidir que uno es mejor que el otro sin pensar en lo que necesitas hacer con él. A diferencia de la comparación entre el Honda Civic y el Subaru Outback, tu cerebro también está diseñado por los entornos en los que se encuentra y las tareas que le pides que realice. Es decir, tu cerebro puede ser actualmente un Subaru Outback, un Honda Civic o incluso un Ford F-150, pero naciste más cerca de un Volkswagen Escarabajo o un

Fiat 500, y tus experiencias te ayudaron a moldearte en lo que eres a día de hoy.

En las páginas que siguen, pretendo ayudarte a entender mejor tu cerebro describiendo algunas de las características de diseño que más influyen en tu forma de moverte por el entorno en el que habitas. Empezando desde dentro, en la primera parte hablaremos de algunas de las presiones biológicas que dan forma a los cerebros de distintas maneras, desde las asimetrías que dan lugar a funciones cerebrales especializadas hasta las sustancias químicas que alimentan los sistemas de comunicación de tu cerebro. En la segunda parte veremos cómo las presiones externas moldean el cerebro e interactúan con sus características intrínsecas. ¿Cuáles son las tareas que debe realizar un cerebro para tener éxito y cómo pueden reflejarse las distintas formas de llevarlas a cabo en los distintos tipos de diseños cerebrales? Desde la necesidad de adaptarse a distintos entornos hasta el deseo de comprender y conectar con los demás, algunas de nuestras diferencias más notables aparecen cuando observamos cómo responden los cerebros a la variedad de situaciones que les pedimos que nos dirijan. Pero antes de empezar a discutir cómo funciona todo esto, me gustaría darte un poco más de antecedentes teóricos, para ayudarte a entender lo que significa cuando digo «Tu cerebro te hace así».

¿Qué significa ser diferente?

Soy la primera en admitir lo reconfortante que me resulta un buen libro, de ficción o no, que me ayude a ver que algunas de las cosas que me parecen realmente extrañas de mí misma son, en realidad, bastante normales. Pero mi forma de entender lo que hace que algo sea normal o anormal es probablemente diferente de la tuya, así que este parece un buen punto de salida para empezar nuestro debate. Lo primero que hay que tener en cuenta es que la distinción entre «normal» y «anormal» casi nunca es binaria. No es como si los elegidos miráramos a un grupo de personas a través de nuestras lentes científicas y pensáramos «normal, normal, normal, RARO, normal, normal». No funciona así.

En cambio, tanto si se estudia el nivel general de optimismo sobre el futuro de una persona como el tamaño de su cerebro, casi siempre existe un rango de valores que describen la característica que interesa. La pregunta entonces es ¿estás «dentro del rango normal» o «fuera» de él? Pero ¿cómo decidimos dónde está el límite?

Y hay algo que no todo el mundo entiende: no se puede definir científicamente lo que es «normal» o «anormal» sin comprender la naturaleza de las diferencias entre las personas. Cuando lo hacemos, tenemos que tener en cuenta dos formas distintas de definir lo normal: 1) ¿Hasta qué punto es típica o atípica una determinada forma de ser? y 2) ¿Hasta qué punto es funcional o disfuncional?

Tomemos como ejemplo el Trastorno por déficit de atención e hiperactividad (TDAH), con el que tengo cierta experiencia personal y profesional. Según el *Manual Diagnóstico y Estadístico de los Trastornos Mentales* de la Asociación Americana de Psiquiatría, el diagnóstico de TDAH requiere cinco o más síntomas de falta de atención (o hiperactividad)[9] que persistan durante al menos seis meses y que afecten negativamente a las actividades sociales, académicas o laborales. Los síntomas incluyen cometer errores por descuido, no prestar atención a los detalles, tener dificultades para mantener la atención, tener problemas para escuchar, no seguir las tareas e instrucciones, ser desorganizado, evitar tareas que requieren un esfuerzo mental sostenido, perder cosas, distraerse con facilidad y ser olvidadizo. Si acabas de leer esta lista y has pensado: «¡Madre mía, soy yo!», no estás solo. Después de que a uno de mis estudiantes más brillantes y con un historial de productividad más «irregular» le diagnosticaran TDAH en la escuela de posgrado, empecé a preguntarme si mi marido, Andrea, y yo estábamos «dentro del rango normal» o no.[10]

---

[9] En caso de que te interese, los síntomas de la hiperactividad incluyen: inquietud, golpeteo de manos o pies, retorcimiento en el asiento, dificultad para permanecer sentado, correr, trepar o sentirse inquieto cuando lo apropiado es permanecer quieto, hablar en exceso, soltar respuestas antes de que se haya completado una pregunta, dificultad para respetar turnos e interrupciones frecuentes.

[10] Puedes decidir por ti mismo después de considerar el número de notas a pie de página que tiene este libro, pero en un tono más serio, si deseas obtener más

Afortunadamente, la capacidad de prestar atención es algo que también estudio, desde una perspectiva de «cómo los cerebros lo hacen de forma diferente». Y como leerás en el capítulo 4, «prestar» atención es costoso para cualquier cerebro, pero está claro que algunas personas son más capaces que otras de concentrarse y resistir las distracciones.

Pero aquí está el reto, si intentara utilizar mis pruebas de laboratorio para clasificar a las personas en «dentro del rango normal» y «fuera del rango normal», me centraría totalmente en lo típico que es un tipo concreto de comportamiento. Del mismo modo que los profesores que califican según una curva utilizan los promedios de la clase para ponderar una puntuación concreta —por lo general, estableciendo el promedio en aprobado—, los científicos pueden utilizar la estadística para decidir si una forma concreta de pensar, sentir o comportarse es típica o atípica estimando la probabilidad de que se observe en su población de interés. Desgraciadamente, la elección de cómo asignar «improbable» a «anormal» es un poco arbitraria. Por convención, muchos científicos trazan la línea en el punto en el que el 95% de la población entraría en el «rango normal» y el 5%, con los valores más extremos, se consideraría «anormal».

Pero una vez trazada esa línea, a ambos lados del límite hay dos personas que acaban en compartimentos diferentes, aunque su rendimiento se parezca más al del otro que al de la mayoría de las personas de su mismo compartimento. Uno de ellos acabará en el compartimento «dentro del intervalo normal» y el otro estará «fuera» de él. Si eres tú el que acaba en el compartimento «fuera», tienes más probabilidades de recibir ayuda, incluido el acceso a servicios y tratamientos basados en gran medida en cómo funcionan la mayoría de las demás personas de tu compartimento. Aunque la persona que está a tu lado, a la que han puesto en el compartimento de los «normales», puede tener problemas muy parecidos

---

información, te recomiendo encarecidamente *Driven to Distraction: Recognizing and Coping with Attention Deficit Disorder*, de Edward Hallowell y John Ratey, dos expertos en la materia con TDAH y formación clínica para hablar de ello.

sin la concienciación ni los recursos para ayudarla. Por otro lado, no heredan la etiqueta de «anormal» asociada al compartimento, ni el estigma que ello puede conllevar.

Aun así, si tuviera que trazar esa línea arbitraria basándome en los resultados típicos que obtienen las personas en las pruebas de atención de mi laboratorio, ¿en qué medida se corresponderían con los tipos de alteraciones del «mundo real» que tiene en cuenta el manual de diagnóstico? La respuesta corta es no está demasiado bien, y he aquí por qué: la capacidad de una persona para «resistir distracciones» no existe en el vacío. Vive en un cerebro con toda una serie de otras características de diseño que pueden exacerbar o compensar esa particularidad. Y ese cerebro existe en un entorno con un conjunto particular de características de demanda para las que puede (o no) estar bien adaptado.

Esto explica por qué los criterios diagnósticos del TDAH se centran más en la funcionalidad que en la tipicidad. En lugar de medir lo distraída que es una persona en el laboratorio, los científicos se hacen preguntas sobre si la forma de ser de una persona «afecta negativamente al funcionamiento». De hecho, según los CDC, alrededor del 9,4 % de los niños estadounidenses están diagnosticados de TDAH, y las cifras no dejan de aumentar. Si casi uno de cada diez niños tiene TDAH, no es realmente tan anormal, ¿verdad? Mi punto es simplemente que cuando se trata de cómo se diseñan nuestros cerebros, es importante entender que la tipicidad, o la frecuencia con la que alguna característica de diseño se produce en los cerebros, y la funcionalidad, o lo bien que esa característica de diseño está trabajando para una persona dado el entorno, son dos criterios diferentes que se pueden utilizar para definir «normal».

Ciencia rara

Para complicar aún más las cosas, permitidme plantar una semilla (de duda) sobre el papel que ha desempeñado la cultura en las definiciones históricas tanto de tipicidad como de funcionalidad. En primer lugar, en lo que respecta a la tipicidad, tanto los científicos como los consumidores de ciencia deben plantearse una pregunta importante: ¿las personas que estudiamos se parecen realmente a las personas del mundo sobre las que intentamos hacer inferencias?

La respuesta a esta pregunta es, casi siempre, no. Como Joseph Henrich, catedrático de biología evolutiva, y sus colegas señalaron tan inteligentemente, las personas que estudiamos —aquellas en las que se basa la propia definición de tipicidad— son raras. Es decir, la inmensa mayoría de lo que sabemos sobre el funcionamiento de las personas procede de investigaciones realizadas con participantes de países occidentales, educados, industrializados, ricos y democráticos, la mayoría de ellos estudiantes universitarios blancos. Y si pasas tanto tiempo con estudiantes universitarios como yo, eso puede ponerte un poco de los nervios.[11]

No voy a endulzar la realidad. Gran parte de la ciencia en este libro, incluyendo algunos de mis propios trabajos, se basa en muestras raras. Esto supone claramente una limitación a la hora de ayudarte a entender cómo funcionas, especialmente si no eres raro. En nuestro laboratorio, estamos haciendo todo lo posible para captar la verdadera neurodiversidad, y si estás interesado en prestar tu cerebro a la ciencia, o simplemente aprender más sobre él, visita el enlace de investigación en mi página web, chantelprat.com. A pesar de las evidentes lagunas de la investigación actual, confío en que los principios fundamentales que tratamos en este libro —los espacios biológicos que pueden ocupar los cerebros y las complejas formas en que nuestro entorno configura estos espacios e interactúa con ellos— se apliquen a cerebros de todas las clases sociales.

Esto me lleva a mi segundo punto sobre el papel de la cultura en la definición de la funcionalidad de una determinada forma de pensar, sentir o comportarse. La historia de los conductores de autobús y los taxistas es un claro ejemplo de que la funcionalidad de la ingeniería de cualquier cerebro depende del contexto en el que opera. Apuesto a que te imaginas un trabajo en el que

---

[11] No me malinterpretes, me gustan y respeto a la gran mayoría de los estudiantes con los que trabajo. Pero sus cerebros están tan adaptados a sus burbujas universitarias de jóvenes adultos que me cuesta mucho aceptar que sean el prototipo de cómo funcionan todas las personas.

la «distractibilidad» podría ser bastante funcional (¿quizá uno en el que necesites ser capaz de detectar cambios inesperados en tu entorno y adaptarte en consecuencia?). Como leerás en el capítulo 5, estas son las condiciones en las que probablemente evolucionó nuestro cerebro humano, no la vida estable de oficina o de clase de nueve a cinco.

Todo esto no es más que una forma indirecta de explicar por qué este libro no va a decirle si su cerebro es normal o anormal, ni siquiera si es funcional o disfuncional. Incluso si estuviera interesada en hacer tal cosa, no estoy cualificada para ello. En su mayor parte, las personas que estudio en el laboratorio operan en el compartimento «típico».[12] Y aunque me gustaría pensar que el trabajo que hago en este espacio tiene implicaciones para averiguar lo que significa cuando alguien se define como «anormal», también tengo que confesar que estaría completamente de acuerdo con vivir en un mundo sin esos compartimentos.

¿Y si, por el contrario, tratáramos de entender a las personas como los seres multidimensionales que realmente son? Aunque este tipo de visión del mundo dificultaría la educación, el diagnóstico y el tratamiento, no me cabe duda de que también los haría más eficaces. Como espero que ilustre el ejemplo del TDAH, todos nos situamos en algún punto de muchos ejes diferentes del ser. A veces, podemos tener valores extremos en una dimensión, pero el grado en que ese valor es problemático depende de muchos otros factores, incluido nuestro entorno. Y lo contrario también es cierto, a veces tenemos formas de pensar, sentir o comportarnos que son problemáticas, aunque no proceden de un único lugar. Por el contrario, pueden surgir de múltiples características que podrían estar «dentro de lo normal» de forma aislada, pero que crean una tormenta perfecta cuando se combinan.

En este libro, definiré algunos de estos ejes en el cerebro, con la esperanza de ayudarte a apreciar el lugar que ocupas en el espacio de las diferencias multidimensionales. Después de todo, Fred

---

[12] También he colaborado un poco en el trastorno del espectro autista (ten en cuenta que también hay mucha variabilidad en este campo).

Rogers, quien desempeñó un papel fundamental en la formación de mi joven cerebro, dijo una vez: «Como seres humanos, nuestro trabajo en la vida es ayudar a la gente a darse cuenta de lo raros y valiosos que somos realmente cada uno de nosotros, de que cada uno de nosotros tiene algo que nadie más tiene... ni tendrá jamás». Así que cuando el mismo cerebro oyó a Steven Pinker decir que «todas las personas "normales" tienen los mismos órganos físicos y… seguramente todos tenemos los mismos órganos mentales», pensó: «¡Menuda gilipollez!».[13] Y, como dice Pharrell Williams, «*The same is lame*» ('Lo mismo es aburrido').

¿Qué diferencia hay?

Para ser justos, no creo que Pinker intentara convencer a sus lectores de que todos somos exactamente iguales. En cambio, creo que se refería más a si nuestras diferencias son relevantes o no, especialmente cuando se ven a la luz de nuestros puntos en común. «Las diferencias entre las personas, a pesar de la infinita fascinación que nos ejercen al vivir nuestras vidas», dice, «son de menor interés cuando nos preguntamos cómo funciona la mente». Si dejo de lado, por un segundo, el hecho de que toda mi carrera se basa en esta área de «interés menor», puedo entender su punto de vista.

Para situar nuestras dos perspectivas en el contexto de la investigación neurocientífica,[14] permíteme presentarte otro sistema nervioso, el de un nematodo[15] llamado *Caenorhabditis elegans,* o *C. elegans* para abreviar. Todo el sistema nervioso del *C. elegans* consta de la friolera de 302 células nerviosas, o neuronas. Estas neuronas, a su vez, entran en contacto con 132 músculos y 26

---

[13] Aunque mi yo superior, más objetivo, entiende que ambos estamos equivocados a nuestra manera.

[14] Al fin y al cabo, por eso estudio los cerebros: me permiten pasar del ámbito filosófico a la realidad más concreta en la que me siento cómoda.

[15] Nematodo es técnicamente una forma más divertida de decir lombriz redonda.

órganos. Obviamente, el *C. elegans* no es tan complejo. Y aunque creo que incluso Pinker podría aceptar la idea de que la diferencia entre el cableado del *C. elegans* y el de nuestros propios cerebros es interesante cuando se trata de cómo funcionan las mentes, una gran parte de lo que sabemos sobre cómo se diseñan nuestros propios cerebros proviene del estudio de modelos más simples. En otras palabras, las diferencias entre los humanos y los ascárides tienen poco interés en lo que respecta al funcionamiento del cerebro, al menos a cierto nivel.

Espera… ¡¿Cómo?!

Al fin y al cabo, ambos sistemas nerviosos son motores de detección de información, construidos para recoger datos del cuerpo y del entorno, y utilizarlos para tomar la mejor decisión posible sobre qué hacer a continuación.[16] Para ello, utilizan muchos de los mismos mecanismos. Su unidad básica de procesamiento, la neurona, es una célula maravillosa con una manera muy inteligente de acumular evidencias sobre lo que ocurre en el mundo que la rodea. Cuando lo hace, envía su propio «resumen» del estado de las cosas a lo largo de la cadena de comunicación. En el extremo receptor de cada neurona hay un conjunto de ramificaciones, o «dendritas»,[17] que se extienden hacia otras células cercanas e intentan escuchar sus versiones sobre el estado del mundo. La neurona acumula evidencias en cada momento, según el número y el tipo de señales que recibe, hasta que alcanza un umbral. Y cuando eso ocurre, *¡boom!* Se une al círculo de cotillas, liberando sus propias señales químicas en los espacios donde otras neuronas la escuchan. Si quieres saber más sobre el proceso específico por el que las señales químicas abren y cierran canales físicos, que luego cambian el voltaje eléctrico dentro de la neurona y hacen que se abran más canales, una búsqueda rápida de «*action potential*» en YouTube te dará un montón de vídeos con animaciones interesantes. Por

---

[16] Sí, las lombrices toman decisiones.

[17] La ramificación de una neurona humana es mucho más intrincada que la de *C. elegans*. Cada neurona humana puede recibir entradas de otras diez mil neuronas, lo que solo sería posible en *C. elegans* si pudiera conectarse a todas las neuronas de treinta y tres de sus gusanos amigos más cercanos.

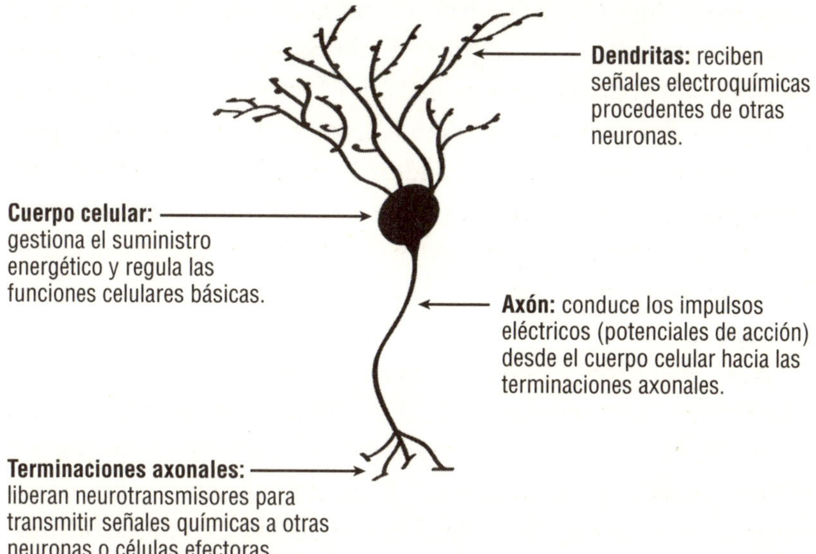

ahora, basta decir que el funcionamiento en *C. elegans* y en el ser humano es básicamente el mismo.

De hecho, hay suficientes características compartidas entre la fisiología de las neuronas humanas y las de los nematodos como para que se dediquen cientos de millones de dólares de financiación nacional a la investigación sobre el *C. elegans*. Lo que hemos aprendido de este trabajo llena docenas de libros, con títulos como *Neurobiology of the Caenorhabditis Elegans Genome, Ageing: Lessons from C. Elegans*, y mi favorito, *WormBook*. Por supuesto, si se consideran las diferencias entre los cerebros humanos con el telón de fondo de lo mucho que tenemos en común con un gusano, parece fácil considerarlas insignificantes.

Pero consideremos ahora el otro extremo del espectro: las diferencias entre la vida mental de los humanos y la de los chimpancés, nuestros parientes vivos más cercanos. Como te puedes imaginar, nuestros cerebros son muy parecidos a los de los chimpancés. Esto tiene bastante sentido si se tiene en cuenta que los esquemas de ADN que construyen los cerebros de humanos y chimpancés coinciden en un 95 %. Pero las implicaciones funcionales de ese 5 % de diferencia me permiten escribir un libro en un lenguaje simbólico compartido que tú puedes entender, mientras que los chimpancés salvajes siguen pasando buena parte del día buscando comida y limpiándose unos a otros para mantener sus vínculos sociales.

En esta comparación, podemos ver que cuando se trata de la relación entre mentes y cerebros, una pequeña diferencia puede significar algo mucho más grande. Pero, como nunca has sido un chimpancé, aquí tienes algunos ejemplos más cercanos. ¿Recuerdas cómo pensabas, sentías y te comportabas cuando eras adolescente?[18] Aunque el cerebro que ahora te guía por la vida aún lleva las cicatrices de aquella época, los cambios neuronales que se producen a lo largo de la vida también pueden tener grandes consecuencias en tu vida mental. Para ver una diferencia todavía más sutil, piensa en cómo te sientes a primera hora de la mañana o a última hora de la noche. En un ciclo de veinticuatro horas, los cambios en la señalización neuroquímica del marcapasos del cerebro, el núcleo supraquiasmático, pueden tener efectos bastante drásticos en su funcionamiento interno. Con suerte, reflexionar sobre el abanico de espacios que pueden ocupar tu propio cerebro y tu mente te ayudará a empezar a apreciar la relevancia de las pequeñas diferencias. Aunque antes de que decidas si estas diferencias son o no importantes, permíteme hablar un poco de sus implicaciones científicas.

Tomemos como ejemplo mis primeras investigaciones sobre cómo las dos mitades, o hemisferios, del cerebro colaboran para ayudarnos a entender las historias que leemos o escuchamos. Para entender mejor el trabajo que el cerebro hace por ti en estas situaciones, piensa en la siguiente frase:

El pajar era importante porque la tela se rasgó.

Aunque se trata de una frase perfectamente correcta en castellano, probablemente te sientas un poco desorientado después

---

[18] Para que quede claro, no estoy intentando comparar el cerebro de un chimpancé con el de un adolescente. Y si todavía eres un adolescente mientras lees este libro, ¡espero que alimentes tu dinámico y creciente cerebro con gran información sobre cómo funcionas!

de leerla. No es que no entiendas la frase en sí. Probablemente conozcas el significado de todas las palabras y puedes utilizar tus conocimientos lingüísticos para averiguar cómo se relacionan los significados de las palabras entre sí. Por ejemplo, según el orden en que aparecen las palabras, sabes que lo importante es el pajar, no la tela. También sabes que esta importancia está relacionada causalmente con la acción de rasgar la tela. Pero sigues sin entender qué demonios significa.

Esto se debe a que cuando leemos —o incluso escuchamos— un idioma, tenemos distintos niveles de comprensión del mismo. El primero es el que hemos estado comentando, basado puramente en la información lingüística contenida en una frase. Pero el segundo implica interpretar esta información en el contexto más amplio de lo que sabemos sobre el mundo y lo que ocurre a nuestro alrededor en ese momento.

La razón por la que la frase del pajar resulta extraña es que ha sido sacada de su contexto. Si te dijera que la frase forma parte de una historia sobre paracaidismo, ¿cómo cambiaría tu forma de entenderla? Con un poco de suerte, las cosas encajarían y tu comprensión de la frase pasaría de un lugar de ideas inconexas a un escenario que puedes imaginar, como una pequeña película que se proyecta en tu mente. Si así fuera, tu cerebro conectaría un montón de puntos entre cosas que ya sabías del mundo real, como el funcionamiento de la gravedad y los paracaídas, y lo que estaba escrito en la página. A partir de ahí, la razón por la que un pajar puede ser importante se vuelve más clara.

Lo interesante de estas dos formas de comprensión es que la investigación en personas con daño cerebral parece sugerir que en su cálculo intervienen distintas partes del cerebro. Antes de mi investigación, se creía generalmente que el lado izquierdo del cerebro, que suele procesar la información lingüística,[19] era el responsable de comprender las ideas impresas en la página; mientras que el lado derecho, que suele estar implicado en el pensamiento más

[19] En el próximo capítulo aprenderás mucho más sobre la división del trabajo entre los dos hemisferios.

visual o espacial, construía el escenario. Sin embargo, estas ideas, como la mayor parte de lo que sabemos sobre el funcionamiento del cerebro, se basan en resultados promediados entre grupos de participantes.

Pero también sabemos, por pioneros en el campo de la investigación sobre la lectura —como mi asesora de posgrado, Debra Long— que no todas las personas entienden lo que leen de la misma manera. Y yo me preguntaba si esta variación tenía algo que ver con la forma en que se repartían las tareas entre los dos lados de sus cerebros. Para explorar esta posibilidad, realicé un estudio sobre las diferencias en lo que cada hemisferio recordaba de una historia en más de doscientos lectores con distintos niveles.

De manera resumida, así es como funcionaban los experimentos: se pedía a los participantes que leyeran e intentaran recordar viñetas de dos frases que se presentaban en el centro de la pantalla de su ordenador. Después de leer unas cuantas, veían una serie de palabras que parpadeaban en el centro de sus pantallas o justo a la izquierda o a la derecha del lugar donde se les había pedido que enfocaran sus ojos. La tarea era sencilla, debían pulsar un botón lo más rápidamente posible para indicar si la palabra que aparecía se había utilizado en una de las viñetas. Por ejemplo, si se les daba la palabra «importante» después de leer la historia del pajar, dirían que sí porque esa palabra estaba en la frase.

Al basarnos en los patrones de respuesta de nuestros participantes, pudimos hacer ingeniería inversa sobre la forma en que cada uno de sus hemisferios procesaba las historias. Por ejemplo, a veces presentábamos palabras como «paracaídas» que no aparecían en ninguna de las historias, pero que estaban relacionadas temáticamente con ellas. Si los participantes tardaban en rechazar esas palabras o decían erróneamente que las habían visto, teníamos pruebas bastante sólidas de que estaban comprendiendo el escenario más amplio de las historias. También medimos el tipo lingüístico de comprensión comprobando si la gente reconocía más rápido palabras como «importante» cuando se presentaban después de palabras lingüísticamente relacionadas, como «pajar»,

que cuando seguían a palabras de diferentes cláusulas gramaticales de la frase, como «tela».

Y utilizamos un último truco para averiguar cómo puede estar implicado cada hemisferio en estas diferentes formas de comprensión. Debido a la forma en que la información fluye de nuestros ojos al cerebro, todo lo que procede del lado izquierdo de cualquier punto focal llega primero al hemisferio derecho, y viceversa. Aunque ambos hemisferios de un cerebro sano acaban compartiendo esta información, las diferencias en la velocidad y el patrón de respuesta a las palabras presentadas en el lado izquierdo o derecho de la pantalla proporcionan pistas fundamentales sobre cómo cada hemisferio procesaba las frases.

Aunque todos los participantes eran estudiantes universitarios sin discapacidades de lectura diagnosticadas (en otras palabras, todos estaban en el compartimento típico), las diferencias en su habilidad lectora correspondían a cerebros que estaban haciendo cosas diferentes, en particular en el hemisferio derecho. Como predecían los datos de los pacientes, demostramos que el hemisferio izquierdo de todos nuestros lectores parecía entender los aspectos lingüísticos de los textos (es decir, sus hemisferios izquierdos entendían que lo importante era el pajar, no la tela). Sin embargo, el hemisferio derecho de los lectores menos hábiles de nuestro grupo también era sensible a estas relaciones lingüísticas. Esto demuestra que el lenguaje es una función exclusiva del hemisferio izquierdo. En cuanto a la forma de entender las historias basada en escenarios, ambos hemisferios de los lectores menos hábiles se tropezaron con palabras como «paracaídas», lo que demuestra que eran sensibles tanto a los escenarios como a las características lingüísticas. En cambio, solo el hemisferio izquierdo de los lectores expertos parecía sensible a los escenarios. Irónicamente, los lectores más hábiles poseían hemisferios derechos que, como Jon Nieve en *Juego de Tronos:* no sabían nada. No respondían de forma diferente cuando palabras como «importante» aparecían después de «paracaídas», «tela» o «cuervo», y tampoco se sentían más confundidos por palabras, como «paracaídas», que estaban relacionadas temáticamente con las historias que por palabras que no tenían nada que ver con las frases.

Al final, ningún individuo mostró el patrón específico de resultados que se predijo basándose en los datos que se obtienen cuando se promedian grupos de personas con diferentes habilidades lectoras. Es algo así como entrar en una habitación llena de gente y decir que su edad media es de cuarenta y dos años, aunque nadie en la habitación tenga realmente cuarenta y dos. Pero en este caso, la falta de comprensión de las diferencias cerebrales no solo condujo a datos incompletos, sino a conclusiones erróneas sobre la contribución de los dos hemisferios a la comprensión lectora.

Si todavía te estás preguntando por qué nos preocupamos tanto por esto, imagina qué podría ocurrir si te encontraras con una lesión en el hemisferio derecho del cerebro. ¿Qué cambios te diría el médico que puedes padecer? ¿Cómo podrían evaluar los riesgos y beneficios de una posible intervención quirúrgica?

A lo largo de mi carrera he sostenido que, aunque centrarse en los promedios de los grupos ha permitido al campo aprender más rápidamente sobre las cosas que tenemos en común (como muchos de los mecanismos que subyacen a nuestros procesos sensoriales), también ha ralentizado nuestra capacidad para comprender las cosas que nos hacen únicos (como la forma en que entendemos las historias, los chistes o a los demás). Una de las consecuencias de este enfoque único es que la gran mayoría de lo que sabemos sobre cómo el cerebro humano da lugar a la mente humana ignora o pasa por alto las cosas que nos hacen diferentes.[20] Por ejemplo, muchos neurocientíficos e incluso médicos siguen considerando que la comprensión del lenguaje es tarea del hemisferio izquierdo. Por eso, cuando se trata de entender cómo, y en qué personas, contribuye el hemisferio derecho a las distintas formas de entender el lenguaje, hay poco consenso en este campo, a pesar de que, desde hace más de ciento cincuenta años, se han documentado dificultades lingüísticas tras haber sufrido daños en el hemisferio derecho. Pero antes de cabalgar hacia el atardecer a lomos de mi caballo de batalla y ondeando una bandera en la que se lee «las diferencias importan», permíteme hacer una confesión: hay razones prácticas por las que las personas interesadas en la neurociencia humana no estudian las diferencias individuales. La primera tiene que ver con el enigma de «cerebros que intentan comprender cerebros». El cerebro humano es tan increíblemente complejo que en lo que me queda de vida no tendré tiempo suficiente para comprenderlo,[21] ni siquiera pasando por alto todo lo que nos hace diferentes y centrándonos en lo que tenemos en común. Honestamente, ni siquiera comprendemos el *C. elegans* en su totalidad. Aunque tengamos un mapa perfecto de cada una de sus neuronas y de sus conexiones, no podemos predecir con un 100 % de exactitud lo que hará un *C. elegans* en una situación determinada. Podemos acercarnos, pero no lo comprendemos completamente.[22] Ahora imagina pasar de un mapa de 302 neuronas a uno

---

[20] Esto no solo ocurre con los cerebros humanos. Una vez, durante una entrevista de trabajo, le pregunté a un profesor si había diferencias individuales en los cerebros de la población de ratones genéticamente idénticos que estudiaba. «¡Claro que las hay!», dijo, un poco a la defensiva, «¡pero hacemos como si no existieran porque resulta demasiado complicado!». No conseguí ese trabajo.

[21] No importa lo que diga Elon Musk…

[22] Y esto puede deberse a que no hemos investigado lo suficiente sobre las formas en que *C. elegans* puede ser diferente.

de 86 000 millones, y te darás cuenta de lo mucho que todavía no sabemos sobre tu cerebro.

Lo que me lleva a la segunda razón por la que estudiar las diferencias individuales en los cerebros humanos es un reto. Muchas de las variables interesantes no pueden manipularse éticamente en el laboratorio. En cambio, cuando una persona se somete a una prueba, trae consigo todas las características de diseño de su cerebro: aquellas con las que nació, así como las que fueron moldeadas por su experiencia. Aunque, como irás aprendiendo en este libro, estas cosas a menudo están relacionadas entre sí. Intentar separar las diferencias para averiguar por qué alguien es como es, en el mejor de los casos, todo un reto. La tarea nos remite siempre a una de las preguntas más antiguas de la psicología: ¿cuánto de lo que te hace ser como eres es inherente a tu ADN y cuánto ha sido moldeado por tus experiencias?

El eterno debate entre la naturaleza y la crianza

Entonces, ¿qué fue primero, el hemisferio derecho lingüísticamente ignorante o la habilidad lectora? A estas alturas, la mayoría de las personas que estudian el comportamiento humano comprenden que nuestra biología y nuestras experiencias están tan entrelazadas que no tiene sentido «culpar» a una u otra cuando se trata de averiguar qué nos hace ser como somos. La respuesta es siempre una combinación de ambas. Por un lado, cada experiencia vital cambia tu cerebro. Algunos de los cambios son inconsecuentes y otros son graduales. Aunque en raras ocasiones, para bien o para mal, un solo acontecimiento puede cambiar para siempre nuestra forma de funcionar.

Esto es algo importante que hay que tener en cuenta antes de profundizar en tu neurociencia. El hecho de que algo en tu cerebro te haga pensar, sentir o comportarte de una determinada manera no significa necesariamente que hayas nacido así o que no pueda cambiar. Lo cierto es que el cerebro es un objetivo en movimiento y la mayoría de las investigaciones que vinculan el cerebro con el comportamiento, como mi trabajo sobre los dos hemisferios y la habilidad lectora, solo analizan un único punto en el tiempo, una instantánea, por así decirlo. Con este tipo de experimentos, es imposible saber qué parte de un diseño cerebral concreto es estable o ha sido moldeada por tus experiencias.

Una forma de separar las influencias de nuestros esquemas genéticos (o «naturaleza») de nuestros entornos (o «crianza») es a través de un estudio longitudinal. Con este tipo de diseño, los investigadores miden el mismo cerebro en distintos momentos para ver cómo puede moldearlo la maduración general o una experiencia específica. Por ejemplo, en otro ingenioso experimento de seguimiento realizado con taxistas londinenses, Katherine Woollett y Eleanor Maguire hicieron exactamente eso. Su objetivo era averiguar si las personas capaces de aprobar el examen «the Knowledge» nacían con colas del hipocampo más grandes o si era el propio acto de estudiar para el examen lo que hacía crecer esta zona.

Para ello, tomaron imágenes del cerebro de 110 personas en dos ocasiones, con tres o cuatro años de diferencia. La mayoría de ellos (79) eran aspirantes a taxistas, escaneados por primera vez cuando empezaban a formarse para ser taxistas, pero aún no habían superado las pruebas, y el resto (31) eran participantes «de control», seleccionados para que coincidieran en factores como la edad y el coeficiente intelectual que pudieran relacionarse con los tamaños y formas de sus cerebros. Y como más de la mitad de los participantes no superaron la prueba, los investigadores planearon hacer dos comparaciones con sus datos. En primer lugar, querían comparar los cerebros de las personas que finalmente superaron la prueba con los de aquellos que no, para ver si había características observables del diseño cerebral que separaran a los grupos. En segundo lugar, querían ver si se producían cambios notables como resultado de estudiar para «the Knowledge» y llenarse el cerebro de mapas.

Los resultados del estudio longitudinal de Woollett y Maguire aportaron pruebas bastante claras sobre la relación causal entre el cerebro de los taxistas y lo que se les había pedido que hicieran. Antes del proceso de empezar a estudiar, no había forma de identificar quién acabaría aprobando y quién no. No existían diferencias cerebrales fiables entre los grupos de «aprobados» y «suspensos» cuando se apuntaron a la formación, ni en el tamaño del hipocampo ni en ninguna otra región del cerebro. De hecho, la única diferencia entre los que superaron la prueba y los que no fue el tiempo de entrenamiento semanal. El grupo que aprobó dedicaba una media de 34,5 horas semanales a entrenar, mientras que los que no lo hicieron solían dedicar menos de 17 horas semanales a estudiar. Y, a lo largo de tres años, ese intenso programa de entrenamiento dejó su huella, pero solo en los cerebros del grupo que aprobó. Después de exprimir todo ese conocimiento en sus cerebros, sus colas de sus hipocampos crecieron.[23] En otras palabras, los cerebros excepcionales de los taxistas londinenses fueron creados por las exigencias que se les impusieron. Caso cerrado.

Para los investigadores que no disponen de tiempo, dinero o ganas para observar a sus participantes a lo largo de la vida y realizar mediciones repetidas de sus cerebros, los estudios de gemelos ofrecen otra opción para desentrañar las influencias de la naturaleza y la crianza. El campo de la genética del comportamiento ha avanzado mucho en este sentido y ha intentado separar la naturaleza de la crianza observando a personas que comparten diferentes proporciones de cada una de ellas. Por ejemplo, los gemelos monocigóticos, o «idénticos», nacen del mismo óvulo y espermatozoide y son casi idénticos genéticamente al nacer;[24] mientras que los gemelos dicigóticos, o «fraternos», nacen de dos espermatozoides y dos óvulos diferentes, por lo que comparten el mismo solapamiento genético que dos hermanos no idénticos. Muchos estudios calculan la heredabilidad, es decir, el grado en que una característica medible está determinada genéticamente, al comparar la similitud entre parejas de gemelos monocigóticos y parejas

---

[23] Por si te lo estás preguntando, este estudio no mostró un encogimiento significativo de la cabeza del hipocampo. Es posible que el coste de este estudio tarde un poco más en aparecer, ya que el mismo grupo ha demostrado que los años de experiencia al volante también influyen en los cambios cerebrales asociados a la conducción de un taxi en Londres.

[24] Dentro de un rato hablaremos un poco de epigenética y de por qué pueden no ser perfectamente idénticos.

de gemelos dicigóticos. Si los gemelos monocigóticos son más parecidos entre sí con respecto a la característica de interés —por ejemplo, su capacidad para recordar la ubicación de puntos de referencia— que los gemelos dicigóticos, se supone que la diferencia entre gemelos está relacionada con la genética. Eso sí, este tipo de análisis se basa en el supuesto de que los gemelos monocigóticos y los dicigóticos comparten aproximadamente el mismo grado de entornos superpuestos.

El problema de esta suposición es que algunas características que tienen influencia genética, como la extraversión (sobre la que leerás en el capítulo 2), también influyen en los tipos de entornos y experiencias que la gente busca, además de otros factores genéticos, como la estatura o el atractivo, que pueden influir en tus experiencias al determinar la forma en que te tratan los demás. Para complicar todavía más el debate entre naturaleza y crianza, el campo de la epigenética, en constante evolución, está demostrando que las experiencias ambientales pueden crear cambios químicos en nuestro ADN. Como resultado, un solo gen puede tener efectos diferentes en las proteínas que crea en el cerebro (o en el cuerpo) cuando se coloca en diferentes entornos. A través de estos mecanismos, nuestras experiencias pueden «codificarse biológicamente».[25] En otras palabras, si se coloca la misma cadena de ADN en diferentes entornos, puede crear personas diferentes.

Pero a veces los resultados no son tan distintos... El documental *Three Identical Strangers* hace un trabajo fantástico para evidenciarlo. La película se basa en la extraordinaria historia real de unos trillizos idénticos que fueron adoptados por familias diferentes al nacer y que se descubrieron accidentalmente a los diecinueve años. En caso de que no la hayas visto, no te arruinaré los sorprendentes (y a veces escandalosos) giros argumentales, pero baste decir que las formas en que estos chicos se parecían entre sí puede que vaya más allá de lo que tu mente imagina cuando piensa en cómo tu biología te hace ser quien eres. Por supuesto que se

---

[25] Un agradecimiento especial a Noah Snyder-Mackler por ayudarme a luchar con los conceptos que subyacen al pretzel biológico que es la epigenética.

parecen, caminan y hablan igual, pero ¿incluso fuman la misma marca de cigarrillos? Eso es una locura, ¿no?

El único problema de este tipo de pruebas anecdóticas es que nos cautiva tanto la historia que no pensamos en los hechos objetivamente. Por un lado, las similitudes saltan a la vista, pero las diferencias son fáciles de ignorar. Nadie se hubiera escandalizado si a los trillizos les hubieran gustado distintos tipos de cerveza,[26] pero el hecho de que todos fumaran Marlboro fue algo que llamó la atención. Lo que me lleva al segundo punto sobre estadísticas y coincidencias: para averiguar lo sorprendentes que pueden ser las similitudes entre gemelos (o trillizos) perdidos tiempo atrás, tenemos que hacernos la pregunta «¿Qué probabilidad hay de que dos desconocidos que se encuentren por la calle también se parezcan en esto?». Cuando se trata de qué tipo de cerveza bebes o qué marca de cigarrillos fumas, la respuesta depende de lo popular que sea esa elección. Según un artículo de investigación de mercado que encontré, en 1980, cuando los trillizos se conocieron, los Marlboro eran los cigarrillos más populares entre la gente de su rango de edad, acaparaban cerca del 40 % del mercado. Sigue siendo notable, pero menos relevante que si todos fumaran Camel Light. Para ser científicos sobre la cuestión de si el gusto de una persona por los cigarrillos puede estar influido genéticamente, tendríamos que observar a un grupo de gemelos monocigóticos, separados al nacer y ver si la probabilidad de que fumen la misma marca es significativamente mayor que la probabilidad de que lo hagan dos personas no emparentadas que eligiéramos aleatoriamente en la calle.[27]

Lo sé, soy una aguafiestas. Pero la buena noticia, respecto a nuestro debate sobre la naturaleza frente a la crianza, es que

---

[26] Y puede que lo hayan hecho, por lo que sé…

[27] Por supuesto, esto estaría incluido en la estadística de si fumaron o no en primer lugar. Según un estudio de gemelos realizado por Jacqueline Vink, esto depende de dos factores: 1) la probabilidad de que alguien pruebe a fumar, que se calcula que es un 44 % genética y un 56 % ambiental, y 2) la probabilidad de que desarrolle dependencia de la nicotina, que se calcula que es un 75 % genética y un 25 % ambiental.

yo ya promulgaba este tipo de actitud científicamente escéptica cuando el 7 de abril de 2020 conocí a una extraña (muy parecida a mí) llamada Maia. Allí estaba yo, en mitad de la redacción de un libro sobre cómo tu cerebro te hace ser tú, cuando recibí un correo electrónico de una desconocida de veinte años con el memorable asunto «¡49,5 % de coincidencia! (te recomiendo que te sientes...)».

Lo primero que noté al leer el correo electrónico fue lo mucho que «sonaba» como yo. Aunque sus palabras estaban más cuidadosamente escogidas de lo que suelen estarlo las mías, también eran desenfadadas y enfáticas de una forma que me resultaba muy familiar. A menos que te ocurra algo así, nunca pensarías que te reconocerías en la forma en que alguien utiliza un signo de exclamación, pero así fue.[28]

Lo siguiente que me llamó la atención fueron las similitudes en las cosas que decidió compartir sobre sí misma. De manera estratégica, al no saber cómo reaccionaría, mantuvo el correo en tono amable, pero conciso. Imagino que pensó mucho en lo que quería que yo supiera de ella —por si no volvía a tener la oportunidad de hablar conmigo—, así que eligió ocho cosas: 1) su amor por el canto y el hecho de que estaba estudiando para ser profesora de música; 2) su amor por los animales, especialmente los caballos; 3-6) breves menciones de sus aficiones, que incluían el senderismo, la pintura, viajar y jugar a Mario Kart; 7) que había sido elegida «payasa de la clase», y 8) que su pedido de Taco Bell era un *Crunchwrap Supreme* con patatas picantes y guacamole.

En este punto, la sensación de que estaba hablando con la versión veinteañera de mí misma era embriagadora. Como probablemente sabrás cuando termines el libro, también soy una gran amante de los animales. Lo entiendo, ahora estarás pensando: «Espera. ¿Qué posibilidades hay de que dos extraños que se encuentran por la calle también amen a los animales?» Y ese sería un punto válido. Pero creo que soy un caso atípico en lo mucho

[28] Para ser justos, no tengo ni idea de cómo encontrar estadísticas sobre cómo y cuándo la gente utiliza los signos de exclamación.

que amo a los animales. Aunque mi hija tiene veintiséis años, sigo yendo a zoológicos (y me sigo quedando más tiempo del que debería). Cuando era pequeña, me traje a casa un patito de la tienda de piensos porque era muy mono. Lo bauticé como Quackers y llené una carretilla de agua para que pudiera nadar en mi jardín.[29] En mi vida adulta, tengo fama de adoptar animales perdidos o heridos, incluido Hugo, el pequeño mapache deshidratado que encontré en una alcantarilla y crie en mi garaje hasta que estuvo lo bastante fuerte para volver a su hábitat natural. A lo largo de mi vida, he tenido al menos veinte tipos diferentes de mascotas, empezando por monos marinos y una granja de hormigas, pasando por peces y lagartos en la universidad, hasta finalmente cumplir mi sueño de la infancia y comprarme un caballo de carreras por mi trigésimo cumpleaños.

¿Cuáles son las probabilidades? Según las estadísticas más relevantes que he podido encontrar, 4,6 millones de estadounidenses montan a caballo por afición o deporte. Eso supone una probabilidad de 1 entre 71 de encontrar a alguien en la calle que monte a caballo. Pero quizá no sea una estimación justa, ya que es más popular entre ciertos grupos demográficos que entre otros.[30]

Pero ¿qué hay de las otras siete cosas? ¿Amor por la música? Yo soy batería aficionada, pero mi hija, Jasmine, hizo teatro musical durante todo el instituto. ¿Senderismo? Por supuesto. ¿La pintura? No tengo paciencia, pero mi madre, mi tía, mi abuela y mi bisabuela son artistas plásticas estelares. ¿Viajar? Sin duda, pero eso es bastante común para los que pueden permitírselo. ¿Y Mario Kart? Solo he jugado un par de veces, pero siempre pierdo, quizá porque me gusta elegir la bañera como vehículo. No me votaron payaso de la clase, pero como adivinaréis por mi vehículo de Mario Kart, tampoco soy una persona especialmente seria. De hecho, mi

[29] No te preocupes, le encontré un hogar adecuado en una propiedad más grande con un estanque cuando se le quedó pequeño mi patio trasero.

[30] Rápidamente nos metimos en la maleza con las estadísticas, pero pronto aprendí que ella montaba la misma disciplina que yo cuando empecé, e incluso montaba la misma raza de caballo que yo tenía. Sin embargo, dentro de la disciplina, el pura sangre es bastante popular.

marido y yo, que compartimos el mismo sentido del humor preadolescente, nos describimos como «astronautas de la estupidez». Lo que resulta gracioso, en retrospectiva, es que lo más destacado de la lista de datos curiosos de Maia era su pedido de Taco Bell. No, no voy a decirte que como *Crunchwrap Supremes* con patatas picantes y guacamole.[31] Eso sería una locura. Pero cualquiera que haya pasado tiempo conmigo cuando tenía la edad de Maia sabe que Taco Bell era gran parte de mi personalidad. Para que quede claro, no es el hecho de que a las dos nos gustara Taco Bell[32] lo que me dejó alucinada, sino que probablemente yo también habría optado por incluir mi pedido de Taco Bell en la presentación inicial de «estas son las cosas que tienes que saber para entender quién soy». Tengo que confesar que leer el correo electrónico de Maia y ver la presentación de diapositivas que sus padres habían preparado para mí fue una experiencia inolvidable. Aunque sabía que existía, fue algo totalmente distinto ver cómo se desarrollaba la vida de alguien creado a partir de mi ADN en la pantalla de mi ordenador.

Déjame que me explique mejor. La historia comienza el verano anterior al inicio de mis estudios de posgrado, cuando decidí hacerme donante de óvulos.[33] Es una decisión de la que me siento orgullosa, me permitió ayudar a una familia increíblemente amable que tenía problemas para concebir por sí misma y, al mismo tiempo, ganar algo de dinero para ayudar a mantener a mi propia hija, que entonces tenía cuatro años.

Y aquí es donde mi historia de naturaleza contra crianza da un giro interesante. En lo que se refiere a experiencias compartidas, mi

---

[31] Aunque Andrea y yo hemos comido bastantes desde que Maia nos descubrió la idea. No voy a mentir, están deliciosos.

[32] Dependiendo de si contamos o no los locales de bocadillos, Taco Bell es la cuarta o quinta cadena de comida rápida más popular de Estados Unidos.

[33] Para quienes no lo sepan, es la versión femenina de un donante de esperma, salvo que, en lugar de recibir una revista y pasar un rato romántico a solas contigo misma en una habitación, te inyectan hormonas durante un mes y luego te succionan los óvulos directamente de los ovarios con una aguja gigante. No fue divertido, pero valió la pena.

hija Jasmine —la mejor amiga que traje al mundo— y yo estamos muy unidas. Hemos crecido juntas. Como solo tenía diecinueve años cuando di a luz y fui madre soltera hasta que conocí a Andrea doce años después, Jasmine y yo lo hicimos todo juntas. Cuando era pequeña, había meses en los que no nos separábamos físicamente. A medida que avanzábamos en el proceso de maduración (ella solía ir unos pasos por delante de mí), muchos comentaban nuestro parecido con *Las chicas Gilmore.*[34] Puedo entenderlo, excepto por el hecho de que yo soy mucho menos guay que Lorelai, y ella es un poco menos empollona que Rory. Ah, y somos reales.

Al igual que *Las chicas Gilmore*, Jasmine y yo coincidimos mucho en lo que nos gusta —la tele basura, bailar zumba, la comida irlandesa y el hip-hop de los noventa, por nombrar algunos— y lo que nos disgusta —cualquier cosa que dé un poco de miedo, la gente que conduce demasiado despacio, las películas de autor,[35] y que nos hagan cosquillas en los pies, para empezar—, pero tenemos temperamentos muy diferentes. Ella es relajada (excepto cuando conduce) y yo no. Ella es una pensadora profunda y cuidadosa, y yo soy rápida, espontánea e impulsiva. Mientras la criaba, jamás pensé: «Jasmine es exactamente como yo». Siempre pensé: «¡Hacemos un equipo perfecto!»

Maia, por otro lado, parece tener un temperamento extrañamente similar. Si el número de signos de exclamación en su correo electrónico no fuera un indicio suficiente, en la mayoría de las fotos que me envió puedo entrever pistas sobre nuestros rasgos de personalidad compartidos. Las dos estamos claramente en lo alto de la escala de extravertidos; aunque mí me gusta autodenominarnos como «la bomba», los niños de hoy en día suelen preferir, simplemente, decir que somos personas «extra».

Sobra decir que ninguna de las dos encaja muy bien. El otro día, Maia me envió una foto paseando con Pepper, su mascota (¡un

---

[34] *Las chicas Gilmore* es una de las mejores series de televisión de todos los tiempos. Si no la has visto, te la recomiendo encarecidamente.

[35] Aunque ambas estamos mejorando en esta área, gracias a la influencia de Andrea.

dragón barbudo!), en una mochila-acuario rosa gigante que compró para llevarlo a todos lados y poder vivir aventuras juntos. *Wow*.

¿Qué pueden reflejar las similitudes y diferencias que tengo con estas dos increíbles jóvenes, con las que también comparto la mitad de mis genes, sobre el papel que desempeñan los genes y el entorno en la formación de nuestro cerebro? En las páginas que siguen, describiré algunas de las formas en que el diseño de nuestro cerebro está influido por la naturaleza y la crianza de forma independiente, y cómo ambas cosas interactúan. En la primera parte, me centraré en las características biológicas. Sin embargo, como irás aprendiendo, incluso los aspectos más pequeños de nuestra biología también están moldeados por nuestro entorno. Cuando proceda, hablaré de la heredabilidad de distintos rasgos o del porcentaje de variabilidad que se estima que procede de influencias genéticas, basándome en estudios de gemelos y similares. A continuación, cuando pasemos a la segunda parte, nos centraremos en las tareas que le pedimos a nuestro cerebro y en cómo interactúan nuestras experiencias vitales y nuestra biología para determinar la forma en que las llevamos a cabo. A lo largo de este proceso, no me cabe duda que pensarás en cómo llegaste a ocupar el «espacio de diferencia» que habitas actualmente y haré todo lo que esté en mi mano para proporcionarte pistas a lo largo del camino. Aunque antes de llegar a ese punto, me gustaría añadir unas palabras sobre lo que debes y no debes esperar encontrar en las páginas que siguen.

Probablemente pienses que este libro trata de ti, ¿verdad?

Ya es hora de hablar del elefante en la habitación: el hecho de que aún no te haya dicho nada concreto sobre cómo funciona «tu» cerebro. Pero sigues aquí, lo cual, espero, es señal de que al menos te he hecho pensar en ello. En los próximos capítulos, pretendo ofrecerte una base sólida sobre tu neurociencia, que describa tanto las diferencias entre los cerebros en cuanto a ingeniería biológica (en la parte 1) como el modo en que las tareas que realizan sirven de campo de pruebas para sacar a la luz las diferencias entre nosotros (parte 2). Por supuesto, para plasmar lo que he aprendido en más de veinte años en un libro que no te deformara el cerebro como el examen de los taxistas londinenses, tuve que tomar algunas decisiones (nada fáciles) sobre qué incluir y qué omitir.

Mis decisiones sobre qué incluir se basaron en gran medida en los aspectos del diseño del cerebro que pueden analizarse más fácilmente mediante ingeniería inversa. Así pues, muchas de nuestras discusiones se centrarán en características como la lateralidad o los rasgos de personalidad, —cosas que ya sabes o que pueden medirse a través de las evaluaciones que encontrarás en el libro—. Pero ten en cuenta que, si quieres saber más sobre cómo funciona tu cerebro, puedes consultar la pestaña de *Brain games* de mi sitio web, chantelprat.com, en cualquier momento. Allí encontrarás una serie de enlaces a juegos cerebrales a los que puedes jugar para obtener mediciones más precisas de algunas de las características de diseño de tu propio cerebro.

Siempre que me ha sido posible, también he optado por tratar temas que se han estudiado a fondo con múltiples líneas de pruebas convergentes. Desgraciadamente, esto es más la excepción que la regla en el caso de las diferencias individuales en la investigación neurocientífica. Muchos de los experimentos que describo se han realizado en los últimos cinco años (¡intenta tener esto en cuenta mientras lees!). Este es un campo nuevo y la vanguardia puede convertirse en la fina línea entre el éxito y el fracaso. Imagino que, dentro de otros cinco años, lo que conocemos habrá cambiado sustancialmente. Al menos, eso espero, porque hay muchas cosas sobre ti que desconocemos todavía. Dada la situación actual, mi objetivo no es darte todas las respuestas, sino darte las herramientas para que puedas reflexionar sobre lo que sabemos y lo que no sabemos acerca del funcionamiento de los cerebros.

Cuando se trata de lo que no voy a hablar en este libro, uno de los temas más importantes es qué hace que un cerebro sea mejor o peor que otro. Incluso para mí, que nací antes de la generación de «cada cerebro merece su trofeo», no tiene ningún sentido. Como ilustra el experimento de los taxistas, para decidir si un cerebro encaja bien en un entorno hay que pensar en la combinación, en lugar de hablar de la «calidad» absoluta de una característica de diseño particular.

Por el mismo motivo, no voy a dedicar mucho tiempo a explicarte cómo cambiar tu cerebro. Aunque estoy a favor de una mentalidad de crecimiento, también creo que muchos de nosotros nos sentiríamos mucho mejor si pudiéramos pararnos a entender y —incluso me atrevería a decir— aceptar la forma en que funciona nuestro cerebro. Hay una razón por la que hacen lo que hacen, aunque nos vuelvan locos (literal y metafóricamente) en el proceso. Por supuesto, te hablaré de los tipos de experiencias que pueden haberte llevado a donde estás y, de vez en cuando, te daré pequeños trucos para tu día a día que creo que a todos nos vendrían bien, como contrarrestar los efectos del estrés crónico en el cerebro. Aún así, al final, espero que tu idea de lo que podría ser «mejor» o incluso «normal» se amplíe para incorporar más dimensiones al saber que somos diferentes.

Otra cosa de la que no voy a hablar es de las diferencias de grupo, como la diferencia entre el cerebro masculino y el femenino. Hacerlo sería, en realidad, pasar del enfoque «talla única» al enfoque «talla única en este compartimento», y eso no es necesariamente mejor. De hecho, puede ser mucho peor si no se hace con cuidado porque cosas como la «masculinidad» y la «feminidad» están estrechamente relacionadas con las interacciones entre naturaleza y crianza. Por ejemplo, desde el momento en que nace un bebé, los adultos utilizan el lenguaje de forma diferente con los hombres y con las mujeres. La biología de un bebé, desde el momento cero, moldea sus experiencias basándose en las expectativas que la gente tiene de él o ella.

E incluso si se pudiera separar la naturaleza de la crianza en lo que respecta a las diferencias de sexo, las divergencias más frecuentes entre los cerebros masculino y femenino —como la idea de que las mujeres tienen cerebros más simétricos que los hombres—no se encuentran de forma consistente en los libros. En mi opinión, esto significa algo muy sencillo: en cualquier característica de diseño cerebral de interés, habrá diferencias entre las personas, y punto.

Decidir si los grupos (por ejemplo, hombres frente a mujeres) son significativamente diferentes entre sí implica utilizar la estadística para demostrar que las diferencias dentro de un grupo son menores que las diferencias entre grupos. Esto depende mucho del número de personas que haya en los grupos y de su representatividad. Como ya has visto, no soy muy partidaria de meter a la gente en compartimentos, así que no vamos a entrar en eso.

Y, por último, unas palabras sobre cómo he decidido presentar la ciencia y a los científicos responsables de ella en este libro. Espero haberte convencido ya de que el cerebro es complejo y, por ende, de que la neurociencia es un trabajo duro. Creo que todas las personas que llevan a cabo esta investigación se esfuerzan al máximo por resolver piezas de problemas que suponen un gran reto y respeto enormemente su trabajo. En consecuencia, he decidido no utilizar títulos honoríficos ni hablar de las universidades en las que trabajan estos científicos. Una razón práctica para ello es que puede ser difícil saber si la persona que ha escrito un artículo de investigación ya ha obtenido un título avanzado o si está llevando a cabo una investigación asombrosa mientras se está formando. No me gustaría equivocarme, pero tampoco me gustaría que pensaras que si el primer autor de un artículo no tiene el título de «Dr.», el artículo no es digno de confianza.[36] Esta es también la razón por la que no voy a decirte si el autor Fulano de Tal es de una escuela de la *Ivy League* o no. A menos que sea relevante para la historia, no creo que deba importar. La mayor parte de la investigación que se analiza en este libro ha pasado por el proceso de revisión por pares. Esto no significa que sea impecable, pero sí que otros científicos con experiencia en la materia están de acuerdo en que la ciencia es sólida. Cabe destacar que la mayor parte de esta investigación la llevan a cabo equipos de científicos y, aunque todos los miembros del equipo merecen un reconocimiento, creo que sería muy cansado leer párrafos y párrafos con nombres cada vez que hablo de un

[36] En caso de que pienses que hay que tener un doctorado para hacer investigación de alto impacto, parte de la tesis de máster de mi hija Jasmine se publicó en *Science*, la revista científica más prestigiosa de todos los tiempos. Yo nunca he conseguido que me publiquen un artículo en esa revista, ¡pero sigo intentándolo!

estudio. Es por eso que he optado por reservar el protagonismo al primer autor de estos estudios, que por convención es el que realiza la mayor parte de la redacción de la investigación. Algunos autores prefieren referirse al trabajo en función del nombre más antiguo o más reconocible del grupo, pero yo quería ser lo más transparente posible a la hora de asignar los méritos.

De vez en cuando mencionaré detalles como el número de participantes en un estudio. Esto sí importa. En igualdad de condiciones, cuantas más personas participen en un estudio, más probabilidades habrá de que sus conclusiones resistan el paso del tiempo. Y hablando de igualdad de condiciones, aunque me encantaría decir que informaré de la representatividad de las poblaciones estudiadas, rara vez se informa de datos demográficos distintos de la edad y el sexo. A menos que haya algo notablemente fuera de lugar (como que un estudio incluya solo a hombres sin una buena razón), probablemente no hablaré mucho sobre las características de los participantes estudiados. No obstante, está claro que este es un campo en el que espero crecer.

Así que ahora que hemos sentado las bases para ser consumidores responsables de neurociencia, arremanguémonos y pongámonos manos a la obra para aprender sobre tu cerebro. Porque como dijo Brené Brown: «Es difícil odiar a la gente de cerca. Acércate». Y no puedo evitar preguntarme si llevarte hasta el interior, hasta el lugar donde todos somos rosas y blanditos, podría ayudarte a apreciar los matices de ti mismo, así como de los que son diferentes a ti. Porque en los cientos de conversaciones que he mantenido con amigos, familiares y desconocidos sobre mi investigación, destacan dos cosas. En primer lugar, casi todo el mundo está interesado en la neurociencia y en la ventana que puede ofrecer al yo. Afirmaciones como «yo no soy así» demuestran que hay algo en el funcionamiento del cerebro que nos hace ser así. Y, en segundo lugar, muchos de nosotros sentimos que somos un poco raros. Después de saber a qué me dedico, no te creerías la cantidad de desconocidos me han dicho: «¡Podrías escribir un libro entero sobre mi cerebro!».

Y resulta que tenían razón.

PARTE 1

DISEÑOS CEREBRALES

Cómo las diferencias en la ingeniería cerebral determinan tu forma de pensar, sentir y comportarte

Los viajes en autobús son un gran ejercicio para la imaginación. Durante el trayecto de ida y vuelta al trabajo, mi mente divaga constantemente y me teletransporta a lugares muy alejados de mi entorno físico. Al igual que en los sueños que tengo por la noche, el contenido de mis ensoñaciones varía desde lo fantástico (Jason Momoa me trae un cóctel con una sombrilla dentro y puedo sentir el calor del sol en la cara), pasando por lo mundano (no te olvides de enviar un correo electrónico a fulanito sobre tal o cual cosa), hasta lo terrorífico (alguien agarra el volante del autobús, lo gira bruscamente y nos dirigimos a toda velocidad contra la barandilla que nos protege de caernos al agua). En cada escenario, el contenido de mi percepción consciente, mi realidad mental, por así decirlo, tiene muy poco que ver con la realidad física que ocupa mi cuerpo.

Aunque llevo bastante tiempo estudiando en el laboratorio las bases neuronales de la divagación mental, tardé más en darme cuenta de las implicaciones más amplias, en el mundo real, de esta capacidad de «tirar de la palanca» y dejar que nuestra mente se desboque sin entrar en contacto con nuestra realidad externa. El momento en que me di cuenta de su importancia fue en un viaje en autobús como tantos otros. De camino al trabajo, me encontré ensayando mentalmente lo que temía que iba a ser una reunión incómoda con uno de mis alumnos.

El alumno se estaba quedando rezagado y yo quería entender por qué para así encontrar la mejor manera de ayudarle. En mi mente, practiqué diferentes formas para hablar con él con la esperanza de encontrar una «comienzo» que diera la impresión de ser más comprensivo que crítico.

Alrededor de la tercera iteración mental de esta charla motivacional imaginaria, me llamó la atención la expresión de la mujer sentada justo enfrente de mí en el autobús. Su mirada desenfocada me hizo ver que lo que estaba viendo en ese momento tenía poco que ver con nuestro entorno común. Mis pensamientos sobre la conversación se desvanecieron y mi mente quedó cautivada al darme cuenta de que, aunque nuestros cuerpos se encontraban más o menos en el mismo lugar de la Tierra al mismo tiempo, nuestras mentes estaban inmersas en viajes muy diferentes. Intenté imaginar en qué estaría pensando ella y me reconfortó darme cuenta de que mis preocupaciones, que segundos antes me parecían absolutamente centrales, fueran totalmente invisibles para ella.

Era como si cada uno de nosotros viajara en el autobús con burbujas gigantes alrededor de la cabeza. Dentro de esas burbujas se proyectaban pases privados de nuestros *reality shows* personales. Por supuesto, en mi burbuja yo era la estrella de la historia, interpretando el papel de una científica bienintencionada, conocida por desviarse, ocasionalmente, hacia el carril de la crítica excesiva. En la suya, yo era como mucho un extra que ocupaba el asiento en el autobús frente al actor principal. Con un vistazo a mi alrededor, me di cuenta de que este momento compartido formaba parte de una escena diferente, de una historia diferente, para cada uno de los pasajeros del autobús. Darme cuenta de lo independientes que eran nuestras experiencias mentales me llenó de la misma sensación de perspectiva que tengo cuando contemplo un cielo lleno de estrellas. Y en esa sensación de pequeñez, recordé la enorme distancia que separa mi realidad de la realidad.

Si hay algo que espero que te quede claro sobre tu neurociencia, es esto: no eres un actor ni un observador pasivo de tu realidad. Eres su creador. De hecho, si tu conciencia se definiera como la película que se proyecta dentro de tu burbuja, tu cerebro sería el proyector, el director, el equipo de producción y el público. ¡Todo en uno! Y aunque mi momento de inspiración se centró en los mundos fantásticos que crea la mente errante, la primera sección de este libro describe las formas en que distintos cerebros pueden crear diferentes líneas argumentales, incluso cuando se centran en la misma «verdad base».

También describiré algunas de las diferentes características biológicas que conforman el modo en que el cerebro crea y produce las historias que experimentamos como nuestra realidad personal. En primer lugar, en el capítulo 1, hablaremos de cómo las dos mitades de cada cerebro generan historias ligeramente diferentes sobre lo que ocurre en el mundo y de cómo la variabilidad entre las personas puede deberse a esta división interna. ¿Qué puede implicar ser zurdo acerca de cómo ven las cosas los dos lados de su cerebro? Este capítulo describirá la verdad que se esconde tras el mito común sobre lo que significa ser un pensador zurdo o diestro. Luego pasaremos al capítulo 2 y hablaremos de las funciones que desempeñan los ingredientes de nuestro cóctel neuronal en el sistema de comunicación de nuestro cerebro. Si quieres saber qué tienen en común ser extravertido y una taza de café o té, este capítulo puede interesarte. Y, por último, en el capítulo 3, trataremos la forma en que el cerebro utiliza los ritmos neuronales para coordinar el coro de señales que viajan por la cabeza en un momento dado. Y, como aprenderás, algunos de nuestros coros tienen más bajos que otros. En este último capítulo sobre el diseño del cerebro, describiré el modo en que las diferencias en los ritmos neuronales predilectos del cerebro influyen en el modo en que este muestrea el mundo exterior y crea sus historias.

En conjunto, estos capítulos te proporcionarán información esencial sobre el modo en que tu cerebro crea su propia historia.

Porque, como escribe Brian Levine en su artículo sobre la memoria autobiográfica y el yo: «Un buen narrador entreteje en un tapiz el escenario, los protagonistas, los antecedentes, el argumento y las implicaciones». Y vaya si tu cerebro es un buen narrador… El objetivo de esta primera sección del libro es darte algunas pistas sobre cómo las características de diseño de tu cerebro moldean sus propios procesos de narración.

CAPÍTULO 1

DESIGUALES

Las dos caras de la historia de tu cerebro

Si te enseñara una foto de tu cerebro, lo primero que pensarías es (sin ánimo de ofender) que parece una gran nuez con dos mitades, o hemisferios, en gran medida independientes, conectados por un núcleo de alta velocidad. Por extraño que pueda parecer, no se trata de un diseño cerebral único: todos los animales vertebrados tienen el cerebro dividido por la mitad (y probablemente han sido diseñados así durante cientos de millones de años).

Lo que hace que los cerebros humanos destaquen en este ámbito de diseño es lo asimétricos que somos, por lo general. Las diferencias en el tamaño, la forma y los patrones de conectividad de nuestros hemisferios izquierdo y derecho nos alejan de la simetría. Y como aprenderás en este capítulo, estas diferencias estructurales determinan la forma en que cada lado procesa la información que recibe.

Sin embargo, contrariamente a la noción popular del «cerebro izquierdo» analítico y el «cerebro derecho» creativo, la diferencia más notable entre los cerebros humanos no es qué hemisferio está «a cargo» de las cosas, sino que las diferencias en nuestras formas concretas de pensar, sentir y comportarnos dependen de nuestro grado de asimetría, o de lo grandes que sean las diferencias entre nuestros dos hemisferios.

Por eso, este libro sobre las diferencias entre distintos cerebros empezará con un análisis de la división fundamental dentro de ellos. Pero antes de entrar en detalles sobre cómo es tu cerebro, hablemos de por qué, en primer lugar, la evolución podría haber llegado a esas diferentes alternativas. En esencia, la idea se basa en la especialización.

Costes y beneficios de la especialización del cerebro

Para entender mejor los pros y los contras de tener un diseño cerebral más asimétrico o más equilibrado, imaginemos que nuestro cerebro es un equipo formado por dos personas. Si los dos miembros del equipo están equilibrados y tienen habilidades comparables, lo más fácil y equitativo sería distribuir las tareas entre ellos de forma aleatoria. Por otro lado, si uno de los miembros de tu equipo es un orador nato, mientras que el otro es un excelente diseñador gráfico, tu equipo rendirá mejor si las tareas se asignan sistemáticamente a la persona mejor cualificada para el trabajo.

La asignación de funciones en el cerebro funciona un poco así. Si los dos hemisferios fueran realmente idénticos entre sí, no habría motivo ni razón para decidir las funciones que desempeña cada uno. Sin embargo, en cuanto empiezan a diferir —aunque sea un poco— se crea la oportunidad de que un hemisferio sea más adecuado para determinados tipos de trabajo que para otros. Cuando esto ocurre, la asignación de tareas entre hemisferios se vuelve más sistemática y, a medida que las tareas que se le piden a una determinada región del cerebro se vuelven más similares entre sí, esa región puede adaptarse, desarrolla una estructura más especializada que le permite realizar el tipo concreto de tareas de las que se encarga todavía mejor.

Supongo que las ventajas de la especialización se explican por sí solas. Si todo lo demás fuera igual, mucha gente preferiría tener en su equipo a un diseñador gráfico con mucho talento que a uno con aptitudes medias. Pero ¿y si ese diseñador gráfico fuera malo en todo lo demás? Si todo el equipo estuviera formado por personas con habilidades que no se solapan, ¿qué pasaría si alguien necesitara ayuda o se pusiera enfermo? Uno de los costes medibles de la especialización en el cerebro es que el proceso de refinamiento por el que un área se especializa la hace cada vez más propensa a hacer menos cosas.

Stefan Knecht y sus colegas demostraron esta mayor vulnerabilidad asociada a la asimetría en un estudio que analizaba la lateralidad del lenguaje, término que los neurocientíficos utilizan para describir hasta qué punto alguna de las funciones cerebrales depende más de un hemisferio que del otro. Para ello, en el laboratorio, primero midieron los cambios en el flujo sanguíneo de los dos hemisferios[1] cuando 324 voluntarios nombraban imágenes. A continuación, seleccionaron a 20 participantes que tenían diferentes patrones de lateralidad para el habla, con un número aproximadamente igual de personas que dependían de sus hemisferios izquierdo o derecho de forma exclusiva, o de ambos, para la producción del habla.

A continuación, para estudiar su vulnerabilidad a las lesiones cerebrales, el equipo de investigación utilizó una herramienta llamada estimulación magnética transcraneal, o EMT para abreviar. La EMT utiliza campos magnéticos para estimular de forma segura y temporal diferentes regiones del cerebro de forma no invasiva.[2] Así, si se estimula una zona una y otra vez durante un tiempo suficiente, se queda sin gas[3] y se crea un efecto llamado «lesión virtual». Si alguna vez se te ha quedado momentáneamente un punto ciego después de ver una luz brillante, habrás experimentado un fenómeno similar.

---

[1] Se trata de una medida indirecta de la contribución de cada hemisferio al trabajo que se está realizando, como el consumo de combustible es un indicador de la intensidad del trabajo del motor de un coche.

[2] Término médico elegante que significa que no les hacemos agujeros.

[3] Hablaremos del mecanismo en el próximo capítulo.

Como era de esperar, cuando Knecht y sus colegas crearon lesiones virtuales en el hemisferio del que dependía el habla de una persona, sus participantes se volvieron significativamente más lentos en la tarea lingüística que se les había pedido realizar. Sin embargo, cuanto más equilibrado era el perfil de habla de una persona —es decir, cuanto más implicados estaban ambos hemisferios en el acto de hablar—, menos afectado se veía su comportamiento cuando se fatigaba solo un lado del cerebro mediante EMT. El efecto es similar al de poner en el banquillo a distintos miembros de un equipo y medir la disminución de la productividad resultante. Los diseños cerebrales más equilibrados, como los equipos completos, eran más resistentes a la lesión de un solo jugador.

Pero incluso para la mayoría de los que tenemos la suerte de pasar por la vida sin dañar demasiadas neuronas, la especialización del cerebro tiene un precio. Uno de ellos tiene que ver con cómo se diferencian nuestros hemisferios. Aunque en la introducción dediqué bastante tiempo a explicar cómo la evolución se ha esforzado por introducir en nuestras cabezas la mayor cantidad posible de capacidad cerebral, los mecanismos que hacen que nuestros hemisferios se especialicen pueden ser una excepción a esta regla. Según la teoría del «desplazamiento a la derecha» propuesta por Marian Annett, la propensión humana a ser asimétricos puede deberse a una variación genética que reduce partes del hemisferio derecho. Según Annett, nuestros cerebros desarrollaron este tipo de sistema de desventaja como una forma de refinar la asignación de tareas en el cerebro.[4] En consonancia con su teoría, los resultados de Annett sugieren que las personas que tienen cerebros más «equilibrados» podrían no ser tan hábiles en las funciones humanas más recientemente evolucionadas (como el lenguaje), pero, en cambio, estarían utilizando más territorio cerebral en la mitades derechas de sus cráneos (que ya verás que es importante para muchas otras cosas, como las habilidades

[4] La diferencia de tamaño no es evidente en todas las áreas del cerebro y tampoco es la única diferencia entre los hemisferios, pero hablaremos de ello más adelante.

visoespaciales). Por otro lado, sostiene que las personas muy asimétricas tienen menos probabilidades de sufrir déficits en las habilidades relacionadas con el lenguaje, pero más probabilidades de tener problemas con los tipos de tareas que normalmente se asignan al hemisferio derecho, como las tareas visoespaciales.

Y hay otra cosa que me gustaría que tuvieras en cuenta al considerar los costes y beneficios de la especialización de nuestros dos hemisferios. Una de las formas en que tu cerebro se especializa es utilizando centros de procesamiento altamente experimentados llamados módulos. Estos módulos se centran exclusivamente en la tarea que se les ha encomendado y no tienen en cuenta las aportaciones de otras áreas cerebrales mientras realizan su trabajo. El resultado es que un cerebro más especializado tiende a procesar el mundo juntando detalles específicos en lugar de tener en cuenta la imagen completa. En otras palabras, a medida que un cerebro pasa de estar más equilibrado a estar más desequilibrado, su procesamiento pasa de centrarse en las características más globales (a nivel de bosque), a centrarse en detalles más específicos (a nivel de árbol). Hablaremos más sobre ello en la segunda parte del capítulo. Pero lo primero es lo primero, vamos averiguar cuán asimétrico eres.

Evaluación de la lateralidad

Una de las mejores formas de determinar lo asimétrico que es tu cerebro es medir un montón de funciones diferentes en cada hemisferio por separado. Si los hemisferios izquierdo y derecho las realizan igual de bien, es probable que tu cerebro sea más simétrico, pero si un hemisferio tiende a tomar la delantera en estas funciones, es probable que tu cerebro sea más asimétrico.

Empezaremos por una de las asimetrías más obvias de observar en la mayoría de las personas: la preferencia por las manos. Quienes se ganan la vida con las manos, o han sufrido alguna lesión que les impide hacerlo con facilidad, probablemente ya son conscientes de la habilidad que requieren los movimientos precisos con las manos. El resto puede que no sea consciente de una de las ventajas más importantes que han creado nuestras diferencias genéticas con los chimpancés: los pulgares largos. El hecho de que podamos presionar con nuestros pulgares las puntas de cada dedo con niveles precisos de fuerza nos permite ejecutar movimientos que van desde quitar una pestaña de la mejilla de alguien hasta golpear un clavo con un martillo. Y estas tareas cotidianas requieren mucha más capacidad cerebral de la que crees.

De hecho, los circuitos neuronales que controlan el movimiento de las manos son tan vastos que crean una protuberancia en forma de U en el cerebro, llamada nódulo de la mano.[5] Con un poco de entrenamiento, serías capaz de identificar el nódulo de la mano al mirar una foto de tu cerebro en forma de nuez. Se encuentra cerca de la parte superior del córtex motor, una franja del cerebro que va de sien a sien (más o menos donde se aguantarían unas gafas si las apoyaras sobre la cabeza) y controla el movimiento de todas las partes del cuerpo. En la mayoría de las personas, incluso se puede saber si son diestras o zurdas al comparar el tamaño de los dos nódulos de cada hemisferio. Y así es como vamos a empezar el proceso de ingeniería inversa de tu cerebro.

Aunque la mayoría de las personas se identifican como diestras o zurdas, la lateralidad no es una categoría binaria. Cada uno de nosotros se sitúa en un espectro continuo que va de extremadamente diestro a extremadamente zurdo. Averiguar cuál es tu posición en este eje es el primer paso para entender hasta qué punto tu cerebro es asimétrico. Para empezar, te daré un cuestionario que he adaptado basándome en el cuestionario de dominancia de Edimburgo. Esta sencilla lista de comprobación, en la que se pregunta cómo se utilizan las dos manos para las tareas cotidianas, es, con diferencia, la herramienta más utilizada por los neurocientíficos para medir la lateralidad.

Para hacerte una idea de tu posición en el eje de la lateralidad, responde a cada una de las diez preguntas siguientes sobre actividades cotidianas que puedes realizar con la mano derecha o con la izquierda. Para cada acción, responde en una escala que vaya de

[5] Esta protuberancia es un ejemplo del proceso de giro que exprimió todo el espacio computacional posible en una cabeza de tamaño medio.

+2 a -2: Si tu preferencia para esta actividad es tan marcadamente diestra que nunca utilizarías la mano izquierda, responde con +2; si prefieres utilizar la mano derecha para esta actividad, pero ocasionalmente puedes utilizar también la izquierda, responde con +1; si es realmente indiferente, y utilizas ambas manos igual de bien y con la misma frecuencia para realizar esta tarea, responde con 0; si prefieres utilizar la mano izquierda para esta actividad, pero también puedes utilizar ocasionalmente la derecha, responde con un -1, y, por último, si tu preferencia para esta actividad es tan marcadamente zurda que nunca utilizarías la mano derecha, responde con un -2. Solo debes dejar una pregunta en blanco si no tienes experiencia con la actividad en cuestión (y si nunca has cogido una escoba o un cepillo de dientes, haré todo lo posible por no juzgarte, ya que es antitético con mis objetivos al escribir este libro...).

EVALUACIÓN DE LATERALIDAD

1. Escribir con bolígrafo o lápiz.
2. Martillear.
3. Lanzar (normalmente una pelota, pero cualquier objeto vale).
4. Sujetar la cerilla al encenderla.
5. Sujetar el cepillo de dientes al cepillarse los dientes.
6. Cortar con tijeras.
7. Cortar con cuchillo (sin tenedor, por ejemplo, al picar alimentos para cocinar).
8. Comer con cuchara.
9. La mano superior que coge una escoba al barrer (si hace tiempo que no barres, coge una escoba y ¡barre en nombre de la ciencia!).
10. Abrir la tapa de una caja.

Ahora vamos a calcular tu índice de lateralidad. Para calcular tu respuesta «media», suma las respuestas a cada una de las diez preguntas y divide su suma por diez. Para comprobar tus cálculos, el resultado debe situarse entre -2 (fuerte y sistemáticamente zurdo) y +2 (fuerte y sistemáticamente diestro). Cuanto más cerca estés de los extremos de esta distribución, más asimétrico será tu cerebro. Si obtuviste puntuaciones más cercanas al medio (entre -1 y +1), los diestros mixtos, probablemente tengas un mayor equilibrio en las capacidades de tus dos hemisferios. Aun así, es probable que te identifique como diestro o zurdo en función de tus respuestas a las primeras preguntas. A medida que te desplazas de la parte superior a la inferior de la escala, la precisión necesaria para ejecutar los movimientos suele disminuir, lo que abre la posibilidad de que un hemisferio menos habilidoso haga un trabajo adecuado.

Entonces, ¿qué me dice tu grado de lateralidad sobre lo asimétrico que es tu cerebro? Lo primero que hay que tener en cuenta es que la corteza motora del hemisferio izquierdo del cerebro controla la mitad derecha del cuerpo y viceversa.[6] Si eres muy diestro, es probable que la corteza motora de tu hemisferio izquierdo, sobre todo alrededor del nódulo de la mano, sea mayor. Lo contrario ocurre con el porcentaje mucho menor de la población que es extremadamente zurda. Dentro de un rato hablaremos de las implicaciones más amplias de lo que esto influye en tu forma de funcionar. De momento, veamos otras funciones, para ver si tu cerebro está más equilibrado o más desequilibrado en sus tareas.

Para empezar, vamos a fijarnos en los pies. Aunque nuestros pies son mucho menos hábiles que nuestras manos, la mayoría de las personas asimétricas también mostrarán preferencia por

---

[6] A menudo me encuentro haciendo algo que parece una versión friki de la *Macarena* cuando intento recordar qué parte de mi cerebro controla qué. Coge la mano derecha y ponla en el lado izquierdo de la parte superior de la cabeza, donde está el nódulo de la mano, y luego repítelo con la mano izquierda en el lado derecho de la cabeza. Estas son las cortezas motoras que controlan los lados opuestos de tu cuerpo. Entonces, si despliegas tus dos manos y las extiendes delante de ti, ¡tienes un modelo de lo que ven los dos hemisferios! Porque, como aprendiste en la introducción, el lado izquierdo del cerebro ve primero el lado derecho del mundo y viceversa.

utilizar un pie sobre el otro al ejecutar movimientos hábiles. ¿Con qué pie sueles chutar una pelota? Al subir las escaleras, ¿con qué pie te apoyas? ¿Y si te pidiera que pusieras la punta del pie sobre una moneda de 25 céntimos? ¿Elegirías instintivamente un pie en lugar del otro? La mayoría de las personas encontrarán estas habilidades más intercambiables con los pies que con las manos, pero si respondieras sistemáticamente con un solo pie a cada una de estas preguntas, esto proporcionaría una prueba más de que las habilidades están distribuidas de forma desigual en tus dos hemisferios.

Pasemos ahora a una función todavía más sutil, la diferencia entre cómo se utilizan los dos ojos. Aunque ambos ojos transmiten información al cerebro sobre el mundo exterior, algunos dependemos más de la información que nos llega por un ojo que por el otro. Y un dato curioso: ¡la mayoría de las personas prefieren que la información les llegue por el ojo derecho![7] Podríamos evaluar la dominancia ocular de la misma forma que lo hacíamos con la lateralidad, haciéndote preguntas como con qué ojo mirarías en un microscopio o en el visor de una cámara. Pero también podemos medirlo de forma un poco más objetiva con el siguiente experimento de «avistamiento»: busca un objeto situado a una distancia de entre 2,5 y 3 metros y coloca uno de tus dedos índices frente a él. Con los dos ojos abiertos, puede que tengas la sensación de «ver a través» de tu dedo o puede que tengas la sensación de ver dos dedos (dependiendo de donde estés enfocando), pero haz todo lo posible por enfocar el objeto y colocar tu dedo de forma que esté en línea recta entre tú y el objeto. Ahora, cierra el ojo izquierdo. ¿Qué ha ocurrido? Si parece que el dedo está bloqueando el objeto, es que tienes el ojo derecho dominante. Si ahora parece que el dedo está apartado del objeto, prueba a cerrar el ojo derecho. ¿Está alineado? Si es así, tienes el ojo izquierdo dominante. Siempre que hayas elegido algo que esté lo suficientemente lejos, si tu dedo no se alinea al cerrar cualquiera de los dos ojos, tienes dominancia mixta.

---

[7] Sin embargo, la distribución de tu «preferencia de ojo» está mucho menos sesgada a la derecha en la población que la de las manos. Aproximadamente dos de cada tres personas prefieren su ojo derecho, mientras que nueve de cada diez prefieren su mano derecha.

A estas alturas deberías estar empezando a ver un patrón. Los que sois muy asimétricos tenéis más probabilidades de preferir un lado del cuerpo que el otro. Otros, con cerebros más equilibrados, sois más propensos a tener preferencias mixtas dentro de cualquier parte del cuerpo y más propensos a fluctuar con respecto a los lados que preferís en diferentes partes del cuerpo. Pero ahora vamos a probar un tipo de prueba totalmente diferente, que evalúa cómo los dos hemisferios pueden entender el mundo de forma similar o diferente.

Echa un vistazo a las dos caras a continuación. ¿Cuál te parece que está más feliz?

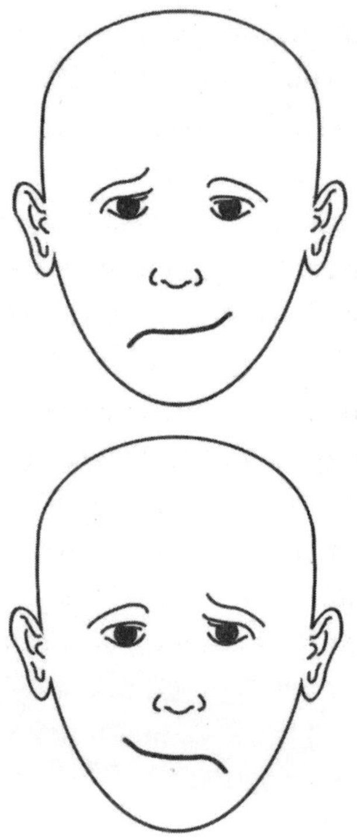

Si estás pensando que se trata de una pregunta trampa —porque es la misma cara presentada en espejo invertido— estás en lo cierto... Pero inténtalo de nuevo con menos racionalidad y más sentimiento. Si enfocas tus ojos en el centro de cada cara, ¿te parece una más feliz que la otra?

Estos rostros quiméricos se utilizan a menudo en la investigación para averiguar cómo responden los dos hemisferios a las expresiones faciales de emoción. Se basan en la forma en que están cableados los ojos, que mencioné en la introducción. La información a la izquierda de la nariz va primero al hemisferio derecho y viceversa. Así que si eliges la cara de abajo, tu cerebro utiliza más información procesada por el hemisferio derecho para tomar su decisión. Pero si eliges la cara de arriba, tu cerebro confía más en el hemisferio izquierdo. Por supuesto, para aquellos con cerebros más asimétricos, las caras pueden haber sido realmente similares y simplemente se ha hecho una conjetura al azar sobre cuál de las dos parecía más feliz. Las pruebas de laboratorio que utilizan este tipo de caras para evaluar la lateralidad suelen mostrar a los participantes muchas caras diferentes para poder saber hasta qué punto una persona depende de un hemisferio frente al otro. De momento, tendrás que confiar en tu intuición, por imperfecta que sea.

En conjunto, la información de estas evaluaciones puede proporcionar una idea bastante aproximada de las diferencias entre los dos hemisferios cerebrales. En las siguientes secciones, analizaremos algunas de las investigaciones que han examinado cómo se relacionan las diferencias de asimetría con la forma en que el cerebro comprende el mundo que le rodea. Pero antes, hablemos un poco de la frecuencia con la que se producen los distintos patrones de resultados. Entre otras cosas, esta información te permitirá comprender hasta qué punto es probable que cualquier estudio que leas sobre «cerebros estándares» sea representativo de cómo funciona tu cerebro.

¿Cuán típico eres?

Aunque el 90 % de la población se identifica como diestra, solo entre el 60 y el 70 % de las personas tienen una dominancia fuerte y constante del lado derecho para las tareas motrices. Los que habéis resultado como fuertemente diestros (cerca de +2) en la lista de comprobación, lo más probable es que utilicéis el pie derecho y el ojo derecho para las tareas hábiles. Si perteneces a esta categoría, probablemente también hayas elegido la cara de abajo como la más feliz. La razón por la que puedo adivinar esto es porque perteneces al grupo mayoritario, lo que significa que mucho de lo que hemos aprendido sobre cómo se asignan las tareas a los dos hemisferios del cerebro humano también será cierto en el caso de tu cerebro. Sin embargo, no siempre es así. Como recordarás cuando hablamos sobre la lectura, a veces lo que aceptamos basándonos en las medias grupales no describe con exactitud a nadie.

Y las aguas se vuelven mucho más turbias en el segundo grupo más numeroso, el del 25 al 33 %, con cerebros más simétricos. Si perteneces en este grupo, es posible que te hayas vuelto loco con las pruebas de lateralidad, luchando por decidir qué mano o qué pie utilizar para las distintas tareas y descubriendo que tu maldito dedo rebota por todas partes cuando cierras cualquiera de los dos ojos. Te pido disculpas, pero creo que merece la pena saberlo, al fin y al cabo, aún nos queda mucho por aprender sobre tu cerebro, sobre todo porque los neurocientíficos (yo incluida) hemos hecho un trabajo desastroso a la hora de decidir cómo definirte. Muchos de vosotros os identificaréis como diestros. Después de todo, el mundo está diseñado en gran medida para diestros, así que si tu hemisferio izquierdo es capaz de controlar tu mano derecha, probablemente lo hayas entrenado bastante bien. Sin embargo, algunos investigadores del cerebro consideran zurdo a todo aquel que no tiene una fuerte dominancia de la mano derecha, mientras que otros consideran diestro a todo aquel que no tiene una dominancia constante de la mano izquierda, lo que empuja al grupo de dominancia mixta junto con los diestros. Con demasiada frecuencia, los investigadores establecen un límite arbitrario en el medio o solo tienen en cuenta la mano con la que se escribe para comprender las diferencias en la lateralidad cerebral. Pensar que hasta una de cada tres personas son clasificadas al azar en estudios sobre lateralidad me pone la piel de gallina.

A pesar de estas incoherencias, investigadores como Stefan Knecht, que se han dedicado a estudiar la lateralidad de manera continuada, tienden a descubrir que las personas con dominancia mixta, en particular las que tienden a utilizar el lado derecho de su cuerpo para la mayoría de las cosas, tienen cerebros que, en términos generales, se parecen al grupo mayoritario (aunque con algunas sorpresas más). Es decir, si el hemisferio derecho es dominante para una tarea como el procesamiento de caras en el grupo mayoritario, es probable que su hemisferio derecho también esté más implicado en el procesamiento de caras que el izquierdo. Como resultado, es probable que la mayoría de vosotros haya elegido la cara de abajo como la más feliz. Pero también es probable que tu hemisferio izquierdo comprenda mejor las caras que los hemisferios izquierdos de la mayoría de las personas fuertemente asimétricas. Así que la decisión sobre qué cara elegir fue probablemente más difícil para ti. Si lo hubiera hecho en el laboratorio, podría haber descubierto que eras más lento a la hora de elegir. Y si tienes un cerebro equilibrado que prefiere ligeramente, pero no fuertemente, la izquierda, esto era todavía más cierto para ti. En resumen, cuanto más equilibrado sea tu cerebro, más probable será que tus tareas impliquen en cierta medida a ambos hemisferios. Dentro de un rato entraremos en los detalles de cómo afecta realmente a tu forma de funcionar.

Y esto me lleva al grupo más raro, el 3 o 4 % de los que se identifican como zurdos dominantes. Aquellos de vosotros que mostrasteis una preferencia extrema por la zurda (cercana a -2) en la lista de comprobación podéis ser tan asimétricos como el grupo de los fuertemente diestros. Lo más probable es que también prefiráis utilizar el pie izquierdo y el ojo izquierdo, y que seáis más propensos que cualquiera de los otros grupos a pensar que la cara de arriba era la más feliz. No quiero empezar con favoritismos, pero este grupo me interesa mucho y no solo porque me gusta entender a la gente que es diferente... Resulta que el cerebro del que he recogido más datos procede de una persona extremadamente zurda a la que he podido someter repetidamente a pruebas durante estos últimos veinticuatro años, mi hija Jasmine.

De hecho, mi primer trabajo en neurociencia consistió en hacer que los niños llevaran esos molestos gorros de natación con electrodos cosidos que nos permiten registrar la actividad eléctrica de sus cerebros. Y cualquiera que haya intentado alguna vez que un niño pequeño se ponga algo en la cabeza como parte de un disfraz de Halloween o algo parecido sabe que este es probablemente uno de los trabajos más difíciles de la neurociencia. Mi gran ventaja a la hora de conseguir el trabajo fue que tenía más experiencia con niños pequeños que la mayoría de los estudiantes de la UC San Diego. ¡Tenía el mío propio![8] Y como tenía un temperamento muy fácil de llevar, a menudo traía a Jasmine al laboratorio para practicar mi técnica con el gorro.[9]

Sin embargo, la primera vez que observé los datos cerebrales registrados por el gorro de electrodos de Jasmine, me convencí de que había hecho algo mal. Cuando escuchaba palabras que conocía y palabras que no, las diferencias en su actividad cerebral (llamadas N400 porque son desviaciones negativas en la polaridad eléctrica que se producen unos cuatrocientos milisegundos después de escuchar una palabra) eran mayores en el lado derecho de la cabeza que en el izquierdo. Aunque algunos de los bebés que estábamos estudiando, sobre todo los más pequeños o los que hablaban más tardíamente, eran propensos a mostrar los cambios en ambos lados del cerebro, ninguno de los que yo había observado mostraba este patrón de sensibilidad selectiva del hemisferio derecho a las palabras. Para hacer un seguimiento, mi supervisora, la neurocientífica cognitiva del desarrollo Debbie Mills, sugirió que realizáramos algunas pruebas más, incluido un paradigma *oddball* o de la rareza en el que el sujeto escucha una serie de tonos presentados en la misma frecuencia, que son interrumpidos ocasionalmente por un tono de frecuencia diferente. En la mayoría de las personas, esto crea un cambio en la actividad denominado P300 (un cambio positivo en la polaridad que se

[8] Estoy eternamente agradecida a Debbie Mills, la investigadora principal de este laboratorio, por ver el hecho de que viera a mi hija como una ventaja y no como una desventaja, y darme la oportunidad de abrirme camino.

[9] En caso de que me juzguéis por utilizar a mi hija como conejillo de Indias, permíteme señalar que hay cosas peores que una madre soltera podría hacer para mantener a su hijo entretenido mientras trabaja… Y ella creció para ser científica, ¡así que no puede haber sido tan malo!

produce unos 300 milisegundos después de la presentación del tono), que es mayor en el hemisferio derecho. En Jasmine, también se invirtió.

Una de las cosas más interesantes de todo esto es que el cerebro de Jasmine me dijo que era zurda antes que su cuerpo. Aunque las preferencias pueden detectarse antes, la mayoría de los niños empiezan a mostrar preferencias consistentes por las manos entre los dieciocho meses y los dos años de edad. Jasmine tenía diecisiete meses cuando se sometió a su primera sesión de grabación cerebral y, en cuanto me di cuenta de que su cerebro estaba invertido, noté casi de inmediato su marcada preferencia por utilizar la mano izquierda. A lo largo de los años, he seguido observando este patrón en la estructura y el funcionamiento del cerebro de Jasmine. Los trabajos de sus hemisferios no parecen estar distribuidos al azar, sino todo lo contrario, su cerebro tiende a mostrar una especialización que refleja los patrones opuestos de lo que la mayoría de nosotros consideramos «normal».

Por desgracia, los zurdos extremos suelen quedar al margen de la investigación neurocientífica, como consecuencia del enfoque único de la ciencia del cerebro. La justificación de esta práctica es que los zurdos (vagamente definidos) son «más variables», y que si promediamos datos de cerebros como el de Jasmine con datos procedentes de cerebros típicos, se arma un lío. Como resultado, no sabemos lo suficiente sobre aquellos de vosotros que no crecisteis en laboratorios de neurociencia.[10] Sin embargo, los pocos estudios publicados que han analizado esto sistemáticamente han encontrado resultados similares a mis propias observaciones sobre Jasmine. Aunque es raro tener lateralización inversa de los trabajos de tu cerebro, estos patrones ocurren más a menudo en zurdos extremos.

A medida que mi experiencia como neurocientífica y como madre han ido creciendo a la par, a menudo me he preguntado

---

[10] Acabo de redactar una propuesta de subvención para intentar poner mi granito de arena en este asunto. Espero poder convencer a los organismos de financiación de que no es aceptable no entender cómo funcionan los zurdos.

si algunas de las cosas raras que hace Jasmine —como el hecho de que gire la cabeza hacia la izquierda y vea la televisión por el rabillo derecho del ojo (lo que hace que la mayor parte de la información esté primero en su hemisferio izquierdo), o que sea muy inteligente y a la vez no muy rápida en cuanto a velocidad de procesamiento de la información— tienen algo que ver con su extraña organización cerebral. En la sección que sigue, hablaremos de lo que sabemos sobre por qué las tareas se asignan a un hemisferio u otro, y lo que podría significar para aquellos de vosotros cuyos cerebros son diferentes de la mayoría.

De la estructura a la función: cómo se asignan las tareas a cada hemisferio

Para ayudarte a entender la complicada relación entre el aspecto de tu cerebro y su funcionamiento, me gustaría explicarte algo que demasiada gente de mi campo entiende mal: la distinción entre una función cerebral y un cálculo cerebral. Si volvemos a la metáfora de la asignación de tareas a los miembros de un equipo, se podría pensar en una función como el trabajo que se asigna, y el cálculo como el conjunto de habilidades que permiten a una persona realizar bien el trabajo. Cuando se trata de entender cómo funciona el cerebro, tanto los científicos como la gente de a pie describen con demasiada frecuencia lo que hacen las regiones cerebrales en términos de su función, sin comprender el cálculo más fundamental que permite a un área contribuir a esa función concreta. Aunque si queremos entender por qué nuestro grado de lateralidad está relacionado con el lado de la cara al que prestamos más atención, tendremos que profundizar en los cálculos que relacionan el diseño estructural del cerebro con las funciones a las que contribuye.

Utilicemos el lenguaje —una de las funciones más importantes e impresionantes del cerebro— para ilustrar mi punto de vista. A pesar de que he pasado gran parte de mi vida estudiando cómo ambos hemisferios contribuyen a los procesos del lenguaje, la mayoría de la gente lo considera una función lateralizada, asignada principalmente al hemisferio izquierdo. De hecho, fue la descripción que hizo el médico francés Paul Broca de un paciente que solo parecía perder la capacidad de hablar tras sufrir daños en el hemisferio izquierdo la que lanzó la idea de que las funciones mentales podían asignarse a regiones cerebrales específicas. Más de ciento cincuenta años después de su descubrimiento, casi todos los libros de texto que tratan del lenguaje en el cerebro señalan una región del lóbulo frontal izquierdo, ahora denominada «área de Broca», y la etiquetan con la función del «habla», y otra, ligeramente por encima y detrás de la oreja izquierda, con la función de la «comprensión del lenguaje».

Pero este es el tema. Tu capacidad para utilizar el lenguaje —el sistema que te permite traducir ideas dentro y fuera de las formas simbólicas arbitrarias que utilizamos para comunicarlas— depende de muchos tipos de cálculos diferentes. Factores como el hecho de ser emisor o receptor de un intercambio lingüístico, o de utilizar sistemas simbólicos verbales o escritos, influyen en el tipo de cálculos que realiza el cerebro para llevar a cabo esta función. La medida en que el habla y la comprensión del lenguaje utilizan regiones cerebrales distintas depende de cuál de los muchos cálculos subyacentes le interese.

Utilicemos como ejemplo la capacidad para producir el habla, que estaba dañada en el paciente de Broca, ya que fue el que dio el pistoletazo de salida a todo el planteamiento de «asignar funciones a áreas cerebrales». Cuando el área de Broca está dañada, la mayoría de las personas tradicionalmente asimétricas experimentan dificultades para producir el habla. Pero eso no significa necesariamente que la función del área de Broca sea el habla. Sería como deducir que si un neumático pinchado te impide circular por la carretera a toda velocidad, la función del neumático es propulsar el coche hacia delante. Para producir un enunciado significativo con la boca, el cerebro tiene que ejecutar una compleja secuencia de cálculos que primero traducen una idea en la cabeza a los símbolos lingüísticos utilizados en el idioma para expresarla. Después tiene que vincular esos símbolos lingüísticos a los programas que generan la elaborada secuencia de movimientos —un ballet oral en el que la lengua, los labios, los dientes, la nariz[11] y las cuerdas vocales hacen lo justo en el momento adecuado— para dar forma al aire que exhalas de manera que otro cerebro pueda «entenderlo» cuando las vibraciones resultantes lleguen a sus tímpanos.[12]

Como probablemente comprenderán los que hayan conducido coches «trillados», además de un neumático pinchado hay muchas otras circunstancias que pueden impedir que un coche circule. De hecho, un modelo más preciso del funcionamiento de los coches te hará ver que son muchas las cosas que tienen que ir bien para que tu coche circule por la carretera sin problemas. El habla también es así, y científicos como Nina Dronkers y sus colaboradores han demostrado que una región distinta del cerebro, la ínsula, puede ser incluso más importante para el habla fluida que el área de Broca.[13]

Para complicar aún más el asunto, el deterioro del avance no es lo único que ocurre cuando se pincha una rueda. También es más difícil girar y la conducción se vuelve más accidentada. Del mismo modo, si se mira con suficiente atención, se pueden observar diversos déficits lingüísticos y no lingüísticos tras un daño en el área de Broca. Por ejemplo, algunas personas pierden la capacidad de utilizar el orden de las palabras para entender el significado de una frase y otras tienen dificultades para comprender qué acciones se representan en las imágenes.

Lo que quiero decir aquí es que 160 años después de la observación de Broca, gran parte de lo que sabemos sobre el funcionamiento del cerebro sigue estando relacionado con las funciones que

[11] Por supuesto que se habla por la nariz. Si no me crees, intenta taparte la nariz y decir «nariz». Suena como «dariz», ¿verdad?

[12] El hecho de que la mayoría de los cerebros lo hagan sin esfuerzo es, en mi opinión, un auténtico milagro, dada la complejidad del procesamiento de la información necesario.

[13] De hecho, Dronkers y su equipo pudieron utilizar modernos equipos de imagen cerebral para estudiar los cerebros conservados de los primeros pacientes de Broca. Cuando lo hicieron, descubrieron que el daño era más extenso que el descrito por Broca e incluía la ínsula. Por tanto, propongo que empecemos a llamar a la ínsula «área de Dronkers» para celebrar a la mujer que acertó 130 años después.

se alteran en la mayoría de las personas cuando su cerebro se daña, o con las tareas que lo activan más en los experimentos realizados con cerebros sanos. Pero para entender realmente cómo funciona el cerebro, tendremos que ser capaces de hablar de la mecánica. ¿Cómo están diseñados los hemisferios izquierdo y derecho del cerebro para que uno de ellos sea más adecuado para una función concreta que el otro?

¿Con quién hablo? Las dos caras del lenguaje en el cerebro

Una de las mayores pistas que tenemos sobre por qué las tareas se asignan a un hemisferio o a otro es la relación entre la lateralidad y la lateralidad para el lenguaje. El hecho de que la mayoría de las personas prefieran utilizar la mano derecha, controlada por el hemisferio izquierdo, y dependan de él para producir el habla, sugiere que algo en la evolución del hemisferio izquierdo lo hace más adecuado para los cálculos en los que se basan ambas funciones. Dado que el área de Broca es vecina de la parte del cerebro encargada de mover los labios, la boca y la lengua, muchos suponen que este cálculo compartido está relacionado con la coordinación motora, es decir, con la precisión con la que el cerebro puede manipular el cuerpo.

Pero no todo el mundo utiliza su hemisferio «preferido» para controlar las manos al hablar. Stefan Knecht y sus colegas lo demostraron cuando registraron las diferencias en la medida en que 326 personas diestras o zurdas utilizaban el hemisferio derecho o el izquierdo para hablar. En este estudio, que fue la precuela del experimento con EMT descrito al principio de este capítulo, se clasificó a los participantes en siete grupos, desde diestros hasta zurdos, basándose en la misma prueba de lateralidad que hicimos anteriormente. Como Knecht estaba interesado en comprender a los zurdos en lugar de excluirlos, su muestra tenía un mayor número de zurdos dominantes (57) y zurdos relativamente equilibrados (101) de lo que cabría esperar si se tomara una muestra aleatoria de la población. Y cuando comparó el flujo sanguíneo en los dos hemisferios asociado al habla en los siete grupos, encontró diferencias sorprendentes. En el grupo de diestros constantes, el 96 % de las personas presentaba mayores cambios en el flujo sanguíneo en el hemisferio izquierdo que en el derecho al hablar. Dicho de otra manera, casi todas las personas que prefieren utilizar la mano derecha utilizan más el hemisferio izquierdo que el derecho para nombrar imágenes. La cifra se redujo al 73 % en los zurdos constantes, mientras que los cerebros más asimétricos se situaron en el centro, con un 85 %.[14]

Hay que tener en cuenta algunas cosas sobre estos resultados. En primer lugar, cuanto más diestro seas, más probable es que tu hemisferio izquierdo sea el único capacitado para realizar los cálculos en los que se basa el habla. Pero como recordarás en el estudio de EMT descrito anteriormente, este tipo de producción asimétrica del habla también es más vulnerable a las lesiones. Los cerebros más asimétricos, por otro lado, tienden a asociarse con capacidades más similares en los dos hemisferios. Esto significa que los hemisferios derechos de los zurdos y mixtos son más capaces no solo de destreza manual, sino también de producir el habla. Como resultado, cuando cualquiera de sus hemisferios se fatiga con EMT, experimentan deficiencias más leves.

Otra cosa que hay que tener en cuenta, sin embargo, es que la probabilidad de que tu hemisferio derecho —como el de Jasmine— sea el hablador es muy inferior al 50 %, incluso en el caso de los zurdos. Esto nos recuerda que la mayoría de los cerebros humanos son, como mínimo, un poco asimétricos y que las diferencias entre nosotros son cuestiones de grado. El hecho de que el habla dependa más del hemisferio izquierdo que del derecho, incluso en la mayoría de los cerebros menos asimétricos, sugiere que las diferencias de estructura entre los dos hemisferios pueden ser incluso más importantes para el lenguaje (una de las funciones

[14] Ten en cuenta que estas estadísticas indican qué hemisferio estaba más activo al hablar, pero Knecht también observó que la lateralidad relevante del habla, al igual que la lateralidad manual, se situaba en un continuum. Algunas personas utilizan principalmente un hemisferio u otro, mientras que otras utilizan ambos casi por igual.

más recientes del cerebro humano) que para el control de las manos. Pero el hecho de que el 73 % de los zurdos fuertes tengan el habla y el control de la mano preferida dirigidos por hemisferios diferentes también sugiere que sus cálculos compartidos podrían no estar relacionados únicamente con el control motor. De hecho, también hay diferencias bastante notables en la forma en que los dos hemisferios comprenden el lenguaje, lo que puede dar más pistas sobre cómo configuran, de forma independiente y colaborativa, la forma de entender el mundo.

Los primeros signos de dominancia del hemisferio izquierdo en la comprensión del lenguaje se observan en el córtex auditivo, la parte del cerebro encargada de analizar los sonidos. Varios estudios han demostrado que el córtex auditivo está más activo (en la mayoría de las personas)[15] en el hemisferio izquierdo que en el derecho cuando los participantes escuchan sonidos del habla. En cambio, el hemisferio derecho está más activo que el izquierdo cuando escuchan música. Investigadores como David Poeppel y Robert Zatorre han argumentado que el hemisferio izquierdo se encarga de la comprensión del habla porque es muy bueno en los cálculos necesarios para detectar cambios rápidos en el tiempo.[16] Por supuesto, la música también puede ser rápida. Para establecer un vínculo entre la música y el control motor, ten en cuenta que el baterista más rápido jamás registrado, Siddharth Nagarajan, alcanzó la asombrosa cifra de 2 109 golpes de tambor en un minuto (aunque mi metrónomo no pasa de 250).

Pero si quieres entender la diferencia entre los sonidos «ba» y «pa» en «*banana pancakes*», tu cerebro tiene que ser capaz de detectar una diferencia de tiempo de diez milisegundos entre el momento en que las cuerdas vocales de alguien empiezan a vibrar y el

---

[15] No he encontrado ningún estudio que analice las diferencias individuales de este efecto en el cerebro, sobre todo en lo que se refiere a la lateralidad, pero basándome en la investigación conductual sobre la preferencia de oído, supongo que sigue el mismo patrón general observado en el habla y otras funciones lateralizadas.

[16] Los dos investigadores tienen opiniones ligeramente diferentes sobre qué hace que el hemisferio derecho sea más adecuado para escuchar música. He incluido algunos artículos relevantes en la sección Notas por si quieres saber más.

momento en que sus labios se separan. Eso es como ser capaz de distinguir entre 5 999 y 6 000 golpes de tambor por minuto, ambos mucho más rápidos que los solos de batería más metaleros de todos los tiempos. ¿Podrían las ventajas computacionales del hemisferio izquierdo estar relacionadas con la capacidad de coordinar o detectar cosas que cambian muy rápidamente en el tiempo?

La respuesta corta es «más o menos». Si volvemos al experimento del «pajar importante» que comenté en la introducción, quizá recuerdes también que algunas de las funciones que se asignan a uno u otro hemisferio se desarrollan a lo largo de una escala temporal más lenta.[17] Entonces, ¿qué explica que una función lingüística concreta llegue a depender del hemisferio izquierdo o del derecho en un individuo concreto?

Una posibilidad, descrita por Elkhonon Goldberg y Louis Costa a principios de los ochenta, es que la diferencia estructural crítica que impulsa la especialización de nuestros dos hemisferios es cómo están cableados. Para ser más concretos, los dos científicos propusieron que los distintos patrones de conectividad entre hemisferios determinan el grado en que las áreas cerebrales de cada hemisferio se comunican entre sí.[18] Según Goldberg y Costa, el hemisferio izquierdo consta de muchas regiones cerebrales pequeñas «encapsuladas informacionalmente». Estas se convierten en los «módulos» expertos que describí al principio del capítulo, diseñados para realizar cálculos específicos sobre tipos concretos de entradas sin verse influidos por lo que hagan sus vecinos. Esto significa que, en la mayoría de los cerebros típicamente asimétricos, el grado en que el hemisferio izquierdo contribuye a cualquier función depende de si se puede lograr utilizando un enfoque de «divide y vencerás». En el lenguaje, esto puede significar pasar de secuencias de sonidos a palabras, de secuencias de palabras a ideas y de secuencias de ideas a historias.

---

[17] La velocidad de lectura típica de los adultos oscila entre 200 y 300 palabras por minuto, mucho más lenta que un solo de batería.

[18] Hablaremos de los mecanismos de esa comunicación en los dos próximos capítulos.

Por el contrario, Goldberg y Costa propusieron que la estructura del hemisferio derecho, que contiene proporcionalmente más conexiones entre regiones cerebrales, es más adecuada para trabajos que requieren la integración de distintos tipos de información en un todo coherente. Esto explica por qué, como comenté brevemente en la sección de evaluación, al hemisferio derecho tienden a asignársele funciones como el reconocimiento de caras. Para distinguir una cara de otra, hay que tener en cuenta las sutiles diferencias entre muchos rasgos distintos y dónde se sitúan en relación unos con otros. Si no me crees, intenta identificar las fotos de tus amigos basándote en uno de sus rasgos, como la nariz o un solo ojo. Sin los rasgos circundantes, es mucho más difícil de lo que te crees.

Volvamos al experimento del pajar para ver cómo las ideas de Goldberg y Costa podrían explicar nuestros hallazgos sobre cómo los dos hemisferios contribuyen a las distintas formas en que las personas comprenden lo que leen. Como recordarás, el hemisferio izquierdo de todos los lectores de mi experimento era sensible a la estructura argumental local de las frases. Esto sugiere que —al menos en el caso de las personas que pueden leer lo suficientemente bien como para ir a la universidad— los módulos de procesamiento especializados del hemisferio izquierdo intervienen en la construcción del significado de esas frases basándose en los detalles lingüísticos presentados.

El hemisferio derecho, por su parte, estaba implicado de forma diferencial en los lectores hábiles y en los menos hábiles. En los lectores menos hábiles, el hemisferio derecho era sensible tanto a la estructura argumental local como al contexto global basado en el escenario, mientras que los hemisferios derechos de los lectores más hábiles no mostraban ningún rastro de los dos procesos de comprensión. Entonces, ¿qué ocurre?

Nuestros hallazgos son coherentes con una parte de la teoría de Goldberg y Costa que aún no he comentado, y que describe cómo se asignan distintas funciones a los módulos expertos del hemisferio izquierdo. Según su teoría, las tareas complejas casi siempre dependen inicialmente del hemisferio derecho. Su idea, en pocas palabras, es que hasta que no entiendas las partes importantes de una tarea, lo mejor que puedes hacer es intentar utilizar toda la información que puedas para averiguar qué se supone que tienes que hacer. Cuando nos enfrentamos a una tarea totalmente nueva, el hemisferio derecho es el que tiene más ventaja. Si alguna vez has intentado desenvolverte en un país cuyo idioma o costumbres no conoces bien, quizá puedas entender cómo funciona esto. Puedes apañártelas bastante bien utilizando pistas como gestos y expresiones faciales para averiguar lo que se supone que tienes que hacer en función del contexto en el que te encuentres. Sin embargo, a medida que adquieres experiencia con una nueva tarea, aprendes cuáles de las partes más pequeñas, o «árboles» que componen el bosque, son importantes para el trabajo que tienes entre manos. Cuando esto ocurre, tu cerebro desarrolla estrategias más rápidas y eficaces que dependen de módulos de procesamiento especializados. Al hacerlo depende cada vez menos de la visión de conjunto para averiguar qué está pasando.

En consonancia con la teoría de Goldberg y Costa, varias funciones pasan a depender más del hemisferio izquierdo con la experiencia. Por ejemplo, la mayoría de los niños utilizan mal ambas manos en las primeras fases de su vida. Solo hacia el año y medio de edad, a medida que adquieren mayor experiencia en la manipulación de objetos, empiezan a mostrar una preferencia estable por el uso de una mano en detrimento de la otra.[19] Lo mismo ocurre con el lenguaje, que inicialmente es procesado por ambos hemisferios y que, en la mayoría de los casos, pasa a ser dominado por el izquierdo a medida que aumenta el dominio. Aunque el bilingüismo es más complicado,[20] varios estudios también sugieren que las segundas lenguas de las personas se basan más en el hemisferio

[19] Esta cronología depende de cómo se mida la preferencia por las manos (estilos de agarre o manipulación bimanual), pero es probable que sea más tardía en los niños pequeños con cerebros más simétricos.

[20] Por un lado, hay muchos tipos distintos de experiencias lingüísticas que pueden hacer que alguien sea bilingüe, y estas tienen distintas implicaciones en el funcionamiento de los cerebros bilingües. En el capítulo 3 abordaremos algunas de mis investigaciones sobre los cerebros bilingües.

derecho, sobre todo si se aprenden más tardíamente y el hablante es menos competente que en su primera lengua. Algunos estudios de menor envergadura han demostrado incluso que, si se compara a personas con gran bagaje musical con principiantes, se observa una tendencia hacia el procesamiento musical lateralizado en el hemisferio izquierdo en los veteranos.

Para resumir lo que hemos hablado hasta ahora sobre el lenguaje en el cerebro, hay dos cosas que me gustaría que tuvieras en cuenta. La primera es que, según Goldberg y Costa, una de las principales diferencias computacionales entre los dos hemisferios se debe a cómo están conectados. En los cerebros más asimétricos, el hemisferio izquierdo adopta un enfoque de «divide y vencerás» utilizando módulos expertos para centrarse en los detalles a nivel de árbol, mientras que el hemisferio derecho está especializado en la visión de conjunto, o a nivel de bosque. Sin embargo, una cosa que sigue sin estar clara, basándonos en la escasa investigación sobre zurdos extremos, es si los hemisferios derechos de personas con lateralidad inversa como Jasmine acaban teniendo un cableado de módulos expertos. Por ahora, basta decir que, aunque todos los cerebros tienen capacidades de bosque y de árbol en alguna parte concreta, cuanto más asimétrico sea tu cerebro, más probable es que llegues a centrarte en características específicas, o detalles, para resolver problemas complejos, mientras que los que tienen cerebros más simétricos son más propensos a confiar en la visión de conjunto.

Y ten en cuenta que, para ambos tipos de cerebros, la experiencia con una tarea concreta puede cambiarte hacia un «procesador» de información más orientado a los detalles. De hecho, incluso funciones como el control de las manos están determinadas por la experiencia.[21] Por ejemplo, un estudio que examinó los cerebros de diestros «forzados» —personas que mostraron una preferencia temprana por el uso de la mano izquierda, pero que se vieron obligadas a utilizar la derecha para ajustarse a las normas sociales de entonces— descubrió que su corteza motora era indistinguible de la de los diestros «naturales». Esto demuestra que la educación,

[21] Eso de naturaleza contra crianza no va a desaparecer, te guste o no.

o nuestras experiencias, pueden anular hasta cierto punto las predisposiciones naturales de nuestro cerebro.[22]

Ahora, para comprender mejor las implicaciones de tener cerebros simétricos o asimétricos, saquemos a pasear el cerebro fuera del laboratorio y veamos cómo las funciones de los dos hemisferios pueden funcionar «en la naturaleza» para comprender el mundo en el que vivimos nuestro día a día.

Funciones asimétricas: las historias que cuenta tu cerebro

Hasta ahora, este capítulo se ha centrado mucho en explicaciones mecánicas sobre el funcionamiento de los dos hemisferios. Aunque si quieres entender mejor cómo tu cerebro simétrico o asimétrico determina tu forma de pensar, sentir y comportarte en el mundo real, tendremos que volver a la idea de por qué tienes dos hemisferios que funcionan de forma diferente. Esto nos lleva de nuevo a la idea de la especialización de las funciones, que, como recordarás, es un diseño de ingeniería muy antiguo desde el punto de vista evolutivo. Según Joseph Dien, las diferencias estructurales entre hemisferios en el cerebro humano evolucionaron para funciones mucho más antiguas que el lenguaje.

En esencia, Dien propone que los cerebros asimétricos —aquellos que pueden entender el mundo de múltiples maneras a la vez— tienen una ventaja evolutiva clave. Pueden enfocarse en dos direcciones al mismo tiempo, al igual que el dios romano Jano, representado con una cara que mira hacia delante y otra que mira hacia atrás, Dien propone que nuestros cerebros evolucionaron de modo que un hemisferio (el izquierdo)[23] se centra principalmente

---

[22] Sin embargo, no recomiendo obligar a nadie a ser diestro. Merece la pena mencionar que una parte diferente del cerebro —una que está implicada de forma más general en el control— era más pequeña en los diestros forzados. Esto podría deberse a que su hemisferio izquierdo tuvo que inhibir, o incapacitar, al derecho para superar sus predisposiciones naturales.

[23] Cabe señalar que ninguna de estas teorías de la lateralidad intenta evidenciar las diferencias individuales.

en predecir el futuro, de modo que pueda ayudar a tomar las mejores decisiones sobre qué hacer a continuación, mientras que el otro (el derecho) se encarga de comprender lo que está sucediendo ahora mismo. Esta idea está relacionada con otra distinción de los dos hemisferios basada en la función según la cual el hemisferio izquierdo inicia conductas de «aproximación», mientras que el derecho se centra en conductas de «evitación». En cualquier caso, la idea es que los tipos de pensamientos, sentimientos y cálculos que realiza el cerebro, ya sea para predecir el futuro o para encontrar cosas buenas, pueden entrar en conflicto con los tipos de pensamientos, sentimientos y comportamientos que necesita para comprender el presente o para intentar evitar situaciones que podrían matarte. También hay que tener en cuenta que, aunque estas teorías se centran en las funciones o en las posibles razones por las que los hemisferios pueden desarrollar una especialización estructural, no son incompatibles con las descripciones de Goldberg y Costa de las diferencias estructurales entre hemisferios. Es muy posible que los procesadores experimentados, basados en módulos, evolucionaran precisamente porque son útiles para ejecutar los cálculos rápidos y específicos que uno necesita para predecir el futuro, mientras que los procesadores integrados y globales son necesarios para ejecutar los complejos cálculos de reconocimiento de patrones implicados en la comprensión de lo que está ocurriendo ahora, relacionarlo con tus experiencias pasadas y averiguar si algo es peligroso o no.

¿Qué puede significar esto para el funcionamiento de los cerebros simétricos y asimétricos en la naturaleza? Imagina que eres un angloparlante competente y oyes esta frase, aparentemente sencilla: «*They're cooking apples*». El significado de esta frase es ambiguo, pero apostaría a que la mayoría de vosotros no se ha sentido ni un pelín confundido cuando la ha leído. Esto se debe a que vuestros cerebros tienen tanta experiencia con frases como esta que vuestro hemisferio izquierdo envió las palabras para que fueran procesadas en módulos especializados. Estos módulos toman decisiones, palabra por palabra, sobre el significado de la frase a medida que se desarrolla en el tiempo. Y a menos que el cerebro se enfrente a una prueba de lo contrario —por ejemplo, cuando hay un desajuste entre el contexto en el que se produce una frase y la interpretación inicial de lo que significa—, sigue adelante, prediciendo el significado más probable de la frase basándose en sus experiencias pasadas. De hecho, apuesto a que la mayoría de vosotros interpretó «Están cocinando manzanas» como una frase que describe a unas personas («Ellos/Ellas») que están ejecutando la acción de «cocinar», en tiempo presente, una serie de objetos llamados «manzanas», sin imaginar siquiera cuál podría ser la interpretación alternativa. Pero la verdadera pregunta es: ¿habría entendido tu cerebro de manera diferente esa frase si se la hubieran presentado en el siguiente entorno, mucho más contextualizado?

Jasmine entra en la cocina y encuentra un puñado de manzanas en una bolsa de papel marrón. Tienen un aspecto diferente al de las manzanas del frutero. Están muy maduras y algunas están un poco magulladas. Se gira y pregunta: «¿Para qué son?», señalando la bolsa de la encimera. «Son manzanas para cocinar»[24]*, respondo.*[25]

¡Boom! Ahora la mayoría de vuestros cerebros probablemente construyeron una interpretación diferente de la frase. Esta vez, «ellas» se refiere a las *manzanas*, y «cocinar» es un adjetivo que describe qué *tipo* de manzanas son.

Lo sé, el lenguaje es salvaje y maravilloso. Aunque lo que realmente quiero decir es que crea muchas oportunidades para diferentes interpretaciones de la misma información. Y como demostré en el experimento del pajar, el grado en que una persona utiliza el contexto para interpretar los detalles de una frase varía según el cerebro. Así que quienquiera que escribiera el infame artículo de la Primera Guerra Mundial titulado «*French Push Bottles Up German Rear*»[26] probablemente no se dio cuenta de que su forma de enten-

---

[24] La frase «Son manzanas para cocinar» en inglés también sería «They're cooking apples» *(N. de la E.)*.

[25] Para ser justos, este escenario es bastante inverosímil si sabes lo poco que cocino, pero esta sección trata sobre la construcción de narrativas, así que, con vuestro permiso, me he tomado algunas libertades.

[26] Esta frase puede significar dos cosas completamente diferentes según cómo agrupemos las unidades lingüísticas: «La ofensiva francesa reprime a la retaguar-

der esa frase no era la única. Incluso me atrevería a apostar que o bien tenía un cerebro simétrico («de bosque») o bien su cerebro estaba tan impregnado del contexto de las tácticas de batalla que ni siquiera se dio cuenta del hecho de que la palabra *«push»* se usa mucho más frecuentemente como verbo que como sustantivo, y que lo contrario ocurre con *«bottles»*.[27]

Independientemente de que el cerebro se base en el bosque o en los árboles para entender lo que está pasando, lo que más me llama la atención es por qué no nos sentimos confusos todo el rato, incluso enfrentándonos constantemente a información incompleta o ambigua. La razón es que el cerebro se limita a rellenar los espacios en blanco, utilizando distintos tipos de información y cálculos para averiguar qué está ocurriendo. Como aprenderás a lo largo de este libro, esto da pie a distintas formas de interpretar la misma información. Utilizando sus diferentes mecanismos para entender el mundo, el cerebro construye una historia más concreta y completa de la que realmente tiene datos para respaldar. Y no me refiero solo a cómo interpreta el cerebro las historias que lee. Me refiero a las historias que crea cuando produce tu experiencia de la realidad.

De hecho, las diferencias en la forma en que los dos hemisferios contribuyen a este proceso de narración son la base del mito de la psicología popular, tan arraigado, de que el hemisferio izquierdo es «analítico», mientras que el derecho es «creativo». Aunque la noción de una distinción analítico/creativo no es exactamente correcta, la idea original surgió de las observaciones que Roger Sperry, Joseph Bogen y Michael Gazzaniga hicieron al estudiar a un fascinante grupo de pacientes a los que se les seccionaron quirúrgicamente las conexiones entre sus hemisferios (un procedimiento conocido como callosotomía) para controlar una epilepsia grave. Aunque la callosotomía impide que los ataques se «propaguen» de un lado del cerebro al otro, también impide en gran medida que los

---

dia alemana» o «Los franceses introducen botellas por el trasero de los alemanes» *(N. de la E.)*.

[27] El último capítulo de este libro trata de los problemas que surgen cuando suponemos que otros cerebros interpretan el mundo de la misma manera que el nuestro.

dos hemisferios de estos pacientes compartan información entre sí. Y esto ofrece una oportunidad única pero poderosa de preguntar qué sabe cada hemisferio (sin ninguna aportación del otro).

Los investigadores utilizaron el mismo truco que yo utilicé en mi estudio sobre la lectura. Hicieron parpadear palabras o imágenes a un lado u otro de la pantalla, aprovechando la forma en que la información visual se envía al hemisferio opuesto. En consonancia con la idea de que el hemisferio izquierdo domina el habla, la mayoría de los pacientes con callosotomía solo pueden hablar de las palabras o imágenes que se presentan en el lado derecho de la pantalla, que son vistas por el hemisferio izquierdo. Pero aquí es donde las cosas empiezan a ponerse interesantes... Si se presenta una imagen en el lado izquierdo de la pantalla, de forma que solo la vea el hemisferio derecho, y se pregunta a un paciente con callosotomía qué ha visto, normalmente responderá: «No he visto nada». Esto es porque su hemisferio izquierdo es el que está hablando y no ha visto nada. Pero si le das un lápiz en la mano izquierda y le pides al hemisferio derecho que dibuje lo que ha visto, puede hacerlo. ¿No es increíble? Aunque, espera, que esta historia se vuelve todavía más peculiar...

En el proceso de realización de estas investigaciones, Michael Gazzaniga, que comenzó esta investigación como estudiante de posgrado que trabajaba con Sperry, observó algo fascinante: a veces, cuando un paciente veía lo que hacía su mano izquierda (con ambos hemisferios), se inventaba espontáneamente una historia para ayudar a salvar la incoherencia entre lo que decía ver (nada) y lo que dibujaba. En un ejemplo que Gazzaniga grabó en vídeo, aparecían dos imágenes diferentes en la pantalla al mismo tiempo: un sol a la derecha y un reloj de arena a la izquierda. «¿Qué ha visto?», pregunta al paciente. «El sol», responde el paciente, basándose en la información de la que dispone su hemisferio izquierdo hablante. «¿Puede dibujarlo?», pregunta Gazzaniga, poniendo un lápiz en la mano izquierda del paciente. Este dibuja un reloj de arena, porque eso es lo que ha visto su hemisferio derecho, que controla su mano izquierda. Ahora el hemisferio izquierdo hablante puede ver lo que ha dibujado su mano izquierda y empieza a inventarse una historia sobre por qué lo ha hecho. «¿Qué has visto?», vuelve a preguntar Gazzaniga. «Un sol», responde el paciente. «Pero dibujé un cronómetro porque estaba pensando en un reloj de sol», dice el paciente, confabulando una conexión plausible entre lo que sabe su hemisferio izquierdo y lo que observó. *Voilà,* el cerebro del paciente fue sorprendido *in fraganti* en su proceso de narración.[28]

En el transcurso de estos experimentos, Gazzaniga descubrió que la parte hablante de nuestro cerebro también parece generar explicaciones causales que relacionan unos acontecimientos con otros. Desde entonces, Gazzaniga y otros científicos, entre los que me incluyo, han investigado experimentalmente las diferencias en estos procesos «inferenciales» en ambos hemisferios, tanto en participantes intactos como en pacientes con callosotomía. El consenso general es que, en la mayoría de las personas, el hemisferio izquierdo genera hipótesis sobre lo que podría relacionar dos acontecimientos basándose en los detalles que considera relevantes. Y por su capacidad para hacerlo, Gazzaniga bautizó al hemisferio izquierdo como «el intérprete». A partir de esa observación, periodistas e investigadores posteriores crearon la idea de un hemisferio analítico.

Como sospecharás, este tipo concreto de análisis, el que invierte la causalidad de los acontecimientos observados, es muy importante para predecir el futuro. Y permítame que te aclare que tu cerebro sano lo hace todo el tiempo. Al igual que el hemisferio izquierdo de un paciente con cerebro escindido inventa historias para rellenar los huecos cuando observa un comportamiento que no controla, tu cerebro crea constantemente una narrativa personal que teje una explicación causal a través de las acciones que observa que realizas. Aunque es probable que sus dos hemisferios estén bien conectados, su intérprete sigue teniendo que rellenar los huecos sobre por qué haces la inmensa mayoría de las cosas que, en realidad, están impulsadas por procesos cerebrales

[28] He añadido un enlace en las notas a una entrevista que puedes ver en YouTube entre Alan Alda y Gazzaniga, y el paciente de callosotomía «Joe». Es fascinante.

subconscientes.[29] Pero esto ocurre con tanta frecuencia y tan fluidamente que, en gran medida, somos totalmente inconscientes del proceso narrativo de nuestro cerebro.

Si aún no estás convencido de que tu cerebro inventa cosas, intenta recordar alguna vez en la que te hayas despertado tras haber perdido el conocimiento. El recuerdo más impactante que tengo de un suceso así ocurrió durante mis estudios de posgrado.[30] La versión más breve de mi historia comienza conmigo «despertándome» con la cabeza asomando por la puerta principal de mi apartamento. Mi primera experiencia consciente fue oír mi voz interior diciendo algo así como «Debo de haberme echado una siesta».[31] Casi inmediatamente después, mi cerebro verificó la realidad de esa interpretación. A esa idea le siguió algo parecido a «¡Tenía que estar muy cansada para haberme echado una siesta en la puerta!». Y luego, ante informaciones contradictorias como «¡Espera, yo no duermo la siesta en mi puerta!», mi cerebro empezó a buscar en su banco de memoria diferentes soluciones. Cuando lo hizo, fue capaz de recuperar el recuerdo de la piel quemada y de hablar con una enfermera por teléfono, y mi hemisferio izquierdo fue capaz de utilizar esos nuevos datos para construir la nueva historia, más plausible, de que me había desmayado.[32]

Aunque este proceso se hace notar en situaciones inusuales como la mía, incluso el sueño puede producir un lapsus de conciencia que te permita pillar a tu intérprete *in fraganti*. Es más probable que te des cuenta cuando las cosas son inesperadas, como cuando te despiertas en un lugar distinto a tu habitación y tu cerebro somnoliento tiene que procesar por qué las cosas que estás viendo y oyendo no son las que esperaba. Cuando esto ocurre, a veces puedes «oír» a tu intérprete intentando averiguar dónde demonios estás. En esos

---

[29] Los detalles al respecto volverán a aparecer en el capítulo 6.

[30] No te preocupes, esta historia es apta para todos los públicos.

[31] Durante mi posgrado, estar demasiado cansada y sucumbir a siestas indeseadas en lugares extraños era bastante «normal» para mí como madre soltera.

[32] Tuve una reacción extraña a un suplemento vitamínico que tomé (¿sería una descarga de niacina?) No lo recomiendo.

momentos fugaces en los que no es fácil atar cabos, puede que seas más consciente de los procesos narrativos de tu cerebro. Y aunque esto se ha estudiado sobre todo en el ámbito de la lectura, hay indicios de que las personas con cerebros más simétricos se basan más en el contexto general para interpretar lo que ocurre, mientras que los cerebros más asimétricos se centran primero en los detalles individuales.

Entiendo perfectamente que esto pueda hacerte sentir raro, pero créeme: si tu cerebro no te contara historias, tendrías un gran problema. Al ritmo al que se producen las conversaciones naturales, por ejemplo, si te tomas siquiera cinco segundos para preguntarte qué más puede querer decir una persona cuando dice «*They are cooking apples*», te perderías las siguientes diez palabras que dijera. Buena suerte intentando averiguar de qué se está hablando después.

Algo que siempre me he preguntado al respecto, y que aún no se ha estudiado sistemáticamente, es hasta qué punto nuestros procesos de narración consciente están relacionados con el habla. Según un tuit que se hizo viral en enero de 2020, la experiencia que he descrito, en la que puedes «oír» tus pensamientos expresados verbalmente en tu mente, no es universal. De hecho, un número significativo de personas (incluido mi marido, Andrea) no experimentan sus pensamientos internos como palabras en absoluto. Esto me hace preguntarme si, en algunos cerebros simétricos, las funciones de hablar e interpretar se asignan a hemisferios diferentes. Si eso ocurre, ¿cambia fundamentalmente la naturaleza de tu «narrativa personal»? ¿Cuál podría ser la versión no narrativa de esta narrativa?[33]

Tenemos indicios que provienen de la observación de pacientes cuyos dos hemisferios han sido seccionados. Muchos de ellos parecen «identificarse» más con lo que ocurre en su hemisferio izquierdo que en el derecho. En los días que siguieron a su callosotomía, una paciente llamada Vicki describió su frustrante

[33] Según Andrea, los tipos no verbales tienen «Netflix de la conciencia» (en mute), mientras que los verbales tienen «pódcasts de la conciencia».

experiencia con las tareas cotidianas, como hacer la compra o elegir la ropa para el día. «Buscaba con la mano derecha lo que quería, pero la izquierda entraba y se peleaban entre ellas, casi como imanes que se repelen». En estas anécdotas quedan claras dos cosas. La primera es que, cuando se separan quirúrgicamente los dos hemisferios, pueden concebir ideas distintas sobre cómo comportarse basadas en sus formas únicas de entender el mundo. La segunda es que la experiencia subjetiva que estos pacientes relatan verbalmente es coherente con cómo se comportan sus hemisferios izquierdos.

Afortunadamente para la mayoría de nosotros, aproximadamente 150 millones de neuronas de alta velocidad, denominadas colectivamente cuerpo calloso, conectan nuestros dos hemisferios, permitiéndoles compartir rápidamente entre sí sus visiones del mundo. Y así, aunque todavía nos cueste decidir qué ropa ponernos, tomamos esas decisiones desde la perspectiva de un «yo» único y unificado que tiene acceso a los resultados integrados de ambos hemisferios. Los principios de la ingeniería neuronal que nos permiten controlar el flujo de información de un área cerebral a la siguiente serán el tema central de los dos próximos capítulos.

Resumen: la forma en que comprendemos las cosas depende de si analizamos los cálculos cerebrales a nivel detallado («árbol») o de manera más global («bosque»)

Antes de continuar, repasemos algunos de los conceptos clave de este capítulo. Han sido unos cuantos, y los próximos capítulos se basarán en ellos para darte una mejor idea de cómo funciona tu cerebro. Un tema fundamental que hemos tratado es la relación entre la estructura de los dos hemisferios y los diferentes cálculos que realizan. En la mayoría de las personas, el hemisferio izquierdo parece estar óptimamente estructurado para un enfoque de divide y vencerás, que utiliza módulos para ejecutar cálculos especializados que no interactúan entre sí. Es como entender un bosque de árbol en árbol. El hemisferio derecho, en cambio, adopta un enfoque global, integrando toda la información posible procedente de distintos centros de procesamiento en una historia coherente sobre el acontecimiento o escenario que se desarrolla a su alrededor. Es como decir: «Sé que estoy en el bosque, así que esa cosa vertical que tengo delante debe de ser un árbol».

Aunque estas asimetrías estructurales pueden invertirse en un porcentaje muy pequeño de la población, la mayor diferencia entre cerebros es el grado de especialización entre hemisferios. Y aunque es evidente que existen ventajas que nos empujan a tener dos hemisferios que pueden ver el mundo desde dos perspectivas diferentes a la vez, las desventajas de tener cerebros extremadamente asimétricos incluyen una mayor vulnerabilidad a las lesiones, así como un funcionamiento potencialmente más débil en cosas que requieren ver el panorama general.

También hemos hablado de que la asignación de una función concreta, como el habla o la lectura de frases, a un hemisferio u otro depende no solo de lo diferentes que sean los dos hemisferios entre sí, sino también de la experiencia que tenga una persona realizando una tarea determinada. Aunque hay diferencias aún más sutiles de las que aún no hemos hablado que pueden influir dinámicamente en la contribución de un hemisferio u otro a cualquier función.

Por ejemplo, un estudio significativo de Casagrande y Bertini midió los patrones de actividad cerebral y la habilidad relativa de las manos en un reducido grupo de 16 voluntarios diestros sanos durante varias partes de sus ciclos de vigilia/sueño. Demostraron que todos los participantes tenían una mayor actividad en el hemisferio izquierdo y una mayor destreza en la mano derecha durante las horas de vigilia, pero inmediatamente antes de dormirse e inmediatamente después de despertarse sus hemisferios derechos estaban más activos y sus manos izquierdas eran más hábiles. Esto significa que cada uno de nosotros tiene la oportunidad, al principio y al final del día, de vislumbrar lo que la otra mitad de nuestro cerebro puede estar «pensando», aunque no seamos tan hábiles para «hablar» de ello.

Y si esto te parece extraño, varios experimentos han demostrado que algo tan sencillo como cerrar una mano en un puño durante un tiempo prolongado puede influir en el patrón de pensamiento, sentimiento y comportamiento al cambiar los niveles de activación en uno de los hemisferios. Por ejemplo, algunos de estos estudios han demostrado que si se aprieta la mano izquierda (activando la corteza motora derecha), puede aumentar el grado relativo de sentimientos de «evitación», o la cantidad de aversión que se manifiesta ante un estímulo determinado, mientras que si se aprieta la mano derecha y se activa la corteza motora izquierda, aumenta la motivación de «acercamiento», o el grado en que se manifiesta agrado por algo. Los resultados de estas investigaciones nos recuerdan que, aunque una parte de nuestras diferencias de asimetría es relativamente estable, se producen cambios en nuestro interior, tanto lentamente, a medida que adquirimos más experiencia con determinados procesos a lo largo de nuestra vida, como más rápidamente, cuando pasamos por distintos estados de vigilia o respondemos a diferentes factores ambientales que activan un hemisferio más que el otro. Por eso, si sientes que eres una persona diferente cuando te levantas por la mañana o te vas a dormir por la noche, puede que te ayude saber que hay diferencias fundamentales en el funcionamiento de tu cerebro. En el próximo capítulo, nos centraremos en algunos aspectos más matizados del diseño de tu cerebro y analizaremos la forma en que sus componentes químicos determinan los tipos de información que comparte, tanto dentro de los hemisferios como entre ellos.

CAPÍTULO 2

MIXOLOGÍA

Los lenguajes químicos del cerebro

En este capítulo vamos a centrarnos en la más pequeña de las características de diseño del cerebro: los neurotransmisores. En pocas palabras, los neurotransmisores son las sustancias químicas de las que dependen las neuronas para comunicarse entre sí. Aunque todos los cerebros los utilizan, el cerebro humano dispone de cientos[1] de tipos diferentes. Y en un momento dado, el cerebro flota en un cóctel compuesto por una mezcla única de estos ingredientes.

Si alguna vez has fumado marihuana con tus amigos,[2] o disfrutado de una bebida alcohólica (o tres) en un evento social, probablemente ya comprendas algunas de las cosas más importantes sobre la mixología de tu cerebro. La primera es que las sustancias que alteran la química de tu cerebro pueden cambiar tu forma de pensar, sentir y comportarte, a veces de forma drástica. Y la

---

[1] Este número varía dependiendo de si se consideran tipos de neurotransmisores o compuestos químicos individuales. Para los fines de este libro probablemente no importe, ya que la inmensa mayoría de las investigaciones se han realizado solo sobre un puñado de ellos.

[2] E inhalado… ¡Ojo, que ahora mismo es legal en muchos sitios!

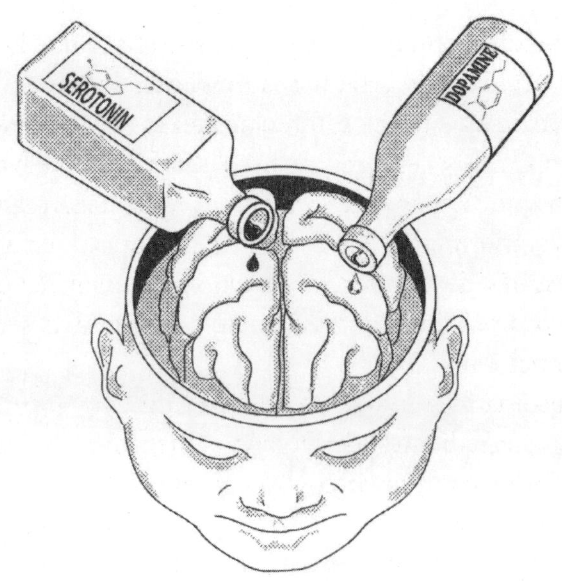

segunda es que estos cambios no son iguales en todas las personas. Ambos fenómenos están relacionados con las formas en que los diferentes cerebros usan las sustancias químicas en sus sistemas de comunicación. En este capítulo aprenderás por qué las partes más pequeñas de tu cuerpo pueden influir tanto en tu funcionamiento.

Tomemos como ejemplo la cafeína, la droga más popular del mundo.[3] Tomar una taza de café, té u otra bebida con cafeína afecta de múltiples maneras a tu mezcla química. La más increíble de todas ellas, en mi opinión, es que aumenta la disponibilidad en tu cerebro de un neurotransmisor llamado dopamina. La dopamina es uno de los ingredientes más importantes de tu cóctel neuronal porque es la sustancia química que utilizan los circuitos del placer de tu cerebro para comunicarse. Y dado que todos los cerebros están motivados para sentirse bien, los circuitos de dopamina del cerebro están fuertemente involucrados en el aprendizaje y la toma de decisiones. Su objetivo es moldear las decisiones, grandes y pequeñas, que te guían por el mundo de

[3] Según una encuesta realizada en 2014, el 85 % de la población estadounidense consume al menos una bebida con cafeína al día… ¡Y eso sin contar el chocolate!

forma que busques obtener más placer. Esto hace que la popularidad de las bebidas con cafeína sea una obviedad.

Y ahora imagina que las diferencias en los niveles basales de dopamina entre dos cerebros puedan ser incluso mayores que la diferencia que sientes antes y después de tu taza matutina de cafeína. El estado mental basal de una persona podría sentirse como tú después de un trago de *capuccino,* mientras que para otra, su cerebro matutino antes del café o el té podría ser su propio subidón personal.

Para tener una idea más clara de cómo influyen los niveles de los distintos ingredientes de tu cóctel neuronal en tu forma de pensar, sentir y comportarte, analicemos más detenidamente la relación entre estructura, computación y función que empezamos a discutir en el último capítulo. Para empezar, considera el hecho de que las diferencias computacionales de las que hablamos en el capítulo 1 surgen debido a la forma en que las redes de millones, o incluso cientos de millones de neuronas, trabajan juntas. Sin embargo, como ya comentamos en la introducción, cuando se trata de neuronas individuales, todas realizan básicamente el mismo trabajo. Sus cálculos consisten en escuchar los «cotilleos» de otras neuronas a su alrededor y decidir si tienen pruebas suficientes para transmitir su propia señal.

De hecho, el grado en que cualquier neurona individual contribuirá a alguna función, como el lenguaje, depende en gran medida de dónde se encuentre en el cerebro. Esto se debe a que la ubicación es uno de los principales factores que determinan qué cotilleo escucha una neurona. En otras palabras, la función que desempeña una neurona depende casi por completo de las señales o la información sobre las que realiza sus cálculos.

En 1988, un grupo de neurocientíficos dejó muy claro este punto al recablear quirúrgicamente el cerebro de un hurón recién nacido de modo que las neuronas que transmitían las señales de sus ojos estuvieran conectadas a las neuronas que suelen procesar la información procedente de los oídos. De esta manera, crearon un hurón que aprendió a «ver» utilizando su corteza auditiva, la parte del cerebro que suele encargarse de oír. Con el tiempo, el córtex auditivo del hurón fue capaz de asumir la función de la vista cuando se le suministraron los mismos datos.[4]

Aunque también podemos observar fascinantes evidencias naturales de lo que ocurre cuando las señales neuronales se cruzan en personas que presentan sinestesia. Esta afección, que se estima que afecta a entre el 2 y el 4 % de la población, consiste en la fusión de dos flujos de información sensorial no relacionados en la mente y el cerebro. El resultado puede variar desde personas que experimentan cierta sensación de forma (por ejemplo, cuadrada o redonda) cuando se les presentan diferentes sabores de comida hasta el caso más frecuente de ver colores cuando se les presentan letras o palabras concretas. La moraleja es que, cuando tienes 86 000 millones de neuronas chismorreando en el cerebro, este necesita sistemas para organizar quién habla (y escucha) a quién.

Fiel al espíritu de este libro, este problema de ingeniería —la necesidad de hacer un seguimiento de las señales superpuestas entre neuronas para organizar sus funciones— crea un espacio de diseño cerebral que tiene varias soluciones diferentes. Irónicamente, este espacio problemático relativamente grande ocurre en un espacio físico muy pequeño —en la sinapsis entre neuronas—, un hueco de 0,02 micras, 1/2 000 veces el diámetro de un cabello, que las separa unas de otras. Aquí es donde tu mixología desempeña un papel crucial en la configuración de la función de tus neuronas al determinar lo bien que pueden comunicarse con otras.

Para entender cómo funciona, utilicemos como modelo de comunicación neuronal el juego del teléfono, al que solíamos jugar cuando éramos pequeños. En él, una persona inventa un mensaje secreto y se lo susurra al niño de al lado. Ese niño se lo susurra al siguiente niño de la cadena y el proceso se repite hasta que el mensaje llega al remitente. Lo divertido del juego es que, cuando recibes el mensaje original, suele haber cambiado totalmente. En

---

[4] Cabe destacar que estos hurones recableados no veían tan bien como los hurones que no habían sido manipulados. Esto demuestra que, como ya se dijo en el capítulo anterior, hay razones por las que la naturaleza asigna ciertas funciones a determinadas regiones del cerebro. El córtex auditivo era capaz de hacer el trabajo del córtex visual, pero no tanto como el córtex visual.

cada transición entre personas, las condiciones provocadas por la combinación de una señal suave (un susurro) y una habitación ruidosa (normalmente llena de niños riéndose) impulsan cierto nivel de interpretación o improvisación por parte del oyente. El resultado es que un mensaje como «¿Quieres tortitas de plátano?» puede transformarse fácilmente en algo como «¿Vienes a comer pato?».

Aunque te cueste creerlo, tu cerebro funciona más o menos así. En su versión del teléfono, el susurro entre neuronas se realiza mediante la liberación de neurotransmisores. Al igual que un mensaje susurrado entre humanos adopta temporalmente la forma física de una onda sonora que viaja de la boca al oído, los mensajes intercambiados en el espacio entre neuronas deben adoptar temporalmente la forma física de paquetes químicos. Y aquí es donde las características de diseño más pequeñas de tu cerebro, los ingredientes químicos de tu persona, empiezan a dar forma a tu manera de funcionar.

Para empezar, la capacidad de cada neurona para susurrar o enviar mensajes a otras neuronas del cerebro es limitada. Para lograr su objetivo, necesitan acceder a su ingrediente o ingredientes químicos preferidos. De hecho, si una neurona se emociona mucho con el cotilleo que está escuchando, puede liberar todos sus mensajes químicos en tu cóctel neuronal y quedarse temporalmente muda. Es algo así como quedarse sin *swipe-rights* en Tinder.[5] El punto ciego que ves después de mirar al sol, o el *flash* de una cámara, es un ejemplo real de esto.[6] Una luz tan intensamente brillante excita muchísimo a las neuronas de la parte posterior del ojo, lo que hace que liberen todos sus paquetes químicos mientras intentan contárselo a todo el mundo. Como mirar al sol no es bueno para ti, vamos a demostrar el efecto con un experimento casero seguro.

---

[5] Lo sé, algunos ni siquiera sabíais que era posible quedarse sin *swipe-rights* o poder deslizar a la derecha en Tinder, y eso, amigos míos, probablemente esté directamente relacionado con los ingredientes de vuestro cóctel neuronal.

[6] Para tu información, no hagas esto. Mirar al sol causa daños permanentes en la retina. ¡No es una leyenda urbana!

Enfoca tus ojos en el centro de la imagen con forma de vinilo que aparece a continuación durante diez segundos. A continuación, mueve los ojos a un lugar en blanco de la página contigua, o muévelos por el mundo, o ciérralos. Siéntete libre de experimentar como quieras con la alucinación segura y temporal que experimentarás.

Lo que deberías ver es una «imagen posterior» invertida, un disco brillante con un círculo más oscuro en el centro, parecido al ojo de Sauron. Esto ocurre porque las neuronas encargadas de proporcionarte la experiencia de ver una luz brillante en el centro de tu campo visual y las encargadas de detectar la oscuridad en el anillo que la rodea se quedaron sin neurotransmisores.[7] Y cuando esas neuronas se quedaron en silencio, las neuronas conectadas encargadas de «escuchar» y transmitir su propia opinión sobre el estado de las cosas interpretaron ese silencio como una prueba de que en el mundo debían de estar dándose las condiciones opuestas.

La alucinación resultante te permite experimentar, de primera mano, lo que puede ocurrir cuando tu cerebro interpreta la

---

[7] En el mundo real, movemos los ojos varias veces por segundo. Esto nos permite asimilar la información en pequeños fragmentos y también permite a nuestras neuronas visuales reponer sus reservas de neurotransmisores.

información incompleta que recibe del mundo exterior sobre el ruidoso fondo que constituye una parte fundamental de su procesamiento de la información. También es una forma eficaz —y sin drogas involucradas— de recordarte a ti mismo que tu experiencia de la realidad la crea tu cerebro.

Pero, para empezar, cada cerebro tiene cantidades diferentes de los ingredientes que utiliza para comunicarse. Por ejemplo, si hiciéramos un experimento en el laboratorio sobre las imágenes retrospectivas, probablemente encontraríamos diferencias en el tiempo que cada participante necesita para mirar fijamente el disco antes de ver la imagen retrospectiva y también en el tiempo que persisten sus imágenes retrospectivas. De hecho, una serie de experimentos llevados a cabo por Richard Atkinson, expresidente de la Universidad de California y director de la Fundación Nacional para la Ciencia, descubrió que las diferencias individuales en la duración de la percepción de las imágenes posteriores están relacionadas con la susceptibilidad hipnótica, que también se ha relacionado con diferencias individuales en la neuroquímica.

Para comprender mejor cómo las diferencias en los ingredientes químicos de tu cóctel neuronal influyen en tus formas características de pensar, sentir y comportarte, necesitaremos adentrarnos más en los detalles de esta característica del diseño. En la siguiente sección, explicaré los mecanismos que operan en nuestros sistemas de comunicación química para resaltar los costes y beneficios de las diferentes opciones de diseño.

Costes y beneficios de los distintos niveles de neurotransmisores

Es bastante fácil imaginar cuál puede ser el coste de no tener suficientes neurotransmisores. Como ha demostrado el experimento alucinógeno, cuando las neuronas «se quedan sin gasolina», dejan de transmitir señales en el juego del teléfono del cerebro. Y cuando algunas de tus neuronas se quedan mudas, cambia fundamentalmente tu forma de experimentar el mundo. De hecho, si formas parte del 7,8 % de los adultos estadounidenses que padecen depresión, habrás experimentado de primera mano las consecuencias de que tu cerebro se quede sin dopamina o neuroquímicos relacionados.

Entonces, ¿por qué el cerebro no se asegura de que cada neurona tenga un suministro infinito de su sistema de comunicación química preferido? La respuesta más obvia es que incluso los ingredientes más pequeños ocupan espacio (y sabemos que el espacio es limitado). Pero la verdad sobre los costes y beneficios de saturar el cerebro con todas las sustancias químicas —sea para sentirse bien o no— es más compleja.

Para entender mejor el coste de un exceso de un ingrediente en tu cóctel neuronal, tenemos que ser un poco más específicos sobre cómo las neuronas utilizan estas sustancias químicas para comunicarse entre sí. Lo primero que hay que tener en cuenta es que cuando una neurona emisora «susurra» su mensaje químico a las neuronas vecinas no tiene forma de controlar cuál es la que recibirá los paquetes que envía. En su lugar, lanza su señal química en el cóctel de manera bastante indiscriminada. La situación es muy distinta a la del juego infantil del teléfono en el que los mensajes pasan directamente del emisor al receptor de uno en uno. En el cerebro, cualquier neurona que escuche puede estar al tanto de los mensajes de diez mil neuronas que susurran a la vez.

Uno de los problemas de este diseño cerebral es que genera mucho ruido.[8] Y cuantos más mensajes químicos haya flotando en el fondo, más difícil le resultará a cualquier neurona que escuche detectar una señal susurrada de su vecina. Además, en un mundo perfecto, el mensaje químico de cada neurona debería corresponderse con algún acontecimiento en tu mundo exterior o interior, pero si ese mensaje no se recibe inmediatamente, puede seguir resonando en el cerebro; y a medida que aumenta el tiempo entre el momento en que se envía un mensaje y el momento en que se recibe, también aumenta la probabilidad de que el mensaje

---

[8] Resulta que este ruido es a la vez una característica y un error, ya que impulsa los procesos de interpretación que son fundamentales para los cálculos de tu cerebro.

deje de ser relevante. Como puedes imaginar, esto crea un tipo de ruido completamente diferente. Imagina que una neurona de tu cerebro intentara decidir qué hacer basándose en una combinación de lo que ocurre a tu alrededor ahora y lo que ocurría hace cinco minutos. Para la mayoría de las cosas que haces de manera espontánea, esto sería un desastre. Así que, mientras que no tener suficiente cantidad de un ingrediente concreto puede obligar a partes de tu cerebro a enmudecer, tener demasiada puede causar espacios de «cotilleo» en el cerebro, en las que los mensajes recibidos por las neuronas equivocadas, o por las neuronas correctas en el momento equivocado, pueden causar desajustes a la hora de comprender el mundo que te rodea.

Afortunadamente, el proceso de comunicación química del cerebro no es tan aleatoria como parece. Para empezar, la proximidad juega un papel importante. Si tu neurona-vecina más cercana está a medio milímetro de ti, es mucho más probable que reciba tu mensaje que otra que intenta escucharte desde la otra punta del barrio. Pero si tu cerebro cree que es importante que la neurona B escuche más a la neurona A que a sus otras vecinas más cercanas, tiene mecanismos que permiten a la neurona B desarrollar más «orejas» o receptores que estén cerca de la neurona A. Y… *Voilà*. ¡Así es como aprendes!

Además, para evitar que el ruido en el cerebro sea tan fuerte que las neuronas no puedan escuchar los mensajes, el cerebro tiene dos formas de bajar el volumen. La primera es la recaptación, un proceso similar al reciclaje que permite a las neuronas emisoras reabsorber cualquier mensaje químico no entregado que encuentren y reutilizarlo. Mientras que las neuronas con procesos de recaptación eficaces pueden hacer que un poco de su ingrediente llegue muy lejos, las que están en el extremo de escucha de estas neuronas tienen una ventana muy limitada para recibir sus mensajes antes de que les pongan el sello de «devolver al remitente», por así decirlo. El segundo método para bajar el volumen es metabólico. Entre los ingredientes clave del cóctel neuronal de todo el mundo hay enzimas que descomponen los neurotransmisores que encuentran como si fueran comecocos engullendo bolitas y, cuando acaban, los restos del mensaje susurrado no son interpretables. Pero algunos de estos fragmentos de mensaje también pueden ser reabsorbidos por las neuronas emisoras y utilizados para reconstruir nuevos neurotransmisores completamente formados. En conjunto, estas cuatro características de diseño —la disponibilidad de neurotransmisores en las neuronas emisoras; la eficacia de los mecanismos de reciclaje o recaptación en las neuronas emisoras; el número y la distancia de los receptores (u oídos) en las neuronas receptoras, y la cantidad de enzimas que trabajan para descomponer los mensajes no enviados entre neuronas— influyen conjuntamente en la cantidad de cualquier ingrediente de tu cóctel neuronal.

Pero hay otra característica de diseño que nos permitirá hacernos una idea de los niveles de algunos ingredientes químicos clave de tu cerebro. Una de las formas fundamentales en que tu cerebro gestiona su complejo (y algo caótico) juego del teléfono es que no todas las neuronas «hablan» el mismo lenguaje químico. Aunque algunas neuronas pueden enviar mensajes en formatos bilingües, cada receptor de una neurona solo puede responder a un lenguaje específico.[9] Para entender tu mixología, es indispensable saber que los grupos de neuronas que realizan el mismo trabajo tienden a organizarse en función del lenguaje químico que hablan. Como descubrirás en este capítulo, la disponibilidad de ciertos tipos de sustancias químicas está vinculada a funciones cerebrales específicas. ¡Y así es como empezaremos el proceso de ingeniería inversa para averiguar qué hay en tu mezcla!

Evaluar la neuroquímica a través de las características de la personalidad

Una forma de aplicar ingeniería inversa a tu mixología es empezar con una lista de los patrones característicos generales de pensamiento, sentimiento y comportamiento que te describen. Para

---

[9] Esto se debe a que cada neuroreceptor es una proteína que adopta una forma particular, lo que le permite encajar con un neurotransmisor específico (como una cerradura y una llave).

agilizar el proceso, he incluido una lista de adjetivos que he reformulado a partir del test de personalidad *Mini-Markers* de Gerard Saucier. Como verás en este capítulo, muchas de estas características se han relacionado con diferencias individuales en la neuroquímica.[10] Tu trabajo consiste en pensar en cada palabra y en lo bien que te describe en general,[11] en comparación con otras personas que conoces de tu mismo grupo de edad. A continuación, puntúate entre -3 (extremadamente inexacto) y +3 (extremadamente preciso) en función de lo bien que creas que te describe cada adjetivo. Por ejemplo, aunque no soy ni de lejos tan enérgica como cuando tenía veinte años, tiendo a tener más energía que muchas de las personas que conozco de mi grupo de edad, así que probablemente me daría un +2 en la caracterización «enérgico».

Por supuesto, cuanto más sincero seas contigo mismo, mejor será tu estimación. Si no estás seguro, o simplemente te sientes especialmente valiente o curioso, también puedes pedirle a alguien cercano que rellene el cuestionario y comparar notas.[12] Hay algunas características, como «cooperativo» y «amable», que tienen connotaciones positivas, y otras, como «desorganizado» y «egoísta», que tienen connotaciones más negativas.

Esto puede dar lugar a un sesgo de deseabilidad social, o la tendencia a puntuarse más alto en las características positivas y más bajo en las negativas. Muchas evaluaciones de personalidad incorporan preguntas trampa para corregir este sesgo, pero yo no lo he hecho. Recuerda que mi objetivo es ayudarte a conocerte a ti mismo, ¡y este es solo el siguiente paso! Por último, no se trata de

---

[10] Hay muchos estudios diferentes que relacionan la personalidad y el temperamento individuales con la neuroquímica, algunos de los cuales analizaremos en detalle en este capítulo. Pero si quieres leer algunas revisiones científicas contemporáneas, consulta los artículos de revisión de Depue y Trofimova que cité en la sección de notas.

[11] Obviamente, estas cosas pueden fluctuar en el día a día, por lo que tendrás que tratar de promediar esas fluctuaciones y encontrar tu propio nivel «típico».

[12] Si tú y la persona que tienes cerca no coincidís, no pasa nada. Intentar comprenderte a ti mismo, o a otra persona, es realmente complicado. Ya veremos por qué al final del libro. De momento, espero que tengas los ingredientes químicos necesarios para confiar en mí cuando te digo que no estás solo.

un test de vocabulario, si no estás seguro de lo que significa una palabra, búscala. Y si empiezas a preocuparte por los matices o los múltiples significados de la palabra, probablemente estés pensando demasiado.

EVALUACIÓN DE CARACTERIZACIONES

Junto a cada adjetivo, escribe el número en la escala de -3 a +3 que resuma lo bien que describe tu forma típica de pensar, sentir o comportarte en comparación con otras personas de tu edad:

-3	-2	-1	0	1	2	3
INEXACTO						**PRECISO**
Firmemente	Moderadamente	Ligeramente	Neutro	Ligeramente	Moderadamente	Firmemente

1. Ansioso ___	11. Intelectual ___	21. Maleducado ___
2. Atrevido ___	12. Celoso ___	22. Vergonzoso ___
3. Calmado ___	13. Atento ___	23. Egoísta ___
4. Frío ___	14. Temperamental ___	24. Sistemático ___
5. Cooperativo ___	15. Nervioso ___	25. Hablador ___
6. Creativo ___	16. Extravertido ___	26. Tímido ___
7. Desorganizado ___	17. Filosófico ___	27. Altruista ___
8. Eficaz ___	18. Práctico ___	28. Intransigente ___
9. Enérgico ___	19. Callado ___	29. Reservado ___
10. Imaginativo ___	20. Relajado ___	30. Preocupado ___

Vamos a utilizar estas puntuaciones para ver en qué lugar te sitúas dentro de dos aspectos clave de la personalidad. Pero primero me gustaría profundizar un poco sobre la ciencia de la personalidad. Una cosa a tener en cuenta es que la extensa investigación sobre personalidad que se ha llevado a cabo en cientos de miles de individuos ha demostrado que algunas de estas características tienden a agruparse. Tomemos como ejemplo «ansioso» y «celoso». Estos adjetivos describen dos sentimientos diferentes: ansiedad —el estado de estar preocupado, temeroso o tener la mente inquieta— y celos —un sentimiento negativo causado por desear lo que el otro tiene o por creer que la persona que te gusta le gusta otra persona. Si te pidiera que pensaras en un momento en el que te sentiste ansioso pero no celoso, o viceversa, probablemente se te ocurriría uno con bastante facilidad. Sin embargo, las personas que se consideran más ansiosas que otras también suelen considerarse, en general, más celosas que otras. Y lo contrario también es cierto, las personas que se consideran menos ansiosas que los demás también suelen considerarse menos celosas que los demás. Esto sugiere que hay algún factor más fundamental que varía entre las personas y que influye en ambos estados mentales. Aunque los expertos siguen discutiendo sobre cuántos de estos factores son necesarios para describir las diferencias en la forma en que las personas piensan, sienten y se comportan, en general están de acuerdo en que estos factores están relacionados con diferencias en nuestra neurobiología.[13] Las dos dimensiones que he elegido son las que más se han vinculado a las diferencias individuales en la neuroquímica.

Para saber cuál es tu posición en la primera dimensión, suma primero tus puntuaciones de los cuatro adjetivos que se asocian positivamente con este factor: atrevido, enérgico, extravertido y hablador.

Ahora suma tus puntuaciones en los siguientes cuatro ítems, que están asociados a la versión negativa de este factor: callado, vergonzoso, tímido y reservado. Cuando termines de sumarlos,

---

[13] Dos de las teorías más destacadas sobre las bases biológicas de la personalidad fueron expuestas por Hans Eysenck y Jeffrey Gray. La teoría de Eysenck se basa en tres dimensiones fundamentales: extraversión, neuroticismo y psicoticismo. La teoría de Gray se basa en dos dimensiones: ansiedad e impulsividad. Si te interesa saber más, he incluido en notas un artículo de Matthews que hace un gran trabajo comparando las dos.

invierte el signo de este segundo número, ya que estas características se mueven en dirección opuesta a las demás. Por ejemplo, si estás totalmente de acuerdo en que te caracterizas por ser callado, vergonzoso, tímido y reservado, deberías obtener una puntuación cercana a -12. Sin embargo, si estás totalmente en desacuerdo con estas características, tu puntuación debería ser cercana a +12. Ahora suma tus dos puntuaciones y divídelas entre ocho para obtener la media de tu puntuación en la dimensión de personalidad 1.[14] Como comprobación de cordura, esta puntuación debería estar en una escala de -3 a +3.

Y ahora calculemos su puntuación en la segunda dimensión de la personalidad. La fórmula es más o menos la misma. Primero, suma tus puntuaciones en los tres adjetivos que se han asociado positivamente con este factor: tranquilo, relajado y altruista. Ahora sume tus puntuaciones en los siguientes cinco adjetivos que se asocian con la versión negativa de este factor: ansioso, celoso, temperamental, nervioso y preocupado. Una vez más, invierte el signo de este segundo número, ya que estas características están asociadas negativamente con el factor. Ahora suma tus dos puntuaciones y vuelve a dividir entre ocho para obtener la media de tu puntuación en la Dimensión de Personalidad 2. Y… ¡Tachán! ¡Ya tenemos las dos primeras pistas sobre tu mixología! Ahora vamos a averiguar qué significan.

¿CUÁN TÍPICO ERES?

Antes de entrar en detalles sobre cómo las diferencias neuroquímicas se relacionan con los rasgos de personalidad, me gustaría que entendieras lo que tu evaluación es capaz de decirte sobre la tipicidad de tus rasgos neuroquímicos. Entre otras cosas, esto podría darte una idea de cuán representativos son los estudios neuroquímicos que no consideran las diferencias individuales,

[14] Ten en cuenta que esta es una forma rápida de hacerte una idea de tu personalidad. Muchos tests profesionales realizan análisis más sofisticados para averiguar en qué dimensiones de la personalidad te encuentras.

y si realmente reflejan cómo funciona tu cerebro. Los rasgos de personalidad tienden a estar «distribuidos normalmente», un término estadístico utilizado para describir cómo la tipicidad cambia a través de diferentes valores de una variable. Dicho de manera simple: si una variable tiene una distribución normal, la mayoría de las personas tendrán valores en torno a su valor medio (que en este caso es 0). Entonces, a medida que nos alejamos de esa media en cualquier dirección, el número de personas que tienen esa puntuación disminuye muy rápidamente. Las representaciones gráficas de esta situación suelen denominarse curvas de campana por la forma que adoptan. Basándome en esta idea, esperaría que la mayoría de vosotros (aproximadamente entre el 68 y el 70 %) se ubicara justo en el medio de cada dimensión, con puntuaciones entre -1 y + 1. Luego, a medida que te alejas, el segundo grupo más numeroso (25 a 27 %) tendría puntuaciones entre -1 y -2 o entre +1 y +2. Finalmente, en los extremos de la escala, esperaría encontrar entre un 4 y un 6% que puntuaran por encima de +2 o por debajo de -2. Cuanto más te acerques a los extremos de la distribución, más probable es que tu cerebro tenga niveles inusualmente altos o bajos de los ingredientes que analizaremos a continuación.

El principio del placer: cómo la dopamina impulsa los comportamientos extravertidos

Los que obtuvisteis una puntuación positiva alta en la dimensión 1 probablemente os identificáis como extravertidos, el nombre comúnmente utilizado para describir a aquellos cuya personalidad está asociada con la tendencia a buscar estimulación mental en el entorno exterior. Por el contrario, si la puntuación en la dimensión 1 es más baja, probablemente os consideréis introvertidos, el término que se da a las personas que prefieren centrarse en sus propios pensamientos y sentimientos y su mundo interior. Sin embargo, como ya hemos comentado en el apartado anterior, la mayoría de vosotros tendrá puntuaciones más cercanas al centro, lo que muestra un perfil más equilibrado entre buscar estímulos en el mundo exterior o interior. Pero independientemente de dónde te sitúes en esta escala, las investigaciones convergentes sugieren que tus sistemas de comunicación dopaminérgicos son al menos parcialmente responsables de ponerte ahí. Para entender por qué, necesitamos hablar del objetivo común que une a las neuronas del cerebro que utilizan la dopamina —esa sustancia química que genera sensaciones placenteras— para comunicarse: la motivación por recompensa.

Un poco antes te presenté la dopamina, el ingrediente del placer en el cerebro, a través de los efectos de la cafeína. Pero esta comparación no es perfecta del todo, porque la cafeína tiene otros efectos estimulantes sobre el sistema nervioso que no están relacionados con la dopamina. Además, si formas parte del 85 % de los estadounidenses que consumen cafeína a diario, es probable que, por razones que veremos más adelante, solo aumente un poco tus niveles de dopamina. Por ahora, permíteme que te explique de forma más detallada la respuesta de placer de la dopamina.

Imagina el siguiente escenario: eres un concursante del nuevo (y popularísimo) concurso *El cerebro quiere lo que quiere*. El juego consiste en elegir cuál de las dos opciones liberará más dopamina en tu cerebro. Si eliges la opción correcta, ganarás el premio. Detrás de la puerta número 1 hay unas vacaciones a un *spa* en un idílico lugar montañoso con un clima ideal (y con todo incluido). Pero detrás de la puerta número 2 hay pases para el *backstage* y asientos VIP para el Coachella.[15] ¿Cómo elegirías?

Si quieres ganar el juego, todo lo que tienes que hacer es elegir el premio que más te gustaría ganar. La razón es sencilla, aunque los procesos que la impulsan son un poco más complicados. Como tu cerebro quiere que te sientas bien, te motiva a tomar decisiones que cree que serán las más gratificantes. Cuanta más dopamina espere tu cerebro, más fuertemente te impulsará a desear algo.

Pero, espera… ¿Empezamos esta explicación sobre qué es la dopamina hablando de una droga que aumenta la cantidad de dopamina en el cerebro y ahora hablamos de *spas vs.* Coachella? El hecho es que todo lo que te hace sentir bien, desde la meditación

[15] Y Beyoncé vuelve a ser cabeza de cartel.

hasta las metanfetaminas, aumenta los niveles de dopamina en el cerebro, al menos temporalmente.[16] Tanto si se trata de una experiencia de placer visceral como de una sensación de felicidad más etérea, si te sientes bien, hay dopamina de por medio.

Al fin y al cabo, la dopamina es el «sistema de puntos» que utiliza tu cerebro para ajustar el valor de recompensa de cada posible resultado en la vida. Es decir, si tu vida fuera un videojuego, la cantidad de dopamina en tu mezcla sería la forma en que tu cerebro decide si estás ganando o no. Lo interesante es que si eliminamos las drogas que influyen directamente en la dopamina de la mezcla, no hay forma de saber, sin medir tus respuestas neuroquímicas a diferentes cosas, cuál es el sistema de puntos de tu cerebro. Este índice de «la bondad relativa de las cosas» en un momento dado es único para ti. Por ejemplo, en un día caluroso, me gusta mucho más un buen vaso de té frío con hielo y limón que el agua, pero no tanto como un helado de vainilla. Aunque un cumplido sincero y espontáneo está ligeramente por encima del helado de vainilla, pero depende de la persona que me lo haga.[17]

Pero ¿qué tiene esto que ver con lo extravertido o introvertido que seas? Está claro que los extravertidos y los introvertidos pondrán valores de recompensa diferentes a ciertas actividades, sobre todo cuando impliquen interactuar con otras personas o buscar estímulos externos. Estos valores diferentes les motivarán a tomar decisiones distintas. Sin embargo, también hay razones relacionadas con la dopamina por las cuales los extravertidos y los introvertidos desean cosas diferentes.

Para entenderlo, tenemos que hablar de cómo el cerebro utiliza la dopamina, como un pastelito que cuelga delante de tu cara,

---

[16] Por supuesto, los mecanismos por los que la meditación y la metanfetamina aumentan los niveles de dopamina en el cerebro y los beneficios o riesgos para la salud asociados son bastante diferentes. Por esta razón, yo recomendaría la primera y no la segunda. Aunque lo que quiero decir es que el grado en que una persona encuentra placentera una cosa u otra está relacionado con la magnitud de la respuesta dopaminérgica de su cerebro.

[17] Los memes de animales y el buen sexo ganan por goleada a estas cosas, pero ya basta de hablar de mí…

para motivarte. Para abreviar, tu cerebro juega a *El cerebro quiere lo que quiere* siempre que está despierto. La principal diferencia es que normalmente no sabes qué hay detrás de cada puerta ni cuál será el resultado de tu elección porque tu cerebro no puede ver el futuro, solo puede adivinar si la puerta 1 o la 2 le proporcionarán más placer basándose en sus experiencias anteriores.[18]

En resumen, así es como funciona: cuando tu cerebro encuentra algo sorprendentemente bueno detrás de una de las «puertas» de la vida, libera dopamina. Esto no solo te hace sentir bien, sino que también crea las condiciones que promueven el aprendizaje dentro de tu cerebro. Para ayudarte a encontrar más recompensas en el futuro, las señales de dopamina aumentan la plasticidad, de modo que tu cerebro puede crecer y cambiar de forma que aumente la probabilidad de que el grupo de neuronas implicado en esa decisión sea capaz de comunicarse mejor en el futuro. El resultado es que si vuelves a encontrarte con esa puerta, aunque haya pasado tiempo y no recuerdes qué pasó la última vez, tu cerebro te ayudará a querer abrirla de nuevo.

Por supuesto, en el *reality* de *El cerebro quiere lo que quiere*, a menudo tenemos que abrir muchas puertas antes de encontrar algo gratificante. Imagina que un día caluroso sales a pasear por un barrio nuevo. Llegas a una bifurcación y decides —completamente al azar, ya que nunca antes había estado allí— girar a la izquierda. Para tu agradable sorpresa, treinta metros más adelante encuentras una tiendecita que vende [inserta aquí tu *snack* favorito del verano]. Ahora tu cerebro ya sabe lo que le espera, porque has estado antes en una tienda que vende [*snack* favorito]. Sabes que puedes comprarlo y que estará delicioso. Así que tu cerebro se pone en marcha con el deseo. «Abre la puerta de la tienda», dice. «Luego ponte a la cola», te da un codazo. «Ahora usa tus palabras para pedir lo que quieres y saca tu método de pago preferido».

Aunque puede que las des por sentadas, cada una de estas pequeñas acciones que te acercan a una recompensa fue moldeada por los circuitos de recompensa de dopamina de tu cerebro. Y

[18] Hablaremos mucho más de esto en el capítulo 6.

cuando saboreas tu delicioso bocado, la dopamina cae a raudales sobre tu cerebro, lo que crea la señal que refuerza la comunicación entre las neuronas implicadas en esa serie de buenas decisiones. A nivel biológico, estos cambios equivalen a aumentar o disminuir la conectividad entre las neuronas de la red. Y a nivel conductual, estos cambios aumentan la probabilidad de que, en el futuro, tomes decisiones que te conduzcan a obtener recompensas.

Sin embargo, hay un detalle más que debes entender para darte cuenta de cómo un sistema así puede conducir a la extraversión o a la introversión. Cuanta más dopamina libere tu cerebro con cualquier resultado, más fuerte será este efecto de aprendizaje en él. Así que si la tienda hubiera estado vendiendo [inserta tu segundo *snack* favorito] en su lugar, la probabilidad de que vuelvas a girar a la izquierda en la misma bifurcación —o incluso de que decidas volver a pasear por ese barrio— sería ligeramente inferior.

Y aquí es donde entran en juego las diferencias entre introvertidos y extravertidos. Resulta que cuando a los extravertidos les suceden recompensas inesperadas, sus cerebros liberan más dopamina que cuando a los introvertidos les sucede algo con el mismo valor. Mike Cohen, un amigo de la escuela de posgrado que se describe a sí mismo como «un introvertido con ocasionales episodios de extraversión», junto con su asesor de posgrado, Charan Ranganath,[19] y colaboradores, fueron de los primeros en demostrar esto en el laboratorio. Para ello utilizaron una herramienta en la que muchos neurocientíficos, entre los que me incluyo, confían para averiguar cómo funciona el cerebro humano: la resonancia magnética. Os ahorraré los detalles físicos,[20] pero

---

[19] Menciono aquí a Charan como coautor porque volverá a ser uno de los investigadores destacados en el campo de la curiosidad más adelante en el libro.

[20] Esto me hace sentir un poco culpable después de mencionar a Charan Ranganath, porque fue él quien me enseñó la física de las resonancias magnéticas, pero tengo un límite de palabras, así que voy a tener que dejarlo sin hablar de ecos de espín, espacio k y demás. Si tienes curiosidad, busca «How does an MRI work?» y «NIH» (National Institutes of Health) y encontrarás un gran artículo en inglés con vídeo incluido.

quienes se hayan sometido a una resonancia magnética por motivos de salud sabrán que se trata de una herramienta que permite obtener una imagen tridimensional muy detallada de distintos tipos de tejidos del cuerpo. Y aunque podemos utilizar la resonancia magnética «normal» para obtener imágenes tan detalladas de la estructura del cerebro, hay un método aún más genial, inventado hace poco más de treinta años, que nos permite verlo funcionar en tiempo real.

Cuando el cerebro, que requiere mucha energía para funcionar, empieza a activarse, el cuerpo responde aumentando el suministro de sangre oxigenada. Resulta que la máquina de resonancia magnética es tan sensible a las propiedades de los distintos tipos de tejido que puede medir la cantidad de oxígeno en sangre. Y como el cerebro es tan «caro» en términos energéticos, la sangre oxigenada se suministra en función de las necesidades, y se dirige directamente a las regiones que más trabajan o más activas están. Así que, siempre que logremos que una persona mantenga la cabeza completamente inmóvil mientras está tumbada en un tubo estrecho, escuchando a través de unos auriculares o mirando la pantalla de un ordenador a través de un espejo colocado frente a sus ojos, podremos observar cómo funciona su cerebro. Llevo dieciséis años haciéndolo y todavía se me pone la piel de gallina cuando pienso en ello. ¡Mola muchísimo!

En el estudio de Cohen, las personas tumbadas en el escáner de resonancia magnética realizaban una tarea que parecía una especie de versión controlada experimentalmente de *El cerebro quiere lo que quiere*. En cada prueba, los participantes tenían que decidir si querían elegir lo que había detrás de la puerta «segura», que les pagaría 1,25 dólares el 80 % de las veces, o podían hacer una elección «más arriesgada» eligiendo la puerta que ofrecía 2,50 dólares, pero que solo lo haría el 40 % de las veces. A diferencia de la versión de estas decisiones en la vida real, a los participantes del estudio se les informó exactamente de sus probabilidades. Sin embargo, como probablemente ya habrán deducido los aficionados a los números, a la larga, ambas puertas pagarían lo mismo. ¿Cómo crees que elegirías tú?

Resulta que ni a los introvertidos ni a los extravertidos les gusta abrir una puerta que no tiene nada detrás la mayoría de las veces, así que ambos grupos eligieron la apuesta segura más a menudo que la arriesgada. Aunque incluso la decisión segura contenía cierto nivel de incertidumbre y esto era lo que realmente interesaba a los investigadores. Al igual que en el mundo real, conocer la probabilidad de que algo ocurra dista mucho de ser una garantía de que vaya a ocurrir o no.[21] Lo que realmente interesaba a Cohen y sus colaboradores eran los cambios momentáneos en la activación cerebral que se daban después la gran revelación: ¿había ganado dinero o no? Los resultados, que se repitieron en dos grupos distintos de participantes, mostraron que cuanto más extravertida se consideraba una persona, mayores eran sus respuestas cerebrales a las decisiones que resultaban en recompensas en comparación con las que no conducían a ninguna. Por el contrario, cuanto más introvertida se consideraba una persona, menor era la diferencia entre ganar y perder en su cerebro.

A pesar de que este experimento no midió la neuroquímica de manera directa, proporcionó evidencia indirecta de que la comunicación dopaminérgica funciona de forma diferente en introvertidos y extravertidos. Por un lado, se sabe que las partes del cerebro que consumían más oxígeno tras las recompensas en los extravertidos dependen principalmente de la dopamina para comunicarse. Entre ellas, se encontraba el núcleo *accumbens*. Esta parte del cerebro está tan estrechamente vinculada al procesamiento de recompensas dopaminérgicas que se la conoce coloquialmente como el «centro del placer» del cerebro.

La segunda pista no fue una prueba contundente, sino que más bien fue parecida a un rastro de migas de pan. En su segundo experimento, Cohen y el resto del equipo de investigación realizaron pruebas genéticas en sus participantes para buscar una versión

[21] No sé vosotros, pero yo todavía me siento frustrada cuando la previsión meteorológica dice que hay un 10 % de probabilidades de lluvia y llueve. Es una tontería por mi parte, no solo porque vivo en Seattle, sino también porque entiendo que, estadísticamente hablando, debería llover una de cada diez veces que la previsión dice que hay un 10 % de posibilidades de lluvia.

particular de un gen (un alelo) que se sabe que afecta a la cantidad de un tipo específico de receptores de dopamina que tiene una persona.[22] Y cuando compararon las respuestas cerebrales de personas con diferentes versiones del alelo, encontraron resultados que se parecían mucho a las diferencias entre extravertidos e introvertidos. Un grupo mostró respuestas más grandes a recompensas inciertas que el otro. Por supuesto, esto habría sido un éxito rotundo si las personas con diferentes versiones del alelo también hubieran mostrado diferencias significativas en sus niveles de extroversión autoevaluada. Pero, por desgracia, el estudio de Cohen no contó con suficientes participantes (16 en total, 9 en un grupo alélico y 7 en el otro) como para demostrar un efecto significativo en este aspecto.

Sin embargo, cinco años después, Luke Smillie y colaboradores aportaron los datos que cerraron este círculo. Su experimento, que relacionaba la misma variante genética con la extroversión en un grupo mucho más numeroso (224 participantes), descubrió que 93 participantes tenían la versión del alelo que se asociaba con mayores respuestas cerebrales a la recompensa en el estudio de Cohen y que, además, ¡eran significativamente más extravertidos que los 131 participantes que no tenían esa versión!

Desde entonces, Smillie y sus colegas se han enfocado en recopilar más evidencias que vinculen la extroversión con la dopamina, tanto mediante estudios genéticos como observando respuestas cerebrales. Sus estudios utilizan otra herramienta muy popular para estudiar el funcionamiento del cerebro (una que complementa a las resonancias magnéticas). El método se denomina electroencefalografía, comúnmente abreviada como EEG.[23] En esencia, la EEG consiste en colocar sensores en el cuero cabelludo lo suficientemente sensibles como para medir la comunicación sincronizada

---

[22] Si quieres conocer más detalles, el sitio del gen Taq1A está relacionado con la expresión de un tipo de receptor de dopamina, el receptor D2, que inhibe las neuronas del sistema dopaminérgico. Entraremos en más detalles sobre por qué esto es importante en el capítulo 6.

[23] Esta es la herramienta que se basa en los gorros de natación que me metieron en este mundillo.

de grandes grupos de neuronas en el cerebro. Esto funciona porque cuando una neurona acumula suficientes pruebas para enviar su paquete químico a quien esté escuchando, el proceso cambia brevemente la polaridad eléctrica dentro y fuera de la célula. Lo sorprendente es que, si hay suficientes neuronas encendidas al mismo tiempo, se pueden medir cambios en la actividad eléctrica fuera de la cabeza de una persona. Aunque es difícil saber exactamente de qué parte del cerebro proceden estas señales,[24] se puede obtener información muy precisa sobre cómo cambia la actividad cerebral milisegundo a milisegundo.

Dado que las tecnologías de electroencefalografía existen desde hace mucho más tiempo que las resonancias magnéticas, los neurocientíficos han acumulado una gran cantidad de evidencia sobre cómo cambia la actividad eléctrica en el cerebro cuando alguien abre una puerta metafórica para encontrar una recompensa inesperada (o la falta de ella). Para ser un poco más concretos, un cambio pronunciado en la polaridad eléctrica —denominado apropiadamente negatividad relacionada con la retroalimentación— se produce de manera consistente después de recibir información sobre el resultado de una acción. Además, el EEG es mucho más económico que la resonancia magnética, lo que hace más viable reclutar con el gran número de participantes necesario para realizar un estudio de diferencias individuales con suficiente poder estadístico.

En un estudio de 2019, Smillie y sus colaboradores recopilaron datos de 100 participantes, utilizando EEG para medir las diferencias individuales en las respuestas cerebrales de los participantes cuando recibían información sobre recompensas inesperadas frente a no-recompensas inesperadas. Cada participante también se sometió a tres evaluaciones de personalidad, incluida la prueba *Mini-Markers*. En consonancia con el trabajo de Mike Cohen y su

[24] Difícil, pero no imposible. Existen muchos algoritmos sofisticados que utilizan los cambios en la actividad eléctrica de toda la cabeza y tienen en cuenta las limitaciones anatómicas para generar modelos de dónde podrían estar la «fuente» o las «fuentes» de actividad eléctrica observadas en una región concreta del cuero cabelludo.

equipo, los investigadores hallaron que una mayor respuesta cerebral ante recompensas inesperadas se asociaba única y exclusivamente con la extroversión en las tres evaluaciones de personalidad (y no con ninguna otra característica de la personalidad).

Ahora, unamos todo esto con lo que hemos aprendido sobre las redes de recompensa de la dopamina para averiguar cómo funcionas. Los resultados de estos estudios sugieren que cuanto más extravertido eres, más intensamente responde tu cerebro cuando encuentra una recompensa inesperada. Es como decir que los extravertidos obtienen puntos extra de placer cada vez que la vida les sorprende positivamente. Esto explica químicamente por qué los extravertidos tienden a considerarse más felices y optimistas que los introvertidos. Y si las «cosas buenas» les sientan mejor a los extravertidos que a los introvertidos, ¿es tan extraño que los extravertidos busquen estímulos externos? Como recordarás, una mayor respuesta dopaminérgica también está asociada a un mayor aprendizaje y motivación para volver a obtener recompensas.

Pero ¿qué hay de los costes de esta característica de diseño? ¿Cómo puede ser que haya algún inconveniente en ser muy feliz? La respuesta a estas preguntas está en los procesos necesarios para vencer la tentación de las cosas que te hacen sentir bien, sobre todo cuando esas cosas no son buenas para ti.

La fuerza del «canto de sirena» de la dopamina se demostró por primera vez en los años 50, cuando unos científicos colocaron un electrodo directamente en la parte del cerebro de una rata que libera dopamina cuando ocurren cosas buenas. Cuando la rata presionaba una palanca determinada, una pequeña descarga de electricidad llegaba a su cerebro, la cual liberaba dopamina a raudales. Como cabría sospechar, si nos basamos en lo que ahora sabemos sobre la dopamina, la rata aprendió muy pronto a pulsar la palanca y se sintió muy motivada a hacerlo. De hecho, según un artículo de *Scientific American* sobre estos estudios, las ratas pulsaban la palanca mágica del placer hasta cinco mil veces por hora (¡a veces sin descanso durante veinticuatro horas!).

Mediante una serie de experimentos posteriores, los investigadores midieron la fuerza de la dopamina en estas ratas. Cuando se les daba a elegir entre la comida o la palanca del placer, las ratas casi siempre elegían la palanca, incluso después de haber pasado varios días sin comer. Y esto nos enfrenta a uno de los principales costes de tener una respuesta dopaminérgica excesiva ante las recompensas. En el juego de *El cerebro quiere lo que quiere*, el placer triunfa sobre todo.

Pero hay (demasiadas) veces en la vida en las que necesitamos resistir la tentación de participar en algo que nos proporcionará placer, ya sea porque no es lo mejor para nosotros o porque existe algo todavía mejor a la vuelta de la esquina para los que saben esperar. Para las personas con respuestas dopaminérgicas más intensas, esto es más complicado de lo que parece. Del mismo modo que para mí es más fácil decir que no a un té frío con hielo y limón que a un helado de vainilla, para una persona más introvertida, con una respuesta dopaminérgica menor, es más sencillo rechazar ambos. De hecho, la misma variante genética que Smillie descubrió que es más frecuente en los extravertidos también se ha asociado con la obesidad.

Por otro lado, la falta de dopamina se ha relacionado con la anhedonia, o incapacidad de sentir placer que suele asociarse con episodios depresivos.

Sin embargo, es importante tener en cuenta que, independientemente del lugar que ocupes en este eje, la dopamina es solo un ingrediente en una mezcla de cientos. Y como muchas otras características del diseño de tu cerebro, su efecto sobre tu comportamiento depende de un montón de otras características. En la siguiente sección hablaremos de la serotonina, un neurotransmisor que interactúa con la dopamina de maneras muy interesantes.

Serotonina y saciedad: el equilibrio entre «demasiado» y «nunca tener suficiente»

Aunque la dopamina reina en la corte del placer, la medida en que un alto nivel de dopamina te hará más feliz depende fundamentalmente de otro ingrediente clave: la serotonina. Sin ella, las personas con un alto nivel de dopamina pueden sentirse como

Alexander Hamilton en la película de Lin-Manuel Miranda: siempre ansioso por conseguir más y nunca satisfecho. Esto se debe a que la serotonina es el neurotransmisor que proporciona la señal de saciedad, el «yin» necesario para el «yang» de la dopamina. En muchas circunstancias, se sabe que la dopamina y la serotonina se contraponen. Los niveles de dopamina aumentan ante la expectativa de que algo gratificante se esconda tras una de las puertas de la vida, impulsándote a avanzar hacia cosas buenas. Pero entonces, una vez que has conseguido el objeto de tu deseo, la serotonina envía la señal de satisfacción que se asocia literal y figuradamente con sentirse «lleno». De hecho, el 90 % de la serotonina de tu cuerpo se produce en el tracto digestivo. Y cuando las neuronas del cerebro usan serotonina para comunicarse, pueden tener un efecto inhibidor sobre la dopamina, lo que disminuye tu deseo. Sin la señal de saciedad de la serotonina todos seríamos más propensos a comportarnos como los peces de colores, que —si tuvieran la oportunidad— comerían hasta morirse.[25]

Entonces, ¿qué ocurre en los humanos que no disponen de sistemas de comunicación con la serotonina potentes? La respuesta parece depender de lo que ocurra con la dopamina. Por ejemplo, se ha demostrado que la impulsividad, o la tendencia a actuar según los impulsos sin pensar en las consecuencias, aumenta cuando la serotonina disminuye y la dopamina aumenta. Cabe destacar que el papel de la serotonina en ayudar a las personas (y a los animales) a parar y pensar antes de actuar sugiere que puede hacer más que solo decirte cuándo ya has tenido suficiente. Al igual que la dopamina interviene en la predicción de recompensas, muchos neurocientíficos sostienen que la serotonina participa en el aprendizaje para evitar cosas aversivas.

A pesar de que la dopamina y la serotonina están químicamente relacionadas entre sí, por lo que a veces las condiciones que hacen

---

[25] A menos que les inyectes serotonina en el cerebro. En el proceso de verificar que los peces de colores pueden comer hasta morir, me encontré con un estudio en el que los investigadores inyectaron serotonina en el cerebro o en las tripas de los peces de colores, y descubrieron que la primera reducía su apetito, pero la segunda no.

descender los niveles de serotonina también pueden hacer descender los de dopamina. Los niveles elevados de monoaminooxidasa (MAO) —una enzima que puede descomponer tanto la dopamina como la serotonina e inutilizarlas para la comunicación— son un ejemplo de esta condición. Las personas que tienen niveles de MAO superiores a la media en su cóctel neuronal son propensas a tener niveles más bajos de dopamina y serotonina. Cuando ambos neurotransmisores están bajos, una persona puede sentir la combinación de estar desmotivada e insatisfecha (algo así como tener hambre y a la vez no estar interesado en ir a buscar comida). Los primeros fármacos utilizados para tratar a los pacientes con depresión bloqueaban las MAO y, por tanto, aumentaban la cantidad de serotonina y dopamina en el cerebro.

Como podrás sospechar, averiguar cuánta serotonina hay en tu mezcla es complicado debido a la forma en que interactúa con la dopamina. Podemos obtener algunas pistas a partir de tu puntuación en la dimensión 2 de la evaluación de las caracterizaciones, un factor de personalidad asociado con la ansiedad o el neuroticismo en el extremo negativo de la escala, y con la estabilidad emocional en el extremo positivo. Aunque una cantidad considerable de investigaciones ha vinculado los circuitos de comunicación de la serotonina con la dimensión 2, los resultados no son tan claros como los que relacionan la dopamina con la extroversión. Por un lado, los medicamentos modernos de venta con receta que actúan sobre los niveles de serotonina,[26] como Celexa, Lexapro, Prozac, Paxil y Zoloft, se recetan con frecuencia a personas que sufren ansiedad o depresión. Estos fármacos, denominados inhibidores selectivos de la recaptación de serotonina (o ISRS), actúan bloqueando la capacidad de la neurona emisora para reciclar la serotonina, lo que permite que los mensajes no recibidos sigan circulando durante más tiempo, lo que aumenta las posibilidades de que encuentren un oído adecuado con el que conectar.

---

[26] Sería más apropiado decir que estos fármacos tienen un mayor efecto directo sobre la serotonina que sobre la dopamina, porque los numerosos niveles diferentes en los que interactúan la dopamina y la serotonina hacen que sea imposible influir sobre una sin tener algún tipo de efecto sobre la otra.

Esto podría hacernos sospechar que las personas que puntúan más negativamente en la dimensión de personalidad 2 tienen niveles más bajos de comunicación de serotonina. Sin embargo, aunque nos detengamos en esta primera pista, es posible que ya te hayas dado cuenta de algunas cosas confusas sobre la relación entre los niveles de serotonina y la forma en que nos sentimos. ¿Cómo puede el mismo fármaco utilizarse para tratar tanto la depresión como la ansiedad, dadas las diferentes experiencias que parecen asociarse a ambas?

Pero lo cierto es que estos fármacos no funcionan para todo el mundo. Según el tipo y la gravedad de los síntomas tratados, algunos estudios estiman que hasta una de cada tres personas no mejora tras el tratamiento con ISRS. Esperemos que, después de lo que has leído hasta ahora, esto no te sorprenda del todo. La salud mental es tan compleja como los cerebros que la originan y los síntomas de la depresión y la ansiedad son tan polifacéticos como lo pueden ser los comportamientos sanos. Al igual que las condiciones que conducen al TDAH pueden ser más o menos problemáticas en función de los contextos generales en los que se producen, cambiar los niveles de comunicación de la serotonina en el cerebro puede tener diferentes efectos sobre cómo piensas, sientes y te comportas, en función de lo que está pasando dentro y fuera de tu cerebro. Ten esto en cuenta en las secciones siguientes cuando analicemos las investigaciones que han intentado asociar las diferencias en los niveles de serotonina con formas características de pensar, sentir y comportarse.

Dado que una de las principales funciones de la comunicación de la serotonina es indicar a los circuitos de dopamina que uno está saciado y que aumentar la serotonina mediante ISRS parece estabilizar los comportamientos disfuncionales en muchas personas, resulta muy tentador suponer que más serotonina en tu cóctel neuronal es mejor. De hecho, debido a que los niveles bajos de serotonina se asocian tan comúnmente con la depresión, mucha gente la ha llamado la «droga de la felicidad». Aunque esto no es del todo cierto, al menos dentro del rango «típico» (o no disfuncional). Varios estudios han sugerido que los niveles muy altos de serotonina corresponden a puntuaciones más bajas (más ansiosas) de la dimensión 2 de la personalidad.

Por ejemplo, varios estudios genéticos han comparado los rasgos de personalidad relacionados con la ansiedad o el neuroticismo con variantes de un gen que influye en la recaptación natural de serotonina. Las personas con la versión larga de este gen crean 1,7 veces más puertas de recaptación de serotonina (transportadores de serotonina) que las que tienen la versión corta. Dado que estas puertas trabajan para reciclar la serotonina, reabsorbiendo los mensajes no enviados en la neurona emisora para su uso futuro, es probable que las personas con la versión corta del alelo tengan más serotonina resonando en sus cócteles neuronales. Si todo lo demás fuera igual, cabría esperar que las personas con esta versión del alelo tuvieran patrones de pensamiento, sentimiento y comportamiento parecidos a los de las personas tratadas con ISRS. Sin embargo, un estudio que comparó los rasgos de personalidad de 505 individuos con diferentes versiones de este gen descubrió que las personas con el alelo corto se valoraban a sí mismas más alto en las características de personalidad relacionadas con la ansiedad que las que tenían el alelo largo.[27] A pesar del gran número de participantes en este experimento, los resultados no se han repetido de forma consistente en otros estudios que buscan una relación entre los genes de recaptación de serotonina y la ansiedad. Entonces, ¿qué ocurre?

Una explicación de estas inconsistencias es que las características de la dimensión 2, o de otras dimensiones de la personalidad similares relacionadas con la ansiedad, no se han aclarado del todo. Tal vez, después de todo, los celos y la ansiedad no estén impulsados por el mismo factor cerebral. Un meta-análisis de 26 estudios que relacionaban los genes de recaptación de serotonina

[27] Es importante señalar que, aunque el efecto de la variación genética sobre las características de la personalidad relacionadas con la ansiedad fue significativo en este estudio, explicó un porcentaje bastante pequeño de las diferencias observadas —entre el 3 y el 4 % de la variabilidad total de las características de la personalidad— y solo entre el 7 y el 9 % de la variabilidad heredada se explicó exclusivamente por este gen relacionado con la serotonina.

con constructos de personalidad relacionados con el neuroticismo descubrió que los resultados variaban en función de la medida específica de personalidad que utilizara cada estudio. Esto sugiere que el grado en que los niveles de serotonina influyen en los factores de personalidad depende de las preguntas utilizadas para evaluar los rasgos relacionados con la ansiedad o el neuroticismo. Otra posible explicación de las incoherencias observadas es que la relación entre los genes de recaptación de serotonina y las características de personalidad relacionadas con la ansiedad depende de los niveles de dopamina, que suelen pasarse por alto en estos estudios. Como se comentó al principio de esta sección, es bastante probable que las personas que tienen niveles altos de dopamina experimenten cambios en los niveles de serotonina de forma diferente a aquellas con niveles bajos de dopamina. Una tercera posibilidad es que la relación entre la ansiedad y la serotonina dependa del entorno externo o de la cantidad de estímulos estresantes, o «a evitar» que una persona experimente una persona. En la siguiente sección, exploraremos un poco más esta tercera posibilidad a través de la investigación sobre cómo responden los distintos cerebros al estrés.[28]

¿Qué ocurre cuando se añade el estrés a la mezcla?

Lo primero que me gustaría señalar es que el estrés no es necesariamente algo malo. Aunque la mayoría de nosotros asociamos la palabra con un estado mental indeseable, desde una perspectiva neurocientífica, el estrés es una respuesta natural que los cerebros y los cuerpos montan ante una serie de exigencias ambientales diferentes. Ya se trate de un conflicto con otra persona, de un factor estresante físico como el frío o el hambre, o simplemente de una

[28] Si dispusiera de un espacio ilimitado y tú de una atención ilimitada, trataría de explicarte que los efectos de la serotonina también dependen de los quince tipos diferentes de neuroreceptores de serotonina con los que entra en contacto y del lugar del cerebro y del cuerpo en el que se encuentren, pero eso sería otro libro entero.

situación nueva o inesperada, la respuesta de estrés del cerebro tiene como objetivo preparar la mente y el cuerpo para reaccionar. Pero como seguro que podrás adivinar, así como en tus experiencias vividas, no todos los cerebros responden al estrés de la misma manera. Por ejemplo, muchas personas ven la depresión como la consecuencia de un cerebro que no responde a los factores estresantes del entorno de forma típica o funcional.[29]

Aunque los cerebros sanos pueden responder al estrés de diversas maneras, todas las respuestas cerebrales típicas al estrés implican cambios en la neuroquímica. Las primeras líneas de respuesta tienden a implicar epinefrina y norepinefrina (también llamadas adrenalina y noradrenalina), las cuales te preparan para respuestas de lucha o huida. Al liberarse estos ingredientes en el cerebro y el torrente sanguíneo, se crea una cascada de acontecimientos en el organismo: desde un aumento de la frecuencia cardiaca y el azúcar en sangre hasta una disminución del tono muscular en los pulmones para mejorar la respiración. Cuando un «casi accidente» o un sobresalto de algún tipo te hace sentir tembloroso y mareado, estás sintiendo los efectos de la epinefrina y la norepinefrina.

Por desgracia, muchos de los factores estresantes que experimentamos hoy en día tienden a durar mucho más que aquellos ante los que nuestro cerebro evolucionó para responder con acciones de lucha o huida. Cuando lo hacen, el cerebro responde con la «maratoniana» sustancia química de respuesta al estrés: el cortisol. Desde un punto de vista evolutivo, los mecanismos del cortisol en el organismo están pensados para ayudarte a utilizar tus reservas de energía de forma austera en las raras ocasiones en las que el estrés prolongado es inevitable. Para ello, el cortisol ralentiza el metabolismo, lo que bloquea la señal de la insulina para que el cuerpo utilice el azúcar de la sangre como energía. Pero lo cierto es que, a menos que seas Forrest Gump, los factores estresantes sostenidos que experimentamos hoy en día —como tratar de sustentar económicamente

[29] Esta es una de las razones plausibles por las que tanto la depresión como la ansiedad mejoran cuando se ajustan los niveles de serotonina en el cerebro: ambas pueden ser respuestas inadecuadas al estrés.

a nuestras familias o sobrevivir a una pandemia mundial— no se resuelven fácilmente huyendo.[30] Y como ni nuestro cerebro ni nuestro cuerpo fueron diseñados para soportar el estrés crónico, hay una serie de consecuencias negativas para la salud asociadas con el aumento prolongado de los niveles de cortisol.

Entonces, ¿cómo pueden interactuar las diferencias individuales en los niveles de serotonina con la respuesta neuroquímica del organismo al estrés? Un ingenioso experimento realizado por Baldwin Way y Shelley Taylor sugiere que los genes relacionados con la recaptación de serotonina pueden influir en la forma en que el cerebro de las personas responde al estrés. En su experimento, se recogió información genética de 182 jóvenes adultos sanos para determinar si tenían la versión corta (baja recaptación de serotonina) o larga (alta recaptación de serotonina) del alelo transportador de serotonina. Después, todos los participantes fueron asignados aleatoriamente a una condición experimental de bajo o alto estrés. En ambas condiciones, los participantes dispusieron de cinco minutos para preparar un discurso sobre por qué serían buenos candidatos para un trabajo ficticio. La diferencia entre las condiciones de estrés alto y bajo radicaba en que los participantes de la versión de estrés bajo grababan sus discursos a solas en una sala, mientras que los de la condición de estrés alto tenían que pronunciarlos en directo ante un público que juzgaba su actuación.[31] Para registrar las respuestas de estrés de los participantes, los investigadores también midieron la cantidad de cortisol excretada en la saliva al inicio del experimento y, de nuevo, veinte, cuarenta y setenta y cinco minutos después, la última medición mucho después de haber terminado el discurso. Como era de esperar, los niveles de cortisol no cambiaron tanto, en promedio, en la condición de bajo estrés como lo hicieron en la de alto estrés. Aunque lo más relevante para el tema que nos ocupa es que las personas con alelos

---

[30] Aunque el ejercicio regular puede ayudar. ¡Estate atento!

[31] Esta manipulación se utiliza habitualmente en la investigación sobre el estrés. Por lo visto, hablar en público o ser juzgado estresa lo suficiente a la gente como para que la combinación de ambos factores estrese a la mayoría de los participantes.

cortos —aquellas cuyas señales de serotonina permanecen más tiempo en sus sinapsis debido a un reciclaje menos eficaz— experimentaron un aumento significativamente mayor de los niveles de cortisol en la condición de estrés elevado que las personas con alelos más largos. Sin embargo, los niveles de cortisol de los dos grupos genéticos no difirieron en las condiciones de bajo estrés. Tomados en conjunto, estos resultados sugieren que la relación entre las diferencias individuales en la recaptación de serotonina y las características de ansiedad autodeclaradas es probablemente más evidente cuando las personas están expuestas a altos niveles de estrés ambiental que cuando no lo están.[32]

La moraleja de esta historia debería empezar a sonarte familiar: ninguna de las características de diseño de tu cerebro existe de forma aislada. Al contrario, cada una de ellas está diseñada para preparar la respuesta adecuada ante cualquier tipo de estímulo ambiental. En el primer capítulo, hablamos de la organización a gran escala de los dos hemisferios cerebrales y de cómo las diferencias entre ellos pueden interactuar con tu nivel de experiencia para determinar la forma en que el cerebro resuelve problemas complejos. En este capítulo hemos analizado cómo las distintas neuronas se organizan en redes funcionalmente especializadas, hablando lenguajes químicos específicos, y cómo los distintos estímulos ambientales pueden exacerbar las diferencias individuales en la forma en que estas redes se comunican. En el próximo capítulo hablaremos sobre una última característica de diseño que determina la forma en que tus neuronas se conectan entre sí para construir una comprensión del mundo que te rodea: la flexibilidad con la que tu cerebro puede responder a los mismos estímulos ambientales cuando se presentan en circunstancias diferentes. Pero antes, resumamos las ideas clave que hemos tratado en este capítulo y lo que pueden sugerir sobre el funcionamiento de tu cerebro.

---

[32] Si nos basamos en un estudio realizado en más de 21 000 gemelos finlandeses que mostró cambios en los niveles de neuroticismo autodeclarados tras sufrir estresores vitales significativos, me sorprendería bastante que las respuestas «medias» en estas escalas de personalidad relacionadas con la ansiedad o el neuroticismo no hayan cambiado desde que comenzó la pandemia mundial en 2020.

En resumen: las diferencias en los sistemas de regulación química de tu cerebro afectan a tus decisiones y respuestas a las presiones ambientales

Antes de recordarte los detalles de lo que hemos tratado en este capítulo, permíteme que te proporcione un contexto general para que tu hemisferio derecho pueda entender qué significa todo esto. En primer lugar, me gustaría que tuvieras en cuenta que de los cientos de neurotransmisores que impulsan tus formas características de pensar, sentir y comportarte, solo he hablado en detalle de tres: la dopamina, la serotonina y el cortisol.[33] Pero incluso en este espacio problemático tan simplificado, ya puedes empezar a ver cómo se complican las cosas porque la influencia que cada uno de estos ingredientes tiene sobre ti depende de manera crítica no solo del entorno en el que te encuentres, sino también del funcionamiento de otros sistemas de comunicación de tu cerebro.

Hay algo más que aún no he mencionado y que complica todavía más este delicado equilibrio: el hecho de que tu cerebro tiene formas de adaptarse a los cambios en tu neuroquímica para mantener sus niveles químicos preferidos. Al principio del capítulo, hablé de cuatro características de diseño diferentes que dirigen los sistemas de comunicación química, que eran la cantidad de neurotransmisor disponible para las neuronas emisoras; el número de receptores, u «oídos», disponibles para recibir un tipo concreto de mensaje químico; la cantidad de recaptación, o reciclaje, de la que es capaz una neurona emisora, y la cantidad de enzimas disponibles para descomponer ese neuroquímico. Una cosa que muy poca gente sabe es que cuando se altera la neuroquímica de forma artificial —ya sea tomando mucha cafeína o un medicamento con receta como el Prozac— el cerebro suele responder cambiando otras características de su diseño para intentar contrarrestar los efectos. Por ejemplo, para contrarrestar el efecto de los fármacos que aumentan los niveles de dopamina en su cóctel neuronal, tu

---

[33] Hablaremos de otro neurotransmisor importante, la oxitocina, en el último capítulo del libro.

cerebro puede reducir el número de receptores que tiene para recibir mensajes de dopamina o aumentar la cantidad de enzimas que hacen que la dopamina sea inútil para la comunicación. Esto no solo crea resistencia a los efectos de los fármacos que alteran la neuroquímica con el tiempo, sino que también puede provocar diversos síntomas de abstinencia si dejas de tomártelos. Después de acostumbrarse a los efectos de varias tazas de café al día, por ejemplo, el cerebro empieza a recalibrarse de modo que necesita una cierta cantidad de cafeína para funcionar de manera «normal». Como resultado, las personas que reducen drásticamente su consumo de cafeína suelen experimentar una serie de síntomas —como dolores de cabeza, dificultad para concentrarse y bajones emocionales— que reflejan la forma en que su cerebro se ha adaptado a sus intervenciones químicas. Afortunadamente, estos síntomas solo duran unos pocos días (de dos a nueve días, en general), ya que la mayoría de los cerebros vuelven a ajustarse a los niveles base una vez que se retira la droga.

Tener al menos un conocimiento rudimentario de esta dinámica es importante para comprender cómo las diferencias en los sistemas de comunicación neuroquímica determinan la forma en que experimentamos el mundo que nos rodea. En este capítulo, he introducido la idea de los circuitos de recompensa de dopamina y cómo las personas que se describen a sí mismas como más extravertidas probablemente tengan cerebros que producen más recompensas de dopamina para sentirse bien cuando les ocurren cosas inesperadamente buenas. Esto, a su vez, aumenta la probabilidad de que repitan las acciones que les llevaron a esas recompensas inesperadas. Aunque un exceso de dopamina —especialmente en ausencia de la serotonina que induce la satisfacción— puede llevar a una persona a abusar de comportamientos poco sanos o adictivos. Por otro lado, una cantidad insuficiente de dopamina se ha asociado a una baja motivación o a la incapacidad de sentir placer, lo que se encuentra en la base de muchos casos de depresión. En los capítulos el capítulo 4 y 6, analizaremos con más detalle el papel que desempeña la dopamina en la atención, la motivación y la toma de decisiones.

También hablamos de cómo, en circunstancias ideales, la dopamina y la serotonina funcionan en combinación, como el *yin* y el *yang*, en tu cerebro. Para evitar que te comportes como una rata dependiente de la dopamina que presiona una palanca durante veinticuatro horas seguidas para obtener recompensas (sin parar para comer o descansar), nuestros sistemas de serotonina pueden entrar en acción y proporcionar la señal de «saciedad» que inhibe la dopamina y apaga nuestro deseo de querer más. Irónicamente, un exceso del neuroquímico «ya he tenido suficiente» se ha asociado con niveles más altos de ansiedad, sobre todo cuando las personas se ven sometidas a acontecimientos estresantes. Pero dado que el cerebro puede contrarrestar los efectos de cualquier fármaco que se tome para alterarlo, ¿cómo se puede conseguir el equilibrio si el *yin* y el *yang* están desequilibrados?

Lo primero que hay que tener en cuenta es la nutrición, porque algunos de los componentes básicos que necesita el cerebro para producir neurotransmisores no se producen internamente, hay que ingerirlos. Un ejemplo es el triptófano, un aminoácido que se encuentra en concentraciones relativamente altas en las aves de corral, los huevos, el pescado y la leche. El triptófano es un importante precursor de la serotonina y el organismo no puede producirlo por sí solo. De hecho, una forma que tienen los neurocientíficos de estudiar los efectos de los niveles bajos de serotonina en el comportamiento es alimentar a los participantes con dietas ricas en aminoácidos pero sin triptófano.[34] La tirosina, el precursor correspondiente para la producción de dopamina en tu cerebro, se encuentra en altas concentraciones en el queso,[35] aunque también en otros productos lácteos, así como en las aves y el pescado mencionados anteriormente. La tirosina es un ingrediente habitual en

[34] Se ha demostrado que este protocolo, llamado depleción aguda de triptófano, reduce temporalmente la cantidad de comunicación de serotonina en el cerebro (¡hasta en un 90 %!). Pero, por favor, no lo intentes en casa solo por diversión. Algunos de los efectos de la depleción de triptófano incluyen estados de ánimo depresivos, síndrome premenstrual exacerbado y vaciado gástrico más lento, por nombrar solo algunos de los más emocionantes.

[35] Por si necesitabas otra razón para amar el queso, de nada.

muchas bebidas pre-entrenamiento o energéticas, ya que también es un precursor de la norepinefrina. Pero hay que tener cuidado, las investigaciones sobre los efectos de la tirosina en la presión arterial y los niveles de ansiedad han mostrado resultados contradictorios.[36]

No te preocupes, también existen muchas actividades saludables que pueden reducir los niveles de estrés y ajustar tus ingredientes químicos. Por ejemplo, se ha demostrado que el ejercicio aeróbico moderado aumenta los niveles de serotonina y dopamina a corto y largo plazo. En su artículo de revisión de 2016, Saskia Heijnen y sus colegas describen los resultados de varios estudios que sugieren que el estrés físico experimentado por las personas que hacen ejercicio (al que denominan «estrés bueno») puede dar lugar a efectos a largo plazo muy diferentes, generalmente más deseables, en el cerebro que el estrés psicológico prolongado (o «estrés malo»). Los mecanismos precisos que relacionan el ejercicio con los cambios neuroquímicos son polifacéticos y aún se están investigando en modelos humanos y animales. Por ejemplo, el aumento de los niveles de serotonina en el cerebro puede deberse, en parte, a que cuando los músculos activos absorben aminoácidos de cadena larga del torrente sanguíneo, aumentan las posibilidades de que el triptófano atraviese la barrera hematoencefálica. Por otra parte, el aumento de los niveles de dopamina se ha asociado a la liberación de endocannabinoides tras el ejercicio, neurotransmisores naturales que drogas como el THC (presente en el cannabis) imitan en el cerebro.[37]

También se ha demostrado que otras actividades dirigidas a reducir el estrés modifican también la neuroquímica. Por ejemplo, la terapia de masaje podría tener el efecto que estabas buscando No solo se ha demostrado repetidamente que reduce los niveles de cortisol en el cerebro, a veces hasta en un 50 %, sino que también

[36] Estos hallazgos inconsistentes probablemente reflejan complicaciones similares a las que hemos analizado en este capítulo: interacciones con el entorno y niveles de neurotransmisores previos a la tirosina, por nombrar algunas.

[37] Esto proporciona un nuevo nivel de apreciación de lo que significa tener un «subidón del corredor».

aumenta los niveles de dopamina y serotonina hasta en un 40 %. La meditación y las prácticas de atención plena también se han asociado con una reducción del cortisol y un aumento de los niveles de serotonina. Un estudio incluso descubrió que las personas que practicaban ejercicios de respiración profunda reducían sus niveles de cortisol y mejoraban su estado de ánimo. Por supuesto, en consonancia con uno de los temas centrales de este libro, el grado en que cualquiera de estas «intervenciones» creará un cambio significativo en tu cerebro depende de lo que esté sucediendo en tu vida. Los niveles neuroquímicos de base, así como las diferencias en las circunstancias vitales, pueden moderar los efectos que cualquiera de estas prácticas tenga sobre tu cerebro.

Aunque me preocupa un poco que te estés cansando de oír respuestas que se reducen a un «depende», lo cierto es que este tipo de interdependencias en tu cerebro son la base de sus superpoderes. Porque si tu cerebro no estuviera diseñado para responder de forma diferente ante los cambios de su entorno interno y externo, serías más predecible, menos interesante y tendrías mucho menos éxito en términos evolutivos. En el próximo capítulo hablaremos de una última característica del diseño biológico que está estrechamente relacionada con tu capacidad para comportarte de forma flexible en función de las circunstancias: la sincronización neuronal.

CAPÍTULO 3

EN SINCRONÍA

Los ritmos neuronales que coordinan el comportamiento flexible

La siguiente característica de diseño que exploraremos está relacionada con la coordinación de los procesos cerebrales. Aunque no me refiero estrictamente a la coordinación del tipo «date palmaditas en la cabeza mientras te frotas el estómago», los mecanismos de sincronización interna de tu cerebro son precisamente los que hacen que esta tarea aparentemente simple sea tan difícil. Para entender mejor cómo funciona, volvamos a la idea del juego teléfono. Como recordarás, uno de los retos críticos de la versión cerebral del juego es que se crea mucho ruido de fondo cuando miles de neuronas en estrecha proximidad física liberan sus paquetes químicos. En el capítulo 2, hablamos de cómo los cerebros utilizan diferentes combinaciones de «lenguajes químicos» como una forma de imponer orden en las señales masivamente superpuestas entre neuronas. En este capítulo hablaremos de otra forma en que el cerebro pueden manipular la comunicación entre neuronas, al permitir que aquellas que usan el mismo lenguaje se agrupen de forma dinámica en diferentes equipos en función de la tarea que tengan entre manos.

Para resumírtelo, otro truco que puede utilizar tu cerebro para influir en qué señales se «oirán» entre el ruido de fondo es coordinar el momento en que se envían los mensajes. Si quieres entender mejor cómo funciona esto, piensa en las diferencias entre el sonido de una fiesta y el de un coro. Cuando entras por primera vez en una fiesta, la cacofonía de decenas de voces elevadas enzarzadas en diferentes conversaciones llega a tus oídos como un gran barullo indistinguible. Intentar «sintonizar» una sola conversación con ese tipo de ruido de fondo es, en el mejor de los casos, todo un reto. Ahora compáralo con las voces sincronizadas de un coro que se mezclan para crear sonidos que pueden oírse y entenderse mucho más fácilmente, incluso por encima de los ruidos de fondo procedentes del público.

La señalización en el cerebro sigue un patrón similar. Si dos mensajes llegan al mismo tiempo, es mucho más probable que sean «escuchados» por una neurona receptora, o que tengan algún efecto sobre ella, que si sus paquetes se reciben de forma desincronizada. Y resulta que tu cerebro, al igual que muchos fenómenos naturales, es un generador masivo de ritmos. En lugar de enviar señales continuas, las neuronas individuales pasan por fases de «susurro» y «silencio», y pueden hacerlo a distintas frecuencias.[1] Las neuronas receptoras también pueden diseñarse para «sintonizar» una frecuencia concreta, del mismo modo que la selección de una emisora de radio en el equipo estéreo del coche permite oír solo las ondas transmitidas por el aire a una frecuencia determinada. Aunque todos los cerebros utilizan frecuencias que oscilan entre menos de una y más de cien señales por segundo, los cerebros individuales difieren en la cantidad de comunicación que se produce en los rangos de frecuencia más lentos o más rápidos.

De hecho, llevamos bastante tiempo midiendo la composición de esta comunicación neuronal «orquestada» en el laboratorio,

---

[1] Esto es imposible, no solo porque las neuronas se quedarían rápidamente sin sus paquetes químicos, sino también por la forma en que funcionan los potenciales de acción. Tras «disparar» su mensaje químico, las neuronas necesitan una fracción de segundo para reiniciarse antes de volver a disparar.

utilizamos los mismos gorros de electrodos con los que practiqué con Jasmine hace veinticinco años.[2] Pero a diferencia de los experimentos de los que hemos hablado anteriormente, que medían los cambios en la actividad eléctrica del cerebro asociados a una tarea específica, esta investigación analiza la activación cerebral recogida en ausencia de cualquier tarea. Los participantes reciben la sencilla (aunque no siempre fácil) instrucción de, sin dormirse, cerrar los ojos y relajarse. Cuando lo hacen, sus mentes son libres de divagar (como la mía en mis viajes en autobús) y mientras eso ocurre, registramos el flujo y reflujo de la actividad eléctrica que crean sus cerebros sin dirección durante un periodo de cinco a diez minutos.

A continuación, para averiguar cómo está orquestado el cerebro de cada individuo, descomponemos matemáticamente los cambios de electricidad registrados en el cuero cabelludo en diferentes bandas de frecuencia. Es como escuchar el coro del cerebro y decidir cuántos sopranos, contraltos, tenores y bajos cantan en él. Aunque hay varias formas de hacer esto con los datos de EEG, el resultado suele ser el mismo: una estimación de cuánta de la actividad registrada en una región determinada procede de neuronas con comunicación sincronizada en un rango de frecuencia concreto. He incluido un ejemplo de cómo se ve esto cuando los datos registrados de mi cerebro errante se descompusieron en frecuencias que van de 2 a 40 Hz, o ciclos, por segundo.

La altura de la línea en este gráfico representa una estimación de la proporción de la comunicación de mi cerebro que se produce en una frecuencia determinada. Cuanto más alta es la línea, mayor es la proporción de comunicación en esa frecuencia. Y como puedes ver, esa proporción sube y baja a medida que te mueves desde el lado izquierdo del gráfico, que mide las frecuencias más bajas de comunicación, hasta el lado derecho del gráfico, que representa las frecuencias más altas, con un pico agudo justo alrededor de los 12 Hz. Ese pico, marcado con un pequeño rombo, es el canal preferido de mi cerebro para divagar. La altura

[2] Afortunadamente, esto es mucho más fácil de hacer con los adultos.

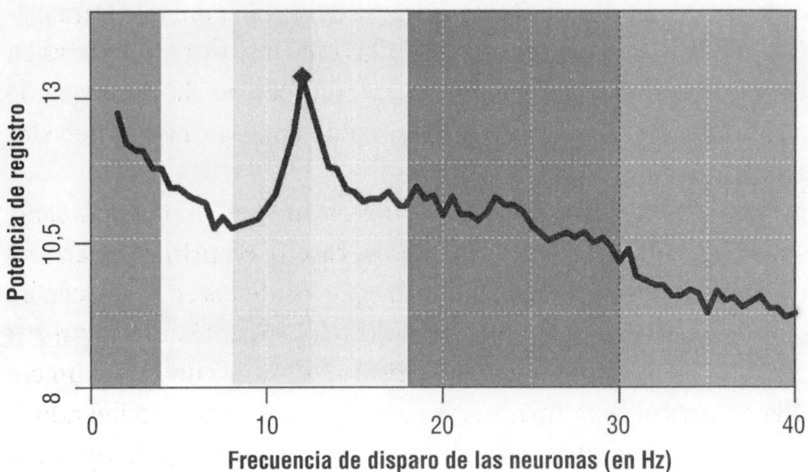

de ese pico muestra que hay muchas más neuronas en mi cerebro enviando señales a un ritmo de unos doce mensajes por segundo que a, digamos, diez o quince mensajes por segundo. Más adelante hablaremos de lo que esto significa. Para entender cómo funciona el cerebro, estas medidas de orquestación cerebral «sin tareas» son una especie de huella dactilar neuronal. Son relativamente estables dentro de una misma persona, pero varían sustancialmente de una a otra. Sin embargo, como (todavía) no podemos enviarte los electrodos a casa, tendremos que basarnos en lo que hemos aprendido sobre cómo estas huellas de frecuencia se relacionan con la forma en que los cerebros realizan diferentes tipos de cálculos.

Pero antes, aunque me haga sentir un poco vulnerable, debo señalar que tener un cerebro más sincronizado no siempre es bueno. Un ejemplo dramático de esto son los ataques epilépticos, que pueden desencadenarse cuando el disparo de una región cerebral provoca una tormenta eléctrica en cascada que viaja, sin control, por todo el cerebro. En realidad, es sorprendente que esto no ocurra con más frecuencia, porque cada neurona del cerebro puede estar conectada a cualquier otra neurona a través de seis enlaces intermedios (siguiendo los mismos principios de la teoría grados de separación que nos permiten vincular a cualquier actor con Kevin Bacon a través de seis personas).[3] Para evitar que un grupo de neuronas cotillas cree una histeria masiva en el cerebro, a menudo es tan importante detener la propagación de la activación entre las neuronas como conseguir que estén sincronizadas.

Para ilustrar por qué esto es importante en un cerebro sano, aquí tienes otro experimento cerebral casero. En primer lugar, rota el tobillo de tu pie dominante para que los dedos se desplacen en círculo en el sentido de las agujas del reloj y mantén ese círculo. A continuación, coge la mano del mismo lado y haz un gran número seis en una pizarra imaginaria, como si estuvieras escribiendo la respuesta a la pregunta «¿Cuántos enlaces hay, de media, entre dos neuronas en el cerebro?».

Para la mayoría de nosotros, la trayectoria de la mano secuestrará el movimiento del pie, invirtiendo la dirección de su círculo. Intenta de nuevo el experimento. Esta vez, empieza girando el tobillo en sentido contrario a las agujas del reloj antes de hacer el número seis con la mano. ¿Qué ha ocurrido esta vez? A la mayoría le resultará más fácil. Y estoy dispuesta a apostar que descubrirás que tu pie y su mano terminan sincronizados con respecto a sus posiciones alrededor del círculo que termina el seis.[4] Este experimento proporciona un ejemplo de lo que ocurre cuando el «mensaje» que tu cerebro utiliza para coordinar los movimientos de su mano interfiere con el mensaje enviado a las regiones de control del pie.

---

[3] En caso de que nunca hayas jugado a la ley de Bacon, el juego es el siguiente: yo te doy el nombre de cualquier actor y tú intentas relacionarlo con Kevin Bacon nombrando películas hasta llegar a una en la que haya sido coprotagonista. Un ejemplo sacado de Wikipedia es Elvis Presley, quien protagonizó una película *(Cambio de hábito)* con Edward Asner. Asner actuó en *J.F.K.: Caso abierto* con Kevin Bacon. Elvis y Kevin Bacon están separados por un grado (Edward Asner).

[4] Ten en cuenta que este experimento supone que empezarás a dibujar el seis por arriba y terminarás con un círculo en sentido contrario a las agujas del reloj. Es perfectamente plausible que algunos de vosotros, especialmente los zurdos, hayáis aprendido a dibujar un seis empezando por su «ombligo» y dibujando un círculo en el sentido de las agujas del reloj que termine con una larga cola en la parte superior. Si es así, la rotación del pie en sentido contrario a las agujas del reloj probablemente te resultará más difícil.

Con el fin de evitar que este tipo de interferencias se produzcan constantemente, el cerebro dispone de otra herramienta para coordinar la comunicación, sobre todo entre grupos de neuronas que no están físicamente cerca. Para ello, utiliza haces de neuronas largas que funcionan como superautopistas de la información, lo que crea puentes entre regiones alejadas del cerebro. Estas vías de materia blanca deben su nombre a que están cubiertas de mielina, una capa grasa aislante que acelera el proceso de señalización y reduce la probabilidad de que se pierda información por el camino. De hecho, las señales que viajan por estas neuronas aisladas pueden alcanzar velocidades de más de 400 km por hora, lo que les permite desplazarse de un lado a otro del cerebro en tan solo ocho milisegundos. En comparación, las neuronas no aisladas de materia gris que cubren el cerebro transmiten señales a velocidades de entre 1 a 6 km por hora. ¡Esto es más lento que mi ritmo de trote, así que me alegro de que estas señales no tengan que ir muy lejos!

A estas alturas, espero que me conozcas lo suficiente como para adivinar que tener una comunicación cerebral más rápida no siempre es mejor, aunque *a priori* parezca atractivo. Aunque, dada la velocidad y eficiencia de las superautopistas de materia blanca que constituyen más de la mitad del cerebro adulto, ¿por qué se molestaría la evolución en buscar formas más lentas y ruidosas de coordinar las señales cerebrales?

La respuesta está relacionada con la flexibilidad. Cuando el cerebro está cableado de forma que las señales se transmiten rápida y automáticamente de una parte a otra, hay muy pocas oportunidades de reconfigurar el flujo de información. La lectura es un excelente ejemplo de esta idea. Cuando una persona aprende a leer —lo que, para las personas videntes, requiere miles de horas de práctica para asociar las líneas garabateadas de una página con sus equivalentes lingüísticos—, su cerebro construye una vía de materia blanca que conecta las neuronas responsables de la detección de patrones visuales con las que se encargan de recuperar el significado de las palabras. Sorprendentemente, una vez que esta vía está completamente desarrollada, los lectores fluidos no pueden evitar leer cuando ven palabras.

El «canto de sirena» de la lectura de palabras puede demostrarse mediante una sencilla tarea de denominación de colores.[5] La mayoría de los niños pequeños con visión cromática típica aprenden a identificar los colores mucho antes de aprender a leer. Por lo tanto, se supone que los adultos con visión cromática típica no tendrían ningún problema en nombrar el color de la tinta con la que está impresa una palabra, si se les pidiera que lo hicieran en un experimento de laboratorio. Pero resulta que esta tarea es terriblemente difícil en una circunstancia concreta: cuando la palabra que se identifica es de un color distinto al de la tinta con la que está impresa. Por ejemplo, si te pidiera que dijeras el color de la tinta con la que está impresa la palabra «AZUL» en este libro, te resultaría mucho más difícil decir «NEGRO» que si te preguntara de qué color está impresa esta X.[6]

En el laboratorio, medimos la rapidez y precisión con la que las personas pueden nombrar el color de cadenas de letras que no forman palabras, como «XXXXX», o de palabras como «BURBUJA»,[7] que no son en absoluto palabras en color, en comparación con la rapidez y precisión con la que pueden nombrar los colores de palabras como «AZUL» impresas con tinta de otro color. La forma más sencilla de realizar esta tarea sería ignorar las palabras por completo, ya que su significado es irrelevante para la tarea en cuestión, pero la mayoría de los lectores fluidos son incapaces hacerlo. Aunque existen diferencias individuales interesantes, a las que volveremos dentro de un rato, casi todo el mundo es más lento y menos preciso a la hora de nombrar el color de una palabra de color incoherente que a la hora de nombrar el color de una palabra

5 Esta tarea se denomina comúnmente efecto Stroop, en honor al psicólogo que la creó hace casi cien años, John Ridley Stroop.

6 De acuerdo, a menos que la impresión de libros cambie drásticamente en los próximos años, esta tarea será bastante fácil, ya que todas las palabras de este libro están impresas en negro. Pero si estuvieras haciendo el experimento en el laboratorio, las palabras se presentarían en diferentes colores, lo que lo haría mucho más difícil.

7 En realidad, esta sería una palabra terrible para utilizar en un experimento, porque tiene muchas sílabas, pero también es una palabra divertida de pronunciar, así que la elegí para mi ejemplo.

sin color. Una vez que se ha establecido la autopista de la información, los datos procedentes del sistema visual llegan a la región del significado de las palabras, nos guste o no.

Y aquí es donde entran en juego nuestros ritmos neuronales. Porque una de las características más notables del cerebro humano es su flexibilidad. En muchas circunstancias, podemos responder de distintas maneras a los mismos *inputs*, dependiendo de cuál sea nuestro objetivo.

Tomemos como ejemplo la lectura de este párrafo, que considero que es uno de los más importantes del libro. Espero que, ahora que te he dicho que es un párrafo importante, lo leas de forma diferente. Tal vez estés centrando tu atención con más intensidad en el mensaje que transmiten mis palabras y en lo que pueden reflejar sobre el funcionamiento de tu cerebro. Pero ¿y si, en lugar de eso, te hubiera pedido que corrigieras este párrafo? El foco de tu atención sería diferente una, coma mal colocada o un punto y coma mal utilizado;[8] captarían más tu atención que el significado de las ideas que se están comunicando. (Vale, ahora basta de corregir. ¡Te quiero aquí conmigo!) Incluso podría darte una instrucción sobre cómo pronunciar de forma diferente las palabras que lees en la página: cada vez que encuentres la letra *t*, pronúnciala como *d* en tu cabeza. Y la mayoría de vosotros podréis hacerlo sin problema, a pesar de que nunca antes hayáis tenido un motivo para hacerlo. Ahora tu voz de lectura «interior» tiene un acento entrañable.

Lo que he ilustrado aquí es la extraordinaria capacidad del cerebro para reprogramarse sobre la marcha, basándose en objetivos o instrucciones cambiantes. Es decir, una vez realizado el proceso altamente automático de la lectura de palabras, el cerebro puede utilizar el mensaje transmitido en las palabras para reconfigurar su orden de operaciones y hacer cosas diferentes. Esta reconfiguración dinámica de las neuronas en diferentes equipos, en función de la instrucción o el objetivo que se persiga, no es posible cuando las vías se han cableado con materia blanca. Requiere la cuidadosa

[8] Sí, fueron intencionados. Cualquier otra errata o error gramatical en este libro, no tanto.

orquestación del coro de tu cerebro sobre diferentes ritmos neuronales. En la siguiente sección, analizaremos lo que hemos aprendido sobre el papel de los distintos ritmos neuronales en este tipo de coordinación flexible, junto con los costes y beneficios de las preferencias de tu cerebro por pensar rápido o despacio.[9]

Costes y beneficios de las distintas velocidades de sincronización neuronal

Antes de explicar lo que hemos aprendido sobre cómo trabajan las personas con distintos métodos de orquestación neuronal, tendremos que hablar de los distintos tipos de cálculos para los que son más adecuados los ritmos rápidos y lentos. Lo primero que hay que señalar es que suele ser más fácil mantener sincronizados grupos de neuronas a frecuencias más lentas que a frecuencias más rápidas. Si volvemos a la metáfora de un coro, podríamos imaginar que cuanto más lenta es una canción, más fácil es mantener el grupo de voces lo suficientemente cercanas en el tiempo como para que sigan sonando como un todo unificado. ¿Qué pasaría si intentáramos reunir un coro de los raperos más rápidos del mundo, muchos de los cuales pueden hablar a una velocidad de más de doce sílabas por segundo? Incluso si solo tuvieran una fracción de segundo de desviación, el grupo se fundiría rápidamente en un lío ininteligible. Por razones relacionadas, las ondas cerebrales de baja frecuencia tienden a estar implicadas cuando se coordinan grupos más grandes de neuronas. Ejemplo de ello es cuando se está en la fase más profunda del sueño, la mayor parte del cerebro oscila de forma sincronizada en la gama de frecuencias más lentas: menos de cuatro señales por segundo.

Otra cosa que hay que tener en cuenta es que las ondas de baja frecuencia son capaces de viajar más lejos que las ondas de frecuencia más alta y sufren menos perturbaciones cuando rebotan

[9] No debes confundirte con el famoso libro del psicólogo Daniel Kahneman, ganador del Premio Nobel, pero, como leerás más adelante, existe una relación entre ambas ideas.

en cosas del entorno. Por eso el sonido de la llamada de un elefante, que se produce aproximadamente en el mismo rango de frecuencia preferido de mi cerebro (unos 12 Hz), puede ser oído por otros elefantes a más de tres kilómetros de distancia. En cambio, el gorjeo de un pájaro, que puede oscilar entre 1 000 y 8 000 Hz, es mucho menos detectable a larga distancia.

¿Y qué crees que ocurre cuando el estruendo de un gran grupo de neuronas que se comunican en el cerebro a frecuencias más lentas, similares a las de un elefante, choca con los gorjeos de una pequeña bandada de pájaros? Aunque la colisión de señales puede crear dinámicas complejas e interesantes, el resultado neto suele ser que las ondas cerebrales de menor frecuencia pueden tener un gran efecto sobre la comunicación en los rangos de mayor frecuencia, mientras que lo contrario no suele suceder.

¿Qué sentido tiene un sistema de comunicación de alta frecuencia, como el «canto de los pájaros», si se ve superado por señales de baja frecuencia? Por un lado, las neuronas que se comunican a frecuencias más rápidas pueden actualizar más rápidamente su representación de lo que ocurre a su alrededor. Recordarás del capítulo 1, muchas tareas cotidianas, como la comprensión del lenguaje, dependen de la capacidad de detectar cambios en el entorno con una precisión de milisegundos. ¿Te imaginas lo difícil que sería sobrevivir si tu cerebro comunicara lo que ocurre en el mundo solo un par de veces por segundo? De hecho, nuestras redes cerebrales sensoriales tienden a comunicarse entre sí en las frecuencias más rápidas. Y cuanto más rápido sincronice tu cerebro su comunicación en estas redes, más cerca estará de tener representaciones «en tiempo real» de lo que ocurre a tu alrededor.

Entonces, ¿qué pueden estar haciendo las frecuencias más retumbantes y lentas? Como habrás adivinado, estas longitudes de onda son ideales para reunir diferentes partes del cerebro en equipos. De hecho, las investigaciones de Earl Miller y sus colaboradores han demostrado que hay neuronas importantes en el lóbulo frontal que pueden orquestar dinámicamente los procesos neuronales de mayor frecuencia en el resto del cerebro, en función del objetivo que se intente alcanzar. Esta coordinación impone orden sobre la cacofonía de mensajes superpuestos del cerebro, como dirigir un coro formado por 86 000 millones de voces.

Obviamente, tener un cerebro flexible y coordinado es bueno, pero aquí está el truco. En primer lugar, como demostró el experimento de la coordinación de los pies, es más probable que estas señales de baja frecuencia dirigidas a un objetivo interfieran entre sí que las señales más rápidas procedentes de los centros de procesamiento locales. Y esta, amigo mío, es una de las razones por las que somos pésimos en la «multitarea».

En segundo lugar, cuando las oscilaciones neuronales de baja frecuencia, u «orientadas a objetivos», intervienen en la orquestación de las de alta frecuencia, pueden literalmente impedir que nos demos cuenta de lo que ocurre a nuestro alrededor.[10] En el laboratorio, podemos medir esta disyuntiva entre estar dirigido por los objetivos del mundo interior y la capacidad de detectar lo que ocurre en el mundo exterior utilizando una medida denominada parpadeo atencional. A los participantes en estos experimentos se les asigna un objetivo: detectar un determinado tipo de elemento en medio de una secuencia de estímulos visuales que se presentan rápidamente ante ellos. Por ejemplo, se les puede pedir que recuerden los números presentados en una serie de secuencias que en su mayoría son letras o los colores de los círculos presentados en una serie de formas que en su mayoría son cuadrados. Los estímulos se presentan de uno en uno, en rápida sucesión. Al final de una prueba, que puede constar de diez o quince elementos, se pide a los participantes que indiquen qué elementos han visto. Lo que me resulta fascinante es que los datos muestran que hay un intervalo de tiempo tras la presentación del primer elemento en el que la gente no se fija en el segundo. De hecho, el llamado parpadeo atencional puede durar hasta medio segundo.

Para procesar el mundo en algo parecido al «tiempo real», necesitamos redes cerebrales que se comuniquen a través de longitudes

---

[10] El próximo capítulo se centrará en los distintos mecanismos que utilizan los cerebros para darse cuenta de las cosas.

de onda de alta frecuencia. Pero si queremos enviar esa información a distintas partes del cerebro, tenemos que crear circuitos rígidos e inflexibles, o recurrir a sistemas de comunicación de baja frecuencia más propensos a cruzarse. Todos los cerebros utilizan alguna combinación de ambos, pero las investigaciones realizadas en nuestro laboratorio y en otros han demostrado que el grado en que los sistemas de comunicación neuronal se orquestan principalmente a través de longitudes de onda de frecuencia más baja o más alta tiene implicaciones de gran alcance para la forma en que las diferentes personas procesan la información. En la siguiente sección, te propondré algunas pruebas para ayudarte a averiguar cómo está organizado tu cerebro.

Evaluando tu ritmo

No voy a mentir, ¡la primera prueba que te voy a hacer es dura! Y sé que, diga lo que diga, los que lo hagáis bien os sentiréis como estrellas del rock y los que lo paséis mal os sentiréis como si hubierais suspendido. ¡Pero tened paciencia! Por algo estoy poniendo vuestro cerebro al límite... Y os prometo que, como se ilustra en la sección de costes y beneficios, hay consecuencias positivas de hacer bien o mal este examen.

La prueba mide uno de los mayores puntos críticos en el procesamiento humano de la información: la capacidad de la memoria de trabajo. La memoria de trabajo es un término que describe un estado privilegiado de la conciencia en el que el contenido de los pensamientos puede utilizarse para orquestar tus procesos mentales y neuronales. Las personas varían en la cantidad de información que pueden mantener en este estado, un valor denominado «capacidad» de la memoria de trabajo. Es como la música que utiliza el director del coro neuronal para orquestar tu comunicación cerebral.

Esta prueba mide la cantidad de información que puedes introducir y manipular en tu memoria de trabajo. Dado que esta prueba está diseñada para medir los límites de tu procesamiento de la información, la mayoría de las personas no acertará todos los ítems.

Además, aunque puedes hacerlo por ti mismo, será más preciso si consigues que otra persona te lea los ítems (o si lo haces en mi web). Por último, dado que esta prueba es muy sensible a tu estado cerebral actual, deberías realizarla cuando te sientas concentrado y descansado. ¡No te apures!

El objetivo de esta prueba es recordar la mayor cantidad posible de números o letras de una lista que te presenta ítems de uno en uno. La trampa está en que tienes que recordarlos en el orden inverso al que se te presentaron. Primero, coge un bolígrafo o un lápiz y un trozo de papel cuadriculado y escribe los números del 1 al 14 en una columna para saber en qué línea estás. A continuación, si tienes un «cómplice» que te ayude a ponerte a prueba, pídele que lea las letras o números de cada línea en voz alta a un ritmo aproximado de un elemento por segundo (piensa en «un Mississippi» entre elementos), y luego di «para» cuando haya llegado al final de la línea. Si te estás poniendo a prueba a ti mismo, lee cada letra o número una sola vez y luego dale la vuelta al libro cuando llegues a la palabra «para». Oír o leer «para» será la señal para recordar los elementos en orden inverso y escribirlos en el papel. Por ejemplo, si oyes o lees la línea «C K R G para» escribirás «G R K C». Si trabajas con un compañero, avísale cuando estés listo para la siguiente pregunta.

Ten en cuenta que las líneas empiezan bastante cortas y aumentan gradualmente de longitud. Es posible que en un momento dado tengas la sensación de haber alcanzado tu capacidad. Si has acertado completamente dos o tres líneas seguidas, no dudes en detener ahí la prueba y poner fin a la tortura. No obtienes puntos por respuestas parciales, así que si te limitas a repetir las dos o tres últimas letras una y otra vez, es probable que también hayas alcanzado tu capacidad.

Unas cuantas reglas más antes de empezar: 1) no empieces a escribir antes de oír o leer la palabra «para»; 2) no escribas las letras en el orden en que las has oído y luego las inviertas, la inversión debe hacerse mentalmente, y 3) no compruebes tus respuestas hasta que hayas terminado. No quiero que te pongas nervioso. ¿Listo para empezar? ¡Vamos allá!

PRUEBA DE MEMORIA DE TRABAJO

1.	5	8	2	PARA						
2.	L	D	R	PARA						
3.	3	9	4	1	PARA					
4.	D	X	K	Q	PARA					
5.	7	4	2	9	5	PARA				
6.	Y	M	R	K	V	PARA				
7.	4	1	8	5	9	3	PARA			
8.	H	D	N	B	R	T	PARA			
9.	8	5	4	2	1	6	3	PARA		
10.	G	L	Z	K	V	I	C	PARA		
11.	9	4	2	1	5	8	3	7	PARA	
12.	F	B	V	K	W	L	P	S	PARA	
13.	2	5	8	4	1	7	9	3	6	PARA
14.	C	X	S	V	R	N	D	H	P	PARA

Cuando hayas completado la prueba, podremos averiguar cuál es tu capacidad de memoria de trabajo. En primer lugar, cada línea solo cuenta si has acertado todos los ítems. Como ya te he dicho, en este test no hay puntos por aciertos parciales. A continuación, si no has acertado ninguna de las líneas, tu capacidad de memoria de trabajo es 2. En caso contrario, busca la línea más larga que hayas acertado, tanto de números como de letras, para calcular tu puntuación. Si solo has acertado una de las dos líneas de cierta longitud, aumenta 0,5 puntos. Por ejemplo, si has acertado las dos líneas de tres elementos, pero solo una de las listas de cuatro elementos, tu capacidad de memoria de trabajo es de 3,5. Para que te sitúes, tu puntuación final en esta prueba debería estar entre 2 y 9.

Bien, ahora que ya he agotado tu cerebro con todos estos malabarismos de letras y números, vamos a intentar algo un poco más divertido. Para ello, necesitarás un lápiz, varias hojas de papel y un cronómetro. La tarea está inspirada en el componente figurativo del test de pensamiento creativo de Torrance. Tu objetivo es bastante sencillo, en cinco minutos, dibuja tantos objetos como puedas que contengan la forma de la página siguiente (¡no mires todavía!). Trata de pensar de forma creativa, ya que obtendrás puntos extra por ser original, pero intenta también hacer el mayor número posible de dibujos. El objetivo es dibujar tantas cosas diferentes como puedas y tantas cosas originales como puedas en el periodo de tiempo de cinco minutos. Una vez que tengas todo listo y el temporizador ajustado, dale al botón de inicio y pasa la página.

TEST DE CREATIVIDAD

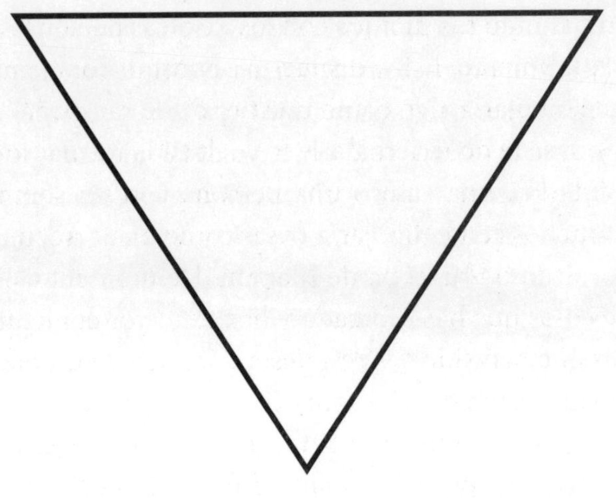

Cuando se acabe el tiempo, cuenta cuántos dibujos diferentes has creado en estos cinco minutos. En el laboratorio, esta prueba también se puntuaría en función de la originalidad de cada elemento, comparando tus dibujos con los de otras personas que han realizado experimento. Estoy dispuesta a apostar, por ejemplo, que mucha gente dibujaría algo como una tienda de campaña, un cono de helado y, si se te ocurriera darle la vuelta a la forma (lo cual no estaba prohibido), una casa o una persona con un sombrero de fiesta. Pero menos gente dibujaría cosas como un zorro, un estegosaurio, un volcán o una copa de Martini. De momento, cuenta el número de cosas que has dibujado y haz tu mejor conjetura sobre lo inusuales que han sido tus respuestas. Dentro de un rato hablaremos de lo que esto nos dice sobre ti.

Pero primero hagamos otra prueba. Se encuentra a medio camino entre la primera prueba superdifícil y la segunda, que era más divertida y creativa. Algunos de los elementos de esta prueba son ciertamente difíciles, como la prueba de memoria de trabajo, pero, en mi opinión, ¡son mucho más divertidos de resolver! Los ítems de esta prueba se tomaron prestados del *Compound remote associates test*, creado por Edward Bowden y Mark Jung-Beeman. Cada pregunta contiene tres palabras. Tu objetivo es encontrar una cuarta palabra que enlace las otras tres palabras creando frases conocidas o palabras compuestas. Por ejemplo, si te doy la lista «*cottage*, suizo y pastel», ¿puedes encontrar una cuarta palabra que forme una combinación significativa con las otras tres? La respuesta en este ejemplo sería «queso», porque «queso *cottage*», «queso suizo» y «tarta de queso» son cosas.

Para esta prueba también necesitarás un bolígrafo o un lápiz, una hoja de papel y un cronómetro. Hay diez ítems, así que puedes numerar el papel del 1 al 10 para saber en qué punto te encuentras. Me gustaría que no emplearas más de treinta segundos en encontrar la respuesta a cada problema. Pero también hay una trampa: me gustaría que tomaras nota de cómo se te ocurren las respuestas. Si la cuarta palabra te viene a la cabeza con un «¡Ajá!», marca con un signo + junto a la respuesta. Si, por el contrario, tienes que buscarla de forma más sistemática, por ejemplo, pensando en todas las palabras que sabes que van con «suizo» y probándolas con las otras palabras, pon un tic junto a tu respuesta. Estos problemas se van complicando a medida que avanzas, así que no te preocupes si no los resuelves todos. He incluido un rango de dificultad a propósito.

TEST DE ASOCIACIONES REMOTAS

1. lectura/fútbol/golf
2. eléctrica/ruedas/plegable
3. marca/amarillas/web
4. helado/ocho/nieve
5. rompe/lava/perder
6. man/glue/estrella
7. María/turco/gel
8. inglesa/judo/maestra
9. traga/Casal/ultravioleta
10. sellados/leer/pinta

Cuando hayas terminado, pasa la página para ver cuántas has acertado.

SOLUCIONES DEL TEST DE ASOCIACIONES REMOTAS

1. club
2. silla
3. página
4. bola
5. cabeza
6. súper
7. baño
8. llave
9. luz
10. labios

Después de comprobar tus respuestas, fíjate solo en las respuestas correctas y calcula tu ratio de comprensión dividiendo el número de elementos correctos que se asociaron a un momento de comprensión «¡Ajá!» entre los que se resolvieron trabajando en el espacio de forma sistemática. Como no se puede dividir un número por cero, sustituye el denominador por 1 si no resolviste ninguno de los problemas utilizando un método sistemático.

¿Cuán típico eres?

Ahora que he desgastado todos los rincones de tu mente y de tu cerebro, espero que sientas curiosidad por saber qué tiene que ver tu rendimiento en estas pruebas con cómo está sincronizado tu cerebro. De hecho, cada una de estas pruebas se ha relacionado, de un modo u otro, con diferencias individuales en la frecuencia de comunicación dominante de tu cerebro, que recibe el apropiado nombre de alfa.[11] En mi cerebro, la preferencia se muestra por el pico agudo a 12 Hz. Como primer paso, vamos a averiguar qué nos pueden decir estas pruebas sobre el ritmo preferido de tu cerebro.

En primer lugar, vamos a utilizar tu puntuación en la prueba de memoria de trabajo para obtener una estimación de la rapidez con la que a tu cerebro le gusta oscilar, al menos cuando estás en un estado de relajación y deambulación mental. Como dice J. K. Simmons en la película *Whiplash*: «¿Te estabas acelerando o ibas rezagado?». Según un amplio estudio de Richard Clark y sus colegas, que midió la frecuencia alfa y la capacidad de la memoria de trabajo en 550 personas de tres países diferentes, cuantos más elementos puedas retener en tu memoria de trabajo, más rápida será probablemente tu frecuencia alfa. Según sus datos, la puntuación media en esta prueba de memoria de trabajo se sitúa en

[11] En realidad, la gama de frecuencias alfa recibió su nombre simplemente porque fue la primera oscilación neuronal que se descubrió. No es de extrañar, dada su prevalencia en el cerebro. Cuando una persona se encuentra en un estado de relajación, a menudo se pueden ver ondas alfa a simple vista en sus grabaciones de EEG sin necesidad de descomposición matemática.

torno al 5. Para ser un poco más concretos, el 68 % de las personas de entre once y treinta años habrán obtenido una puntuación entre 3,5 y 7, y sus frecuencias alfa máximas oscilarán entre 8,5 y 11 Hz. Aunque la probabilidad de obtener una puntuación alta en esta prueba disminuye con la edad, los resultados de este estudio[12] mostraron que la relación entre la frecuencia alfa y la capacidad de memoria de trabajo es constante a lo largo de todo el periodo de edad. En concreto, los autores afirman que cada aumento de 1 Hz en la frecuencia alfa de una persona corresponde a la capacidad de retener 0,2 elementos más en la mente, de media. De modo que el 32 % restante de vosotros, cuya memoria de trabajo se sitúa en un rango superior (de 7 a 9 elementos) o inferior (3 elementos o menos), también es probable que tengan frecuencias alfa preferidas, o «pico», superiores a 11 Hz o inferiores a 8,5 Hz, respectivamente. Como ya has visto, cuanto más te acerques a los extremos, menos típico será tu patrón de orquestación cerebral.

Ahora vamos a dejar la prueba de creatividad, pero volveremos a ella. Hablemos por un momento de tu rendimiento en el *Compound remote associates test*. La dificultad general de estos problemas aumenta a medida que se pasa de la parte superior de la lista, que incluye elementos que fueron resueltos por más del 80 % de los estudiantes universitarios dentro de la ventana de tiempo de treinta segundos, a la parte inferior de la lista, que fueron resueltos por el 10 % o menos de ellos. Al menos un estudio ha demostrado que la capacidad de las personas para resolver estos problemas está correlacionada con su capacidad de memoria de trabajo y sus habilidades de razonamiento fluido. Así que aquellos de vosotros que encontrasteis las respuestas a la mayoría de estos problemas, probablemente también obtuvisteis una puntuación superior a 5 en la prueba de memoria de trabajo.

Pero lo que realmente me interesa aquí es saber qué porcentaje de las veces llegaste a las respuestas correctas en un momento

---

[12] Por término medio, el grupo de edad de 31 a 50 años, en el que me encuentro con orgullo, recuerda aproximadamente un elemento menos, por término medio, que el grupo más joven, mientras que los de 51 recuerdan por término medio 1,5 elementos menos que los de treinta y pocos.

de «¡Ajá!» frente a un proceso de búsqueda deliberada. Según un estudio reciente que Brian Erickson y sus colaboradores han realizado con 51 adultos jóvenes diestros, el grado en que las personas llegan a las respuestas a problemas como estos a través de la intuición frente a los procesos de búsqueda deliberada parece ser una característica bastante estable. Para evaluarlo, plantearon a sus participantes distintos tipos de problemas, entre los que se incluían puzles compuestos como los que te he planteado y anagramas —palabras o frases desordenadas como «SENPAR» que hay que volver a ordenarse para deletrear una palabra real— con un intervalo aproximado de dos semanas de diferencia. Al igual que hice yo anteriormente, también pidieron a los participantes que indicaran si habían encontrado cada respuesta mediante una búsqueda deliberada o en un momento de intuición. Curiosamente, encontraron una correlación positiva significativa entre ambas tareas. En concreto, el porcentaje de tiempo que una persona empleaba a la resolución deliberada de problemas para un tipo de tarea explicaba casi el 30 % de la variación en la frecuencia con la que usaría la misma estrategia para resolver un problema totalmente distinto semanas después.

Los diferentes estilos de resolución de problemas se asociaron con distintos patrones de sincronización neuronal extraídos de la activación cerebral en reposo de estos participantes. En concreto, las personas que tienden a confiar en la perspicacia mostraron una mayor proporción de comunicación en las longitudes de onda de baja frecuencia, de 4 Hz a 14 Hz, especialmente en las regiones del hemisferio izquierdo relacionadas con el lenguaje.[13]

En conjunto, estas dos pruebas proporcionan información complementaria sobre la rapidez de tu ritmo neuronal dominante y la intensidad de tu sincronización en los canales de comunicación de baja y alta frecuencia. Ten en cuenta que las dos pruebas que hemos analizado hasta ahora proporcionan distintos tipos de información. Volviendo al gráfico de mis ondas cerebrales, puedes

[13] Como recordatorio, todos ellos eran diestros, por lo que asumo que la mayoría tenían funciones lingüísticas dominantes en la izquierda.

imaginar que una persona con una gran capacidad de memoria de trabajo podría tener un pico alfa muy rápido —que correspondería a la posición a la derecha del gráfico en la que se encuentra el pico marcado con un rombo negro— y, al mismo tiempo, tener una cantidad alta o baja de comunicación en los canales de baja frecuencia, lo que correspondería a la altura del pico y a la altura de la línea a la izquierda de dicho pico. En la próxima sección, hablaremos un poco más sobre las implicaciones más amplias de tener cerebros con estos diferentes perfiles de comunicación.

¿Cómo te sintonizas?

Para entender mejor cómo influye tu orquestación neuronal en tu forma de pensar, sentir y comportarte, te tengo que explicar una última cosa que hace que la versión de teléfono de tu cerebro sea mucho más compleja que el juego original. Recuerda que, en el juego de los niños, un mensaje viaja alrededor del círculo, empezando y terminando con el mismo niño «emisor». Pero en la versión cerebral del juego, dos mensajes pueden viajar alrededor del círculo en direcciones diferentes. Un tipo de mensaje procede de las neuronas que entran en contacto con el mundo exterior a través de los sentidos y se comunican en longitudes de onda de alta frecuencia. Llamamos a estas señales procesos «ascendentes», porque su objetivo es guiar tu comprensión del mundo y tus decisiones al respecto desde la base, basándose en su mejor comprensión de lo que ocurre a tu alrededor en tiempo real. El otro tipo de mensaje se origina en tu «centro de control» del lóbulo frontal,[14] donde los canales de baja frecuencia pueden utilizarse para reunir diferentes grupos de neuronas por equipos, dependiendo de tu objetivo o plan actual. Llamamos a estas señales procesos «descendentes», porque su objetivo es imponer orden en tus pensamientos, sentimientos y acciones.

Los objetivos de estos distintos tipos de señalización pueden compararse a dos formas de montar un rompecabezas. Las señales

[14] Esta parte de su cerebro será parte del enfoque de nuestro próximo capítulo.

ascendentes de alta frecuencia intentan averiguar qué aspecto tiene el puzle juntando las piezas de colores y formas similares y construyéndolo desde cero. Las señales descendientes de baja frecuencia miran la imagen de la caja y deciden dónde deben colocarse las piezas que tienen delante, basándose en esta «idea» o «plan» de cómo debe ser el puzle.

Por supuesto, esto aumenta aún más la dificultad de la versión cerebral del teléfono. En un momento dado, la información de tu mundo interior y exterior compite por dirigir tus pensamientos, sentimientos y comportamientos. Y ya has aprendido lo que sucede cuando las ondas de baja frecuencia chocan con las de alta frecuencia. Entonces, ¿cómo se relaciona esto con lo que has aprendido sobre tus ritmos neuronales en las evaluaciones?

Lo primero que hay que tener en cuenta es que la longitud de onda de baja frecuencia preferida por el cerebro para comunicarse parece corresponder a la velocidad a la que las neuronas sensoriales transportan «paquetes» de información a tu mundo interior. Como ya sabes, los grupos más grandes de neuronas del mundo interior de la mayoría de las personas oscilan entre los ruidos atronadores y el silencio a una velocidad de entre 7 y 14 ciclos por segundo. Como los estruendos pueden ahogar fácilmente a los grupos más pequeños de neuronas del mundo exterior que emiten chirridos, estas últimas tienden a funcionar como puertas. Los «píos» solo se oyen mejor en los momentos de silencio entre los estruendos.

Quizá la mejor evidencia de la relación entre la velocidad de la frecuencia alfa de una persona y su ritmo de muestreo del mundo exterior proceda de un estudio de Roberto Cecere y sus colegas. Los investigadores se interesaron por la forma en que los distintos cerebros podían entender la información sensorial en continuo cambio en función de la velocidad a la que sus ritmos alfa permitían la entrada de «paquetes» del mundo exterior. Para comprobarlo, jugaron con una ilusión visual conocida que se produce cuando un único destello de luz se presenta en sincronía con el primero de dos tonos auditivos discretos. En general, cuando los tonos están separados entre sí unos 100 milisegundos, muchas personas creen ver dos destellos de luz, aunque solo se presente uno. Observando que este efecto es mayor cuando los tonos se presentan cada 100 milisegundos, que es el mismo ritmo que la frecuencia alfa más común (10 Hz), los investigadores se preguntaron si las personas con diferentes frecuencias alfa preferidas experimentarían la ilusión con diferentes grados de espaciamiento entre los tonos.

El razonamiento subyacente implica la colisión de los flujos de procesamiento de información descendente y ascendente. Para ser más específicos, cuando dos informaciones se presentan más o menos al mismo tiempo —lo que definiremos como ocurrir dentro de la misma ventana alfa—, es más probable que las neuronas descendentes del mundo interior las integren en un solo objeto mental. ¿Conoces el razonamiento de «si camina como pato, nada como pato y suena como pato, probablemente sea un pato»? Debido a que el primer tono y el destello de luz se producen exactamente al mismo tiempo, tus neuronas del mundo interior los interpretan como un único acontecimiento que ocurre en el mundo «exterior».[15] La pregunta es la siguiente: ¿qué hace tu cerebro con el segundo tono? La idea aquí es que si el segundo sonido se emite en el mismo paquete alfa, tus neuronas descendentes lo perciben como parte del primer acontecimiento. Pueden entender con precisión el estímulo como un solo destello de luz que coincide con dos sonidos. Pero cuando el segundo sonido viene en un paquete alfa diferente, por sí solo, es más probable que tus neuronas del mundo interno «rellenen el espacio en blanco». Como creen que la luz y el sonido proceden de una única fuente, «asumen» que debe de haber habido dos de estas experiencias y crean la ilusión del segundo destello de luz.

Para probar esta hipótesis, Cecere y sus colaboradores midieron la frecuencia alfa individual preferida de cada participante a

[15] Basándote en lo que has aprendido hasta ahora, ¿puedes adivinar qué hemisferio tendría más probabilidades de integrar la información procedente de tus ojos y tus oídos en un único evento?

partir de grabaciones de su cerebro en reposo. A continuación, les mostraron una serie de pruebas en las que se encendían luces y se escuchaban tonos, y les pidieron que indicaran cuántos destellos de luz veían. Esta vez, en las difíciles condiciones de «una luz con dos tonos», variaron el tiempo entre tonos en incrementos precisos de 12 milisegundos. Tal y como predijeron, los datos mostraron una estrecha relación entre la frecuencia alfa de cada individuo y la cantidad de tiempo entre tonos que daría lugar a la ilusión de un segundo destello. Específicamente, como las personas con frecuencias alfa preferidas más rápidas tenían tasas de muestreo más rápidas, era más probable que vieran la ilusión cuando los tonos ocurrían más cerca en el tiempo; mientras que las personas con frecuencias alfa más lentas eran más propensas a ver la ilusión cuando los tonos ocurrían más separados en el tiempo.

¿Por qué puede estar relacionada esta frecuencia de muestreo con la capacidad de la memoria de trabajo? Aunque se trata de un campo de investigación todavía en curso, una posibilidad es que la velocidad a la que las neuronas del mundo interior pueden recibir nueva información del mundo exterior también esté relacionada con la velocidad a la que pueden actualizar los fragmentos de información que intentan retener. Podrías pensar en esto como si fuera un acto de malabarismo mental, en el que las cosas que intentas retener en tu conciencia —como los números o las letras— son las pelotas con las que haces malabares. La gravedad que arrastra las pelotas hacia el suelo es el proceso del olvido y, como sugiere la metáfora del malabarismo, el contenido de la memoria de trabajo se «cae» rápidamente si no se actualiza. La metáfora del malabarismo también refleja el hecho de que hay un número finito de «cosas» con las que se puede hacer malabarismo, que es la capacidad que poseemos cada uno de nosotros. Y como habrás notado durante la prueba, a veces, cuando consigues añadir un número o una letra más de los que puedes manejar, todos los anteriores parecen caerse de tu memoria, no solo ese extra. Tener una frecuencia alfa más rápida es como tener unas manos más rápidas, aunque la gravedad se mantenga constante, puedes mantener más pelotas en el aire si necesitas menos tiempo para lanzar cada una hacia arriba.

Aunque admito que ser capaz de hacer malabarismos con muchas bolas mentales suena atractivo, uno de los costes potenciales de tener una frecuencia de muestreo más rápida es que habría menos información viajando al mundo interior en cada paquete. ¿Podrían las personas con frecuencias alfa más lentas, con ventanas temporales más largas de información agrupada en cada paquete, ser capaces de establecer conexiones más amplias?

Las investigaciones de Bazanova y Aftanas, que midieron la creatividad utilizando una tarea similar a la prueba del triángulo que te he dado, sugieren que puede ser así. En su estudio, se registraron las frecuencias alfa preferidas en 98 individuos, que luego completaron una prueba estandarizada de creatividad. Durante la prueba, cada persona recibió muchas versiones diferentes de la tarea del triángulo, en la que se les pedía que hicieran tantos dibujos como fuera posible utilizando una forma específica, en intervalos de cinco minutos. El rendimiento en la prueba se valoró tanto en términos de fluidez —es decir, cuántos dibujos diferentes se le ocurrían a una persona, de media, en un periodo de cinco minutos—, como de originalidad, es decir, lo poco frecuente que era una respuesta determinada. Por ejemplo, la imagen de una casa con tejado triangular se consideraría menos original que la de un estegosaurio con escamas triangulares en la espalda. Sus datos mostraron que, en general, las personas con frecuencias alfa más rápidas producían más respuestas en general, pero las personas con frecuencias alfa más lentas producían respuestas más originales o eran más creativas. En otras palabras, ¡la velocidad no lo es todo!

Una vez más, la moraleja de la historia es que lo diferente no equivale necesariamente a mejor o peor. En la próxima sección, resumiremos lo que has aprendido sobre cómo está orquestado tu cerebro y cómo se relaciona con los otros aspectos de tu diseño. Con esta información en mente, estarás listo para llevar a tu cerebro a la aventura y explorar las maneras en que los distintos cerebros llevan a cabo las tareas fundamentales que tienen asignadas.

RESUMEN: PENSAR EN DIFERENTES LONGITUDES DE ONDA DETERMINA LA FORMA EN QUE MANEJAMOS LA INFORMACIÓN DEL MUNDO INTERIOR Y EXTERIOR

Las evaluaciones de este capítulo aportan dos datos complementarios sobre el funcionamiento de tu cerebro. Con cuantos más elementos hayas sido capaz de «hacer malabares» en la prueba de memoria de trabajo, más rápida será probablemente la frecuencia de muestreo del mundo interno que prefiere tu cerebro. Pero las investigaciones sobre creatividad sugieren que las personas que pueden hacer malabarismos con muchas actividades mentales a la vez pueden producir muchas ideas, pero una menor parte de ellas estarán «fuera de lo común» en comparación con aquellas cuyo cerebro tiene una mayor actividad en frecuencias más bajas. Y aquellos de vosotros cuyos cerebros se comunican más intensamente en frecuencias más bajas también son más propensos a confiar en la intuición cuando intentan resolver problemas que aquellos que confían menos en estos canales de comunicación más lentos y son más propensos a emplear estrategias de resolución de problemas más deliberadas.

Aunque no hemos hablado mucho de cómo se sincroniza el cerebro en una frecuencia particular, voy a sonar como un disco rayado cuando implique tanto a la naturaleza como a la educación. Y dado que los circuitos de comunicación de alta frecuencia responden principalmente al entorno que nos rodea, probablemente no te sorprenderá saber que son nuestros sistemas de comunicación de baja frecuencia con el mundo interior los que más se heredan. De hecho, los datos recogidos en más de 500 pares de gemelos sugieren que la friolera del 81 % de la varianza en la frecuencia alfa preferida se explica por factores genéticos. No obstante, como también demostró el amplio estudio sobre la memoria de trabajo de Clark y sus colegas, nuestras frecuencias alfa preferidas cambian a lo largo de nuestras vidas.

Desde la infancia, hasta que alcanza su ritmo más rápido en torno a los veinte años, la frecuencia alfa media aumentará unos 5,5 Hz, duplicando su velocidad en la mayoría de nosotros. El envejecimiento posterior parece disminuir nuestros ritmos, aunque el grado de ralentización sigue siendo objeto de debate, con estimaciones que oscilan entre una ralentización de 0,5 Hz y 2,5 Hz a la edad de setenta años. Estoy segura de que hay diferencias individuales y que podrían estar relacionadas tanto con la genética como con el tipo de estilo de vida que lleva cada uno.

Por ejemplo, se ha demostrado que las prácticas de *mindfulness* o meditación influyen en la sincronización neuronal de manera muy interesante. Por supuesto, es importante señalar que la naturaleza de estas prácticas varía bastante, pero tienden a compartir un enfoque común en la orientación interna de la atención y la conciencia, en lugar de responder reflexivamente a los pensamientos o estímulos del mundo exterior. Los neurocientíficos llevan más de cincuenta años registrando las respuestas cerebrales de meditadores entrenados y novatos. Este vasto corpus de investigación muestra de forma abrumadora que cuando un individuo se encuentra en estado de meditación, sus frecuencias alfa se vuelven más altas, o más sincronizadas, y como resultado, se distraen menos con las intrusiones del mundo interior o exterior. Algunos datos también sugieren que durante la meditación, la frecuencia de muestreo de una persona, o frecuencia alfa individual, también se ralentiza. Pero las pruebas sobre si estas prácticas producen cambios duraderos en los ritmos neuronales son contradictorias. Aunque muchas investigaciones han demostrado que los meditadores expertos tienen patrones de activación cerebral diferentes de los novatos, la relación causal entre la experiencia meditativa y la función cerebral es difícil de determinar. ¿Las personas con neuronas más sincronizadas con el mundo interior son más capaces de aprender a meditar, o la práctica de la meditación cambia realmente la capacidad de una persona para controlar el flujo de información que entra y sale del mundo interior? Uno de los pocos experimentos que midió los cambios en la actividad cerebral de un mismo grupo de personas mientras aprendían a meditar demostró que tres meses de entrenamiento intensivo en meditación provocaban una ralentización significativa de su frecuencia alfa. Sin embargo, no todos los estudios sobre meditación muestran los mismos efectos, lo que puede sugerir que los distintos tipos de entrenamiento tienen consecuencias neuronales diferentes, o posiblemente que el tipo de entrenamiento en meditación que uno recibe interactúa con la forma en que su cerebro individual prefiere procesar la información. No obstante, el hecho de que la sincronización neuronal cambie durante los ejercicios de atención plena es mucho menos controvertido.

Las experiencias externas, como los videojuegos de acción, parecen influir en la comunicación neuronal en el otro extremo de la gama de frecuencias. Algunas investigaciones sugieren que los juegos pueden aumentar los picos de frecuencia alfa, al menos temporalmente. Y si eso no es lo tuyo, ¿puedo ofrecerte una taza de té o de café? De hecho, las investigaciones han demostrado que consumir 250 miligramos de cafeína (aproximadamente dos tazas de café) aumenta la frecuencia preferida de las neuronas del mundo interno y cambia el equilibrio de la sincronización neuronal del mundo interno a la del mundo externo.

Para resumir, aunque un gran porcentaje de la frecuencia de muestreo preferida por el cerebro está determinado genéticamente, el tipo de cosas que le pides que haga con regularidad también puede influir en la velocidad con la que tus neuronas sensoriales llevan la información actualizada a tu mundo interior sobre lo que ocurre a tu alrededor. Puede que hayas nacido con un determinado tipo de ingeniería cerebral, pero el entorno en el que se encuentra tu cerebro también tiene un efecto significativo sobre cómo funciona. Por ejemplo, las personas con cerebros más asimétricos parecen ser capaces de desarrollar módulos de procesamiento especializados en sus hemisferios izquierdos, mientras que sus hemisferios derechos tratan de asimilarlo todo y comprender el «panorama general». Sin embargo, no importa cuán asimétricos sean tus cálculos neuronales, necesitas tener experiencia con un determinado tipo de tarea o acontecimiento antes de que tu cerebro pueda intentar el enfoque de divide y vencerás. Del mismo modo, en el capítulo 2 demostramos que las influencias genéticas en los circuitos de comunicación de la dopamina o la serotonina se hacían más evidentes cuando se colocaba a personas en situaciones específicas.

Las diferencias en la comunicación de la dopamina entre extravertidos e introvertidos, por ejemplo, parecen estar ligadas a la forma en que sus cerebros responden a recompensas inesperadas, mientras que las diferencias entre personas con mecanismos de recaptación de serotonina más altos o más bajos parecen más evidentes cuando se les coloca en circunstancias estresantes.

En la segunda parte de este libro, vamos a darle la vuelta al problema naturaleza/crianza. En lugar de centrar nuestra atención en los diseños biológicos de los diferentes cerebros, vamos a discutir cómo los cerebros llevan a cabo las tareas fundamentales que todos los seres humanos necesitan para sobrevivir. Dicho de otra manera, si tu cerebro fuera un coche, pasaríamos de hablar de si tienes tracción a las cuatro ruedas a discutir los distintos caminos que puedes tomar para ir a trabajar. Si tu cerebro es un Honda Civic que consume poco y que tiene un buen equipo de música, quizá te convenga sentarte un rato y escuchar tu pódcast favorito. Por otro lado, si tu cerebro es un Subaru Outback, y puedes permitirte la gasolina y los neumáticos nuevos que tendrás que comprar si revientas uno, podrías plantearte ir en modo «todoterreno». En cuanto estés preparado, vamos a llevar a tu cerebro a una prueba de conducción en el mundo real.

PARTE 2

FUNCIONES CEREBRALES

Cómo los cerebros diseñados de manera diferente nos impulsan

Mi primer recuerdo es el momento exacto en el que me di cuenta de que bajar las escaleras en triciclo era una mala idea. Por desgracia para todos, ese proceso mental no se dio hasta que ya había decidido hacerlo (mental y físicamente). Tengo un vago recuerdo de haber sacado el triciclo de mi habitación y haberme puesto junto a él en lo alto de las escaleras. Debí de detenerme allí un segundo para «pensar» en lo que estaba haciendo, porque recuerdo que miré hacia abajo, a la escalera enmoquetada que tenía delante. Desde la perspectiva de un niña pequeña, ese momento pareció eterno. Lamentablemente, a mis dos años y medio, carecía tanto de la experiencia vital como de los conocimientos de física necesarios para darme cuenta de que el giro de noventa grados en la parte inferior de la escalera podía crear un problema. Lo siguiente que recuerdo —vívidamente— es que mientras me acercaba a la pared a 160 kilómetros por hora (para mí fue así de rápido), tuve lo que probablemente fue mi primer momento de: «Oh, mierda...». Después, fundido a negro.[1]

Desde el punto de vista ventajoso que proporcionan cuarenta y seis años de experiencia vital, parece totalmente apropiado que mi historia, tal y como la registra mi cerebro, comience con un fallo épico. Espero, al menos por el bien de tus cuidadores, que el comienzo de tu historia sea un poco menos Evel Knievel. Pero ¿qué te puedo decir? Se vive y se aprende. Y con un poco de suerte, y un montón de procesamiento cerebral, estas cosas suelen funcionar así.

De hecho, vivir y aprender constituyen el núcleo de la segunda mitad de este libro. Desde las actividades más mundanas, como calcular el ángulo de giro de la bicicleta a una velocidad determinada, hasta las decisiones más trascendentales de la vida, como averiguar si una determinada elección nos traerá más alegría o más dolor, el cerebro dedica cada momento de vigilia a elaborar algoritmos de resolución de problemas y toma de decisiones. Y, por supuesto, cada cerebro lo hace de una forma distinta.

Por ejemplo, una de las tareas más importantes del cerebro es decidir cuál de los miles de datos que lo bombardean en un momento dado es el más importante. En el próximo capítulo, «Enfoque», analizaremos cómo los distintos tipos de diseños cerebrales de los que hemos hablado se relacionan con los tipos de información que pueden captar su atención. Como aprenderás, esto tiene grandes implicaciones para el funcionamiento de tu cerebro. Influye en qué parte de una experiencia es más probable que recuerdes, qué aprenderás de ella y si es probable que tomes una decisión diferente en el futuro. Está claro que el hecho de que aún recuerde el incidente de la escalera sugiere que mi cerebro claramente esperaba que fuera un momento de aprendizaje en mi vida.

Después, en el capítulo 5, hablaremos de cómo son realmente los momentos de aprendizaje. Aunque es probable que muchos de vosotros tengáis una idea preconcebida de qué tipo de alumno sois,

---

[1] Por suerte, no recuerdo haberme golpeado contra la pared ni contra el suelo, aunque debió de dolerme muchísimo porque me rompí una pierna.

la gran mayoría de las cosas que aprendemos en la vida no están escritas en los libros ni se enseñan en las aulas. De hecho, todas las experiencias vividas cambian físicamente el cerebro, lo que da lugar a un cerebro afinado para funcionar en los entornos que lo moldearon inicialmente. Y creo que te sorprenderá saber qué cuenta como experiencia (desde la perspectiva de tu cerebro, claro). En última instancia, estas experiencias moldean fundamentalmente la forma en que vemos el mundo que habitamos, así como la forma en que entendemos a las personas y las situaciones con las que no tenemos mucha experiencia previa.

Al fin y al cabo, la razón por la que el cerebro trabaja tanto para adaptarse a su entorno y aprender en qué concentrarse es para poder tomar mejores decisiones. Como aprenderás en el capítulo 6, los circuitos de dopamina que conociste en el capítulo 2 desempeñan un papel particularmente importante a la hora de ayudar a las personas a aprender sobre los resultados de sus decisiones. Pero otros circuitos cerebrales paralelos también impulsan la toma de decisiones de formas diferentes, y ciertos resultados influyen más en unas personas que en otras. Por ejemplo, puedo afirmar con seguridad después de varias aventuras por las escaleras algo más exitosas, que las escaleras pueden ofrecer una variedad de oportunidades emocionantes. También hablaremos de cómo utilizamos nuestros recuerdos para construir mapas de nuestro conocimiento del mundo y de nuestro lugar en él, tanto en sentido literal como figurado. Cuando lo hacemos, confiamos en la poderosa capacidad narrativa de nuestro cerebro para extraer patrones y utilizarlos para hacer inferencias que vinculen lugares y acontecimientos en nuestras experiencias de manera significativa.

Pero ¿qué ocurre cuando la estrategia falla? ¿Y si lo que pensabas que iba a ocurrir, basándote en tus experiencias anteriores, no ocurre? ¿Y si te encuentras en un entorno al que no te has adaptado previamente y no sabes qué esperar? En el capítulo 7, hablaremos de los procesos cerebrales que crean la curiosidad y de los comportamientos que impulsan a los cerebros a intentar rellenar las lagunas de su conocimiento cuando se encuentran con ellas. ¿Cómo decide tu cerebro si hay peligros acechando en esas aguas inexploradas? En cualquier situación verdaderamente desconocida, siempre existe la posibilidad de aprender algo nuevo y útil, o de encontrar algo que podría hacerte daño física o psicológicamente. Como verás más adelante, existen tanto diferencias individuales estables como influencias situacionales que determinan hasta qué punto un cerebro está dispuesto a asumir el riesgo y explorar territorio desconocido.

Por último, pero no por ello menos importante, hablaremos de uno de los territorios más importantes que nunca podremos explorar: lo que hay en la mente de otra persona. En el capítulo 8 describiré las formas fundamentalmente diferentes en que nuestros cerebros intentan comprender a los demás. Después de haber descubierto hasta qué punto el diseño de tu cerebro influye en tu forma de entender el mundo, no te sorprenderá saber que los neurocientíficos sociales han hallado pruebas fehacientes de homofilia en el cerebro, es decir, que tendemos a juntarnos con otras personas cuyos cerebros funcionan de forma muy parecida a la nuestra, y esto se debe probablemente a que nuestra forma instintiva de entendernos es ver a los demás como espejos de nosotros mismos. Por supuesto, cuando aplicas esta táctica a una persona cuyo cerebro no funciona como el tuyo, las cosas pueden ir mal. Por ejemplo, como mi madre es una persona práctica, no había nada en su experiencia vital que la preparara para el hecho de que yo intentara bajar las escaleras en triciclo. Irónicamente, la razón por la que subió mi triciclo a mi habitación con mis otros juguetes fue porque temía que alguien tropezara con él. ¡Ups!

Pero basta de hablar de mí y de mi curva de aprendizaje (más bien plana). Ahora que ya sabes algo sobre el diseño de tu cerebro, es hora de ponerlo en marcha y ver si podemos obtener más información sobre cómo realiza estas importantes funciones diarias. Y tanto si decidimos subir por las escaleras como si no,

CAPÍTULO 4

ENFOQUE

Cómo las señales compiten por controlar tu mente

Si el subtítulo de este capítulo te pone un poco nervioso, créeme, no eres el único. Cuando le hablo a la gente de mi trabajo diario, suelen surgir preguntas sobre «control mental» y «leer la mente de las personas». Para ser justos, no me lo puse nada fácil cuando, en agosto de 2013, conecté el cerebro de Andrea al de nuestro amigo y colega Rajesh Rao para que pudieran jugar juntos a un videojuego en el campus. Para ser un poco más específica, con el consentimiento de Andrea (por supuesto), le cedí al cerebro de Rajesh el control de la parte de la corteza motora de Andrea que mueve su mano. Mientras Rajesh jugaba a un videojuego desde el edificio de informática, en un lado del campus, registramos la actividad eléctrica de la parte de su cerebro encargada de controlar su mano derecha. Como el simple acto de pensar en mover la mano cambia el equilibrio entre la comunicación de ondas lentas y las frecuencias más rápidas utilizadas para percibir e interactuar con el mundo, nuestro algoritmo informático aprendió a detectar cuándo Rajesh quería mover la mano.[1] Y cuando eso ocurría, el ordenador enviaba una señal a través de Internet a nuestro laboratorio del Instituto de Ciencias del Aprendizaje y del Cerebro, al otro lado del campus, que activaba nuestra máquina de EMT. Como recordarás del capítulo 1, la EMT es una máquina que utiliza campos magnéticos para inducir pequeñas corrientes eléctricas en el cerebro. Como había colocado la espira de EMT sobre la corteza motora izquierda de Andrea, cuando Rajesh pensó en mover su mano derecha, la mano derecha de Andrea se movió. Y como la mano de Andrea estaba apoyada en el teclado, Rajesh pudo jugar al videojuego utilizando a Andrea como un *joystick* sobrecualificado. Aunque la experiencia se ha recreado varias veces, si te interesa verla, te recomiendo que busques la grabación original en YouTube.[2] Tras esta hazaña, nos convertimos en el primer equipo del mundo en demostrar que se podía transferir información directamente de un cerebro humano a otro. Por desgracia, también asustamos a mucha gente cuando lo hicimos.

Pero aún me resisto a decir que Rajesh controlaba la mente de Andrea. Mi experiencia como receptora de una interfaz cerebro-cerebro es que la experiencia consciente se parece mucho más a un reflejo que a la incepción de un pensamiento. Ni siquiera eres consciente de que tu mano se está moviendo hasta que la sientes o escuchas el clic del teclado que está pulsando. Estamos muy lejos de poder transferir el deseo de pulsar un botón de un cerebro a otro.

Soy consciente de que esto no alivia mucho tu sospecha de que soy una científica malvada que controla mentes, y no te culpo por ello.[3] De hecho, si quieres profundizar en los debates éticos que rodean a las tecnologías de interconexión cerebral, te recomiendo encarecidamente el documental *I Am Human*, en el que se analiza

---

[1] Vale, lo admito. Es parecido a leer la mente.

[2] Mi principal contribución a este vídeo consiste en una carcajada fuera de cámara en el minuto 1 y 18 segundos.

[3] ¡Y los que saben lo bueno que es Andrea probablemente estén aún más convencidos de que, de una manera u otra, le he hechizado!

nuestro trabajo junto con otras tecnologías de ingeniería neural.[4] Mientras tanto, como no quiero que la idea de que controlo la mente de mi marido te distraiga de aprender a controlar la tuya propia, ten en cuenta los siguientes datos sobre la interconexión cerebral humana: en primer lugar, toda la tecnología de la que disponemos para introducir información en un cerebro de forma no invasiva es muy rudimentaria en comparación con la resolución de un pensamiento real. Con un pulso magnético, podemos hacer que tu dedo se mueva o incluso que «veas» un destello de luz que no existe. Pero estamos mucho más lejos de lo que la mayoría de la gente imagina de ser capaces de inducir cualquier tipo de percepción sofisticada, por no hablar de ser capaces de crear transmisiones de pensamientos similares a las de la película *Origen*. En segundo lugar, no es posible utilizar ninguna de estas tecnologías sin el conocimiento del receptor, ni siquiera sin su consentimiento. Como se puede ver en el vídeo de YouTube, tanto Andrea como Rajesh están sentados muy quietos, uno bajo un gorro que lee sus ondas cerebrales y el otro bajo una espira que se ha colocado cuidadosamente sobre un punto concreto de su cabeza, con precisión centimétrica. Claro que podría utilizar la fuerza bruta para obligar a alguien a participar en estos experimentos, pero sería mucho más fácil y eficaz obligarle a hacer cualquier otra cosa malvada (¿robar un banco?) que uno pueda sospechar que estoy intentando que haga. Y esto me lleva al tercer punto, que es fundamental en este capítulo: ¿cuánto sabes sobre lo que controla tu mente? Basta con decir que hay un montón de señales de «control mental» en el ambiente constantemente. Y tienen una influencia mucho más fuerte sobre ti de lo que imagino que nunca tendrán las interfaces cerebrales más directas. Tanto si estás viendo a una supermodelo en bikini comer una hamburguesa durante un anuncio de la Super Bowl como si estás leyendo sobre el «*Pizzagate*» en Internet, las palabras y las imágenes que bombardean nuestros cerebros a la «vieja usanza» tienen

[4] La película también refleja la sofisticación intelectual y el corazón de sus brillantes directoras, Taryn Southern y Elena Gaby.

una enorme influencia en nuestra forma de pensar, tanto individual como colectiva.

Aunque comprendo perfectamente que alguien se sienta incómodo ante la idea de que una persona o un mensaje externos puedan influir en sus pensamientos (y, por ende, en su comportamiento), también estoy en paz con el hecho de que la mayoría de la gente tiene muy poca idea de lo que controla su mente. ¿Qué significa tener el control de tu propia mente? ¿Y qué papel desempeña la conciencia en el proceso? Preguntas como estas han ocupado los cerebros de los filósofos durante siglos. Y aunque los neurocientíficos todavía tenemos trabajo que hacer, cada día aprendemos más sobre la relación entre los distintos tipos de conciencia y control. En la siguiente sección, trataremos los conceptos básicos sobre las distintas formas en que la información puede captar tu atención y cómo esto se relaciona con el control mental.

Comprender la relación entre concentración y control mental

Lo primero que me gustaría señalar es que hay diferentes formas en las que un trozo de información puede entrar en tu conciencia y captar tu atención, y que entran dentro de una jerarquía de situaciones de «control mental». En la base de esta jerarquía se encuentran los procesos involucrados en el tipo de enfoque reflexivo. Este es el espacio en el que algún dato capta tu atención, independientemente de lo que quieras hacer en ese momento. Tanto si estás rumiando alguna preocupación como si giras la cabeza para centrarte en una ardilla que se mueve en tu visión periférica, este tipo de control mental se produce cuando el cerebro sopesa automáticamente las señales que se van pasando en su juego del teléfono y les asigna algún tipo de prioridad en función de lo que considera importante.[5]

En el medio de la jerarquía es donde se produce una focalización más controlada y flexible. Aquí, la información que mantienes en

[5] Aprenderás más sobre cómo funciona esto en el próximo capítulo.

tu memoria de trabajo puede utilizarse para guiar tu atención en el nivel inferior. El ejemplo de la lectura de un párrafo del capítulo 3 muestra cómo funciona este tipo de focalización. En un caso, la atención se centra en el significado de las palabras. En otra, se centra en la puntuación. Y en la tercera, son los sonidos de las palabras los que captan tu atención. Este es el costoso sistema cerebral en el que tus pensamientos conscientes pueden utilizarse para anular tus formas más automáticas de priorizar la información. Y si alguien te pide que prestes atención, esto es lo que le está pidiendo a tu cerebro.

Por último, en la cima de la jerarquía se encuentran los procesos involucrados en la autoconciencia. Aquí es donde el «ojo de nuestra mente» apunta hacia dentro y trata de evaluar si la forma en que hacemos las cosas nos acerca o no a los objetivos que nos hemos propuesto. Aquí, el cerebro intenta responder a preguntas como «¿He estudiado lo suficiente para sacar un sobresaliente en ese examen?» o «¿Por qué sigo perdiendo los nervios en esta situación?», analizando las partes de su propio procesamiento de las que somos conscientes.

Aunque cada uno de estos tipos de enfoque se basa en cálculos diferentes, todos comparten una limitación común: solo podemos ser realmente conscientes de muy pocas cosas a la vez.[6] Independientemente de cómo llegue la información «ahí dentro», es decir, a ese lugar de tu mente consciente que te permite decir «estoy pensando en X», una vez que está ahí, algo más queda fuera. Así que las cosas que notamos reflexivamente, nuestros intentos de controlar lo que notamos y nuestros procesos mentales de introspección compiten por el acceso a ese espacio de trabajo consciente de capacidad limitada. Y, por supuesto, el grado en que tus pensamientos conscientes se vean cautivados por estos diferentes

[6] El número exacto de cosas en las que se puede pensar a la vez depende de lo que se considere «cosa», de lo que se considere «pensamiento» y de cómo se defina «a la vez». Si se define «cosa» como algo que se puede sacar de un contexto y manipular de algún modo, «pensamiento» como algo que requiere un conocimiento consciente y puede ejercer control sobre otros procesos, y «a la vez» como algo que ocurre exactamente en el mismo momento, el número oscila entre una y cuatro cosas.

tipos de enfoque variará en función del diseño de tu cerebro y de la forma en que las experiencias de tu vida lo hayan moldeado. En la siguiente sección, hablaremos un poco sobre lo que hemos aprendido acerca de la relación entre el diseño del cerebro y el grado en que estos diferentes tipos de «control mental» pueden influir en los pensamientos de un individuo.

Enfoque desigual

Parece apropiado empezar nuestro debate sobre el funcionamiento de los distintos cerebros de la misma forma que empezamos nuestro debate sobre la ingeniería de los distintos cerebros: con una historia de los dos hemisferios. Resulta que los diferentes cálculos que caracterizan a los hemisferios izquierdo y derecho de los cerebros típicamente lateralizados también dan lugar a formas muy diferentes de enfocar. Esta diferencia es muy evidente en la familia de trastornos cerebrales que se caracterizan por la «negligencia», es decir, la incapacidad de darse cuenta de algo a pesar de tener sistemas sensoriales completamente intactos para detectarlo. El tipo más común de negligencia observada en pacientes con lesiones cerebrales es la heminegligencia espacial, que suele producirse tras una lesión en el hemisferio derecho. A riesgo de simplificar en exceso esta afección, la competencia por la atención en las personas con heminegligencia espacial se ha reducido drásticamente, ya que sus cerebros no procesan la información de la mitad del mundo exterior. Por ejemplo, si se le pide a una persona con agudeza visual perfecta que tiene dañado el lóbulo parietal derecho —la parte del cerebro que se sitúa encima y delante del córtex visual y lo conecta con los lóbulos frontales—que describa lo que ocurre en el mundo que le rodea, describirá casi exclusivamente las cosas que están a la derecha de su nariz. Si les pones un plato de comida delante, es posible que solo coman lo que está en la mitad derecha del plato. Si les pides que copien un dibujo, dibujarán la mitad derecha del mismo. Y en una de las demostraciones más interesantes de este trastorno, si se les pide que dibujen un reloj de memoria, agruparán los números alrededor de la parte derecha de la esfera del reloj, dejando la mitad izquierda en blanco.

Pero estos fallos de atención no se limitan únicamente a las cosas que ve una persona con negligencia. Si les pides que te muestren cómo ejecutarían una tarea cotidiana como afeitarse o peinarse, a menudo imitarán la acción solo en el lado derecho de su cuerpo. Una de las cosas más notables de esta enfermedad es que los pacientes no se dan cuenta de lo que no ven. A diferencia de los que presentan déficits comparables tras un daño en el hemisferio izquierdo, los pacientes con lesiones en el hemisferio derecho son mucho más propensos a mostrar anosognosia, o la «falta de capacidad para percibir las realidades de la propia condición». Sus dificultades para concentrarse van desde lo reflexivo hasta la autoconciencia. Y aunque a veces la ignorancia es una bendición, este tipo de falta de percepción puede tener consecuencias devastadoras en la probabilidad de que una persona busque tratamiento y responda a él.

En comparación, los daños en el hemisferio izquierdo rara vez provocan algún tipo de síndrome de negligencia. Y aunque esto no se ha estudiado sistemáticamente, hasta donde yo sé, es totalmente plausible que aquellos que experimentan déficits de atención tras un daño en el hemisferio izquierdo tengan una lateralización cerebral menos típica, o más simétrica. Pero incluso en estos casos, las investigaciones han demostrado que los pacientes con daño en el hemisferio izquierdo son conscientes de sus dificultades, lo que les facilita el aprendizaje de estrategias que pueden compensar sus limitaciones.[7]

Basándose en las drásticas diferencias en los déficits de atención que se producen cuando se daña el hemisferio izquierdo frente al derecho, muchos investigadores han propuesto que en los cerebros sanos, un hemisferio (normalmente el izquierdo) dirige el tipo de atención más controlada y enfocada a un objetivo, mientras que el

---

[7] Por ejemplo, se enseña a los pacientes a girar el plato 180 grados cuando creen que han terminado de comer. Entonces, como por arte de magia, ¡aparece un nuevo plato de comida!

otro (normalmente el derecho) se rige por las formas más automáticas de averiguar en qué centrarse. Y esta asimetría tiene sentido, a la luz de lo que hemos comentado sobre las diferentes especialidades computacionales de los hemisferios izquierdo y derecho. Al menos en los cerebros tradicionalmente asimétricos, la tendencia del hemisferio izquierdo a ejecutar muchos procesos rápidos y especializados en paralelo lo hace muy adecuado para seleccionar un flujo concreto de información que amplificar. Por su parte, la capacidad del hemisferio derecho para integrar muchos flujos de información diferentes en un patrón conectado hace que sea especialmente bueno para darse cuenta de cuándo algo es inusual o está fuera de lugar.

Esta división de tipos de enfoque en los dos hemisferios también es coherente con los objetivos funcionales de los dos hemisferios propuestos por Dien en el modelo Janus. Como recordatorio, el modelo propone que el objetivo del hemisferio izquierdo es anticipar el futuro, mientras que el hemisferio derecho se centra en el aquí y el ahora. Tiene sentido que un hemisferio izquierdo centrado en el futuro utilice objetivos y planes para dirigir su foco de atención a las piezas de información que considere más relevantes para predecir resultados, mientras que un hemisferio derecho, con el objetivo de comprender lo que está ocurriendo ahora mismo, intente fijarse en el mundo tal y como es ahora mismo.

Pero he aquí una cuestión que solo abordamos brevemente en el capítulo 1: ¿qué ocurre cuando las piezas de información que captan la atención en los hemisferios izquierdo y derecho son diferentes? ¿Recuerda la historia de Vicki, la paciente callosotomizada, que tenía que luchar con su mano izquierda para sacar del armario el objeto que quería? En el caso extremo de dos hemisferios con comunicación cortada, Vicki solo parecía ser consciente de las motivaciones de su mano derecha (impulsada por el hemisferio izquierdo). Al principio relacioné esto con lo que Gazzaniga denominó la función «intérprete», por la que el hemisferio izquierdo (en la mayoría de las personas) construye la historia de por qué suceden las cosas. Pero ahora podemos añadir otra pieza al rompecabezas: la idea de que el monólogo del hemisferio izquierdo sobre lo que ocurre en el mundo dirige los tipos de información a los que presta atención, mientras que el hemisferio derecho (en la mayoría de las personas) suele responder automáticamente a lo que ocurre en el entorno que le rodea.

Supongamos que Vicki tiene pensado ponerse un pantalón y unos zapatos cómodos para ir a trabajar el lunes, porque sabe que ese día tiene que caminar mucho. Su mano derecha respondería a las cosas que su hemisferio izquierdo encontrara dentro de esa categoría. Pero ¿y si, por el camino, su hemisferio derecho viera un bonito vestido morado que le llamara la atención? En cerebros conectados, esa información tendría la oportunidad de competir por su atención y su posterior toma de decisiones. Para entender cómo funciona el cerebro, cada vez hay más estudios que sugieren que las diferencias en la facilidad con la que la mente se deja cautivar o distraer por los procesos automáticos de percepción, frente a los pensamientos dirigidos a un objetivo, están relacionadas con la forma en la que las señales de los dos hemisferios compiten por la atención.[8] En la siguiente sección, haremos una evaluación rápida para averiguar dónde te encuentras tú en este espacio de enfoque.

Evaluando tu enfoque

Ya tienes una idea bastante aproximada de lo asimétrico que es tu cerebro, pero hay una prueba fácil que puedes hacer en casa para medir cómo contribuyen tus dos hemisferios a concentrarte de forma más específica. Necesitarás un lápiz, una hoja de papel y una regla o cinta métrica. En el libro, te he dado un ejemplo de

---

[8] Mientras escribía esta frase, recordé que necesitaba cargar mis auriculares para poder escuchar un audiolibro (*Driven to Distraction*, de Edward Hallowell y John Ratey) en mi paseo con el perro de esta tarde. Mis auriculares estaban en mi dormitorio y, cuando entré a buscarlos, me di cuenta de que mi pijama seguía en el suelo, así que lo recogí y lo puse en cubo de la ropa sucia. Mi perra Coccolina me siguió hasta el dormitorio y sacudió la cabeza, lo que me recordó que tenía que limpiarle los oídos, así que fui al baño a por unos bastoncillos y percibí que tenía los dientes sucios, así que me los lavé. Afortunadamente, después de este desvío de diez minutos, me acordé de cargar los auriculares y de que estoy escribiendo un libro. Así es como funciona mi cerebro cuando los dos hemisferios luchan por el control.

una serie de líneas horizontales, dibujadas en diferentes posiciones en la página. Si las utilizas, no necesitarás papel. Pero si no quieres dibujar en tu libro, puedes recrear el experimento en casa dibujando unas diez líneas de diferentes longitudes que no estén perfectamente centradas en un trozo de papel.

Tu objetivo es aparentemente sencillo. Sin usar nada para medirlas, coge un bolígrafo o un lápiz y marca una línea vertical para indicar tu mejor estimación de dónde está el centro de cada línea. ¿Listo para empezar?

TAREA DE BISECCIÓN DE LÍNEAS

Hay diferentes niveles de precisión que puedes utilizar para evaluarte a ti mismo, dependiendo del tiempo que quieras dedicarle y de lo preciso que quieras ser. La forma más rápida de hacerlo es contar el número de veces que has marcado la línea a la izquierda o a la derecha del centro real y ver si te has equivocado sistemáticamente en una dirección o en otra. Para ello, ni siquiera necesitas una regla. Simplemente coge otro trozo de papel y haz una marca de la misma longitud que la primera mitad de tu línea, luego arrástrala hasta la segunda mitad. Si son del mismo tamaño, tienes el punto muerto. Si la segunda mitad es más corta, has marcado tu centro a la derecha del centro verdadero, y si es más larga, has marcado tu centro a la izquierda del centro verdadero. Con este método, puedes hacerte una idea de lo desviado que está tu enfoque calculando la proporción de veces (de cada diez) que te equivocaste en la dirección más frecuente. Por ejemplo, si marcas con la misma frecuencia a la izquierda o a la derecha del centro real, obtendrías un 5/10 y tendrías una forma muy equilibrada de enfocar. Pero si marcaste a la derecha del centro real en todas las líneas menos en una, obtendrías una puntuación de 9/10 y tendrías un patrón de enfoque bastante desigual.

Si lo prefieres, puedes ser aún más preciso midiendo con una regla la distancia que te separa del centro verdadero en cada línea. Si marcas a la izquierda del centro real, asigna a esa distancia un valor negativo, y si marcas a la derecha del centro real, dale un valor positivo. A continuación, suma las diez distancias y divídelas por diez. Esto te dirá lo desviado que está tu enfoque, por término medio. Por ejemplo, es posible que en diez ensayos te encuentres a unos 3 milímetros del centro verdadero, lo que reflejaría un tipo de enfoque bastante equilibrado. Cuanto mayor sea la distancia media a la que te alejes del centro real en cualquier dirección, mayor será tu asimetría del enfoque.

Entonces, ¿cuál de tus hemisferios es el que está impulsando tu atención? La mayoría de las personas con hemisferio izquierdo dominante marcarán la línea a la izquierda de su centro real con más frecuencia que a la derecha. Cuanto más sistemáticamente marques las líneas a la izquierda de tus centros reales, más probable será que te rijas por procesos de atención dirigidos a objetivos, y que estés dominado por el hemisferio izquierdo. Por el contrario, las personas con cerebros más simétricos o dominantes por la derecha pueden haber marcado las líneas a la derecha de su centro real con más frecuencia. Este patrón de respuesta se ha relacionado con una atención más distraída u «orgánicamente dirigida».

De hecho, las personas con trastorno por déficit de atención con hiperactividad (TDAH) suelen trazar líneas a la derecha de su centro real.[9] Esta es una de las pruebas que sugieren que los síntomas del TDAH están relacionados, al menos en parte, con la competencia por la atención entre los hemisferios izquierdo y derecho. En consonancia con este punto de vista, el TDAH se diagnostica con más frecuencia en individuos no diestros. Sin embargo, es importante tener en cuenta que el TDAH no es en realidad una alteración de la atención en su conjunto. Por el contrario, es mejor caracterizarlo como un patrón de enfoque que está más influenciado, en general, por procesos automáticos de atención que por mecanismos de enfoque más controlados del tipo «prestar atención». Esto no quiere decir que las personas con TDAH no puedan prestar atención, sino que para ellas el coste de hacerlo es mucho mayor. Para entender mejor cómo funciona esto, tenemos que profundizar un poco más en la idea del control mental. ¿Qué aspecto tiene en el cerebro este proceso de lucha por el control de la conciencia?

Los ritmos del control mental

Lo curioso del control mental es que, a fin de cuentas, la mayoría de los científicos, educadores y padres asumen que más es mejor, al menos mientras la mente en cuestión se controle a sí misma. Por eso, la mayoría de las investigaciones sobre las diferencias en la interacción entre procesos automáticos y controlados se centran en el lado controlado de la ecuación. Visto desde esa perspectiva, es fácil pasar por alto el hecho de que algunos cerebros tienen que esforzarse más para lograr el control, o incluso comprender cuáles son los beneficios de una concentración más espontánea. Y, sin embargo, creo que todo el mundo ha tenido un momento en el que

[9] Esto ciertamente no significa que bisecar las líneas a la derecha de sus centros sea diagnóstico de TDAH. Pero como mencioné en la Introducción, los síntomas del TDAH se sitúan en un continuo, y puedes ser más propenso a experimentar algunos de los síntomas.

intentaba realizar alguna actividad mental —ya fuera tan simple como recordar un nombre o algo más complicado, como intentar resolver uno de los problemas del capítulo anterior— y sabe, instintivamente, que la única forma de encontrar la respuesta es dejar de intentarlo. «Ya me vendrá a la cabeza», habrás pensado, después de haber aprendido por las malas que, a veces, lo mejor para ti es callar a la parte controlada de tu cerebro. Esto se debe a que necesitamos ambos tipos de atención, y hay ocasiones en las que demasiada de uno u otro puede interponerse en nuestro camino.

Me gusta pensar en la relación entre los mecanismos de atención automática y controlada como la que existe entre un caballo y un jinete.[10] El caballo es la parte de atención automática de tu cerebro. Ha aprendido, a través de sus experiencias e instintos, en qué tiene que fijarse. Sin ningún tipo de orientación por parte del jinete, el caballo elegirá el mejor lugar para poner los pies. Tiene un fuerte instinto de supervivencia y, si se le deja solo, el caballo se acercará a las cosas buenas y evitará las malas. Y si encuentra algo nuevo, o incluso algo viejo en un lugar nuevo, el caballo se detendrá y echará un buen vistazo antes de decidir qué hacer a continuación. Esto último puede molestar al jinete, pero al final llegará antes a su destino si monta a caballo que si camina. Y la forma que tiene el caballo de darse cuenta es precisamente la forma en que las especies que se comportan han sobrevivido en la Tierra durante cientos de millones de años. Es un tipo de concentración basada en el presente, que sirve para responder rápida y eficazmente al entorno.

El jinete, por su parte, es la parte más controlada y «atenta» de su enfoque. Puede estar motivado por objetivos abstractos que no tienen nada que ver con su entorno actual y puede utilizar sus

---

[10] Tuve la idea de esta metáfora en medio de la búsqueda de mí misma que supuso escribir este libro. Una mañana le dije a Andrea: «Siento que mi cerebro es un caballo y no sé si tengo que arrearle o darle una palmadita en el cuello para tranquilizarlo». Como chica que se pasó los primeros treinta años de su vida deseando tener un caballo propio, y los quince siguientes intentando averiguar cómo controlar al que tenía, esta metáfora me interesó mucho. Pero no fui yo quien la inventó. La metáfora del caballo y el jinete (o del elefante y el jinete) ha sido utilizada por muchos —desde Sigmund Freud hasta Tim Shallice— para explicar algún aspecto de la mente humana.

técnicas de equitación para dirigir al caballo de forma que le ayude a alcanzar esos objetivos. Incluso puede utilizar Google Maps para llegar hasta allí. De hecho, un jinete veterano puede hacer que un caballo haga cosas que jamás habría soñado hacer por sí solo, desde arrear una vaca hasta entrar en combate.

Para extender la metáfora a los mecanismos de nuestro cerebro, cualquiera que haya tenido la suerte de pasar un tiempo a lomos de un caballo sabe que montar bien requiere sentido del ritmo. Como los caballos se mueven de forma naturalmente rítmica, periódicamente se presentan oportunidades para influir al máximo o al mínimo en lo que harán a continuación. Por ejemplo, si intentas girar a un caballo en el momento de un galope cuando no tiene los pies en el suelo, lo vas a pasar fatal. Como probablemente recuerdes del capítulo 3, nuestro cerebro también es sensible a este tipo de tempo. De hecho, las «ayudas» que el centro de control de tu cerebro utiliza para dar forma a tus procesos de percepción más automáticos son las oscilaciones neuronales generadas por frecuencias más bajas, como la alfa. Así que cuando la parte «jinete» de tu cerebro quiere usar sus objetivos para bajar el volumen de los mecanismos automáticos de atención que considera irrelevantes, aumenta el volumen de alfa en esas regiones. Y como recordarás, cuando los susurros de baja frecuencia del mundo interior chocan con los chirridos de alta frecuencia del mundo exterior, los chirridos pueden quedar ahogados. Por supuesto, lo contrario también puede pasar. Si el jinete de tu cerebro quiere centrarse en una información concreta que puede no ser intrínsecamente interesante para el caballo (o los procesos automáticos), puede bajar la potencia alfa en una determinada región cerebral y aumentar el volumen de las señales procedentes del mundo exterior. En esencia, es como dar ventaja a esa corriente de información concreta en la competición por captar la atención. Cuando esto funciona a la perfección, el jinete del mundo interior «controla» qué tipo de información entra en tu conciencia.

Un estudio de Saskia Haegens y sus colegas demostró cómo funciona este proceso utilizando una tarea de discriminación táctil. Durante la prueba, los participantes recibían ráfagas de estimulación eléctrica en el pulgar izquierdo o derecho. Su tarea consistía en decidir si habían recibido una ráfaga rápida (entre 41 y 66 Hz) o una más lenta (entre 25 y 33 Hz). La sensación duraba solo un cuarto de segundo y la intensidad de la estimulación se situaba justo por encima del umbral de detección establecido. Para dificultar todavía más la tarea, al principio de cada ensayo, ambos pulgares recibían algún tipo de estimulación, pero los participantes tenían instrucciones de ignorar una mano e informar solo del tipo de estimulación que recibían en la otra. Antes de cada prueba, los participantes recibían una señal que les indicaba a qué mano debían «prestar atención» a continuación. Tras la señal, los investigadores midieron la potencia alfa en las áreas del córtex motor correspondientes a cada mano. Demostraron que, de media, la potencia alfa aumentaba en el área correspondiente a la mano que se iba a ignorar y disminuía en el área correspondiente a la mano de interés. Y, lo que es más importante, el grado en que esto ocurría en cada ensayo individual predecía si el participante acertaría la respuesta a la pregunta. Dicho de otro modo, las personas eran más capaces de percibir la diferencia entre las dos sensaciones cuando la percepción «subía» en la mano deseada por la disminución de alfa y «bajaba» en la mano irrelevante por el aumento de alfa.

Otro estudio, realizado por Rebecca Compton y sus colegas, utilizó una medida similar del volumen de comunicación en frecuencias alfa para investigar cómo las personas se desempeñan en la tarea *Stroop*, la prueba de denominación de colores que describí en el capítulo 3 como una forma de ilustrar lo automática que llega a ser la lectura. Como probablemente recuerdes, dado que la lectura de palabras es muy automática para la mayoría de nosotros, responder «NEGRO» a una prueba en la que la palabra «ROJO» está impresa en tinta negra es como intentar girar la parte del caballo de su cerebro hacia la izquierda mientras alguien está de pie con un cubo de terrones de azúcar a su derecha. Como era de esperar, los investigadores descubrieron que, a medida que los participantes respondían a estas pruebas conflictivas, la potencia alfa aumentaba, sobre todo en el hemisferio derecho, el de la notificación. Las personas a las que la tarea les resultó más fácil, como demuestran los tiempos de respuesta más rápidos, también presentaron la mayor diferencia entre alfa en los hemisferios izquierdo y derecho. Más alfa «silenciador» en el hemisferio derecho sugiere que sus hemisferios izquierdos «orientados a objetivos» estaban asimilando información, mientras que sus hemisferios derechos estaban inhibidos. ¡Y así es como se logró el control mental!

Estos hallazgos, que vinculan la lateralidad y la sincronización neuronal con las diferencias en la focalización, también concuerdan con el estudio que comentamos en el capítulo 3, realizado por Brian Erickson y sus colegas, que descubrieron que una mayor potencia alfa en el hemisferio izquierdo se asociaba con una mayor probabilidad de resolver sopas de letras a través de experiencias de espontáneas, mientras que una menor potencia alfa en el hemisferio izquierdo se asociaba con búsquedas más controladas, o sistemáticas, de soluciones.

En conjunto, estos estudios muestran cómo las diferencias en los cálculos de los hemisferios izquierdo y derecho interactúan con la orquestación neuronal de tu cerebro para influir en lo que captará el foco de tu atención. Se podría pensar en esta combinación como una explicación de la frecuencia con la que el jinete de tu cerebro guía al caballo, o lo propenso que eres a ceder el control y dejar que tu caballo intuitivo te lleve a donde necesita ir. Pero uno de los principales problemas de esta metáfora es que no explica cómo decide el jinete adónde llevar a su caballo. Si se supone que el jinete tiene su propio cerebro, hay que preguntarse si ese cerebro también tiene caballo y jinete. Si no es así, ¿qué lo controla? (y , desgraciadamente, este tipo de pensamiento circular no te lleva a ninguna parte). En la próxima sección, profundizaremos en los detalles del control mental, lo que incluye un debate sobre dónde empieza y acaba todo cuando el mismo sistema biológico que te da la sensación de tener el control es también el que manda.

¿Qué controla realmente tu cerebro?

Permíteme empezar con una pequeña advertencia. La pregunta que da título a esta sección es, sin duda, una de las más importantes que la gente se hace sobre su cerebro, en contextos que van desde la espiritualidad hasta la volición, pasando por la conciencia. Sin embargo, la respuesta, o al menos nuestra comprensión científica actual de la misma, puede hacer que la mayoría de la gente se sienta bastante incómoda al respecto.[11]

Pero ya hemos preparado bastante el terreno para ello en las primeras secciones del libro. Por ejemplo, en el capítulo 1, hablamos de las cosas perturbadoras que pueden ocurrir cuando un cerebro dividido tiene la sensación de que no controla lo que hace una mitad de su cuerpo, o de la forma en que le influye la información procedente de una mitad del mundo. También hablamos de cómo el hemisferio izquierdo inventa automáticamente historias que incorporan las cosas que no entiende y las que sí entiende en una explicación conectada de por qué el ser humano al mando se comporta como se comporta.

Después, en el capítulo 3, y de nuevo en este capítulo, hablamos de cómo las neuronas que se comunican en frecuencias más bajas pueden utilizarse para coordinar tus actividades mentales de forma flexible, en función de tus objetivos o intenciones actuales. Pero palabras como «coordinar», «guiar» e «influir» hacen que suene un poco como si alguna parte de tu cerebro tuviera ideas independientes que utiliza para controlar las otras partes…

Lo cual nos devuelve al desafío del cerebro dentro de un cerebro. Y aunque he intentado ser muy honesta contigo sobre cuánto desconocemos acerca de cómo funcionan los cerebros, si te dejo con una pequeña caja negra en medio de tu cerebro con un signo de interrogación que dice «y entonces tu cerebro decide qué hacer», ¡realmente no he explicado nada![12]

---

[11] Si te interesa, te recomiendo encarecidamente que leas el análisis que hace Robert Sapolsky de este espacio problemático en *Behave*.

[12] Este problema se llama «el argumento del homúnculo», y los neurocientíficos cognitivos (yo incluida) podemos caer en este tipo de explicaciones con bastante facilidad. Una vez, bebiendo demasiadas cervezas, frustré a mi amigo Rob (otro neurocientífico) al negarme a aceptar la idea de que «mi cerebro decide» era una explicación satisfactoria de cómo funcionan las cosas. Probablemente esto explique por qué no tengo muchos amigos…

Por suerte (o por desgracia) para ti,[13] aunque hasta ahora he sido un poco cautelosa sobre quién está decidiendo qué en tu cerebro, no es porque no me importen los detalles. Al contrario, probablemente me importan demasiado. No solo son fundamentales para todas mis mayores contribuciones a la ciencia, sino que desempeñan un papel crucial en la historia de amor que nos unió a Andrea y a mí personal y profesionalmente. Esta área de la neurociencia es tan importante, y a la vez tan complicada, que tardé unos tres años en sentir que la entendía lo suficientemente bien como para escribir algo sobre ella. Y quiero asegurarme de hacerlo bien en este libro, porque, como sin duda ya te habrás dado cuenta, hay muchas partes en movimiento (86000 millones, más o menos). Así que, por favor, ten paciencia conmigo mientras te presento a los núcleos de los ganglios basales, los titiriteros de tu cerebro y de mi corazón, a través de una historia de amor en tres actos.

Primer acto: un italiano alto y de pelo negro me invita a tomar un café para hablar de investigación. Los dos habíamos terminado el doctorado hacía un par de años y trabajábamos en distintos laboratorios de Carnegie Mellon que utilizan modelos computacionales para entender la mente y el cerebro. Durante nuestra primera «cita», rápidamente desvié la conversación hacia la ciencia pura y dura.

Yo *(porque no se me dan muy bien las conversaciones informales):* Así que ACT-R[14] funciona usando un montón de afirmaciones «Si X, entonces Y», ¿verdad?

Andrea *(emocionado porque sé algo de modelos):* ¡Sí!

Yo *(porque soy aún peor ligando):* Pero los cerebros no funcionan así.

Andrea *(aún más emocionado por discutir conmigo sobre ciencia):* Bueno, en realidad, ¡justo el modelo en el que estoy trabajando

[13] Te dejo que decidas después de analizar los extensos detalles que siguen.

[14] ACT-R es una de las arquitecturas computacionales más utilizadas, si no la que más, para modelar la mente, creada por el mentor postdoctoral y amigo de Andrea, el brillante John Anderson.

ahora mismo muestra cómo creo que una parte del cerebro hace exactamente eso!

Yo: Cuéntame más.

Mensaje importante: según el modelo de Andrea (que también se basa en muchos datos empíricos), los ganglios basales son un conjunto de núcleos que pueden utilizar información sobre el contexto —«Si estoy en mi propia casa en lugar de en un lugar extraño...»— para decidir[15] qué tipo de señales son relevantes para una tarea concreta —«...entonces no tengo que prestar atención a dónde estoy en el espacio físico» (porque conozco muy bien mi propia casa)—. Esto también es muy importante para la flexibilidad de la que hablamos en el capítulo 3, porque la señal precisa que es importante en un caso puede ser exactamente lo que hay que ignorar en otro. En esencia, este proceso permite la «programabilidad» que conlleva el comportamiento instruido o dirigido a un objetivo.

Segundo acto: Andrea y yo llevamos saliendo varios meses. Está sentado a un lado de la mesa de mi cocina, trabajando en su modelo de los ganglios basales. Durante nuestro tiempo juntos, hemos adquirido la costumbre de llamar a su modelo «El Bebé», aunque su nombre legal es «Modelo de enrutamiento condicional». Yo estoy sentada al otro lado de la mesa, tratando de entender los resultados de un estudio que acabo de realizar en el que se comparan las respuestas cerebrales de personas con distintas capacidades de memoria de trabajo mientras leen frases en el escáner de resonancia magnética en distintas condiciones. Estoy perpleja, porque mientras que algunos de los resultados se encuentran en centros de procesamiento cortical que tienen sentido para mí, esta pequeña área en el centro del cerebro, el núcleo caudado, también está apareciendo como una de las cosas que las personas con alta memoria de trabajo utilizan de manera diferente cuando leen.

---

[15] ¡Prometo que hablaré de cómo deciden los ganglios basales al final de esta sección!

Para ser sincera, como mucha gente que estudia las complejidades de la cognición humana, había aprendido que todo lo importante ocurre en el córtex, en el exterior del cerebro, y no en esas regiones mediales del «cerebro reptiliano», ¡por el amor de Dios! Por eso, cuando busco información sobre el núcleo caudado para tratar de entender qué es lo que hace, y me entero de que forma parte de los ganglios basales,[16] ¡me emociono mucho! Espero que Andrea me ayude a entender qué hace *esta cosa* en mis lectores de alta capacidad. Y resulta que su modelo no solo me da algunas ideas nuevas sobre por qué las personas con mayor capacidad de memoria de trabajo leen de forma diferente que las personas con menor capacidad de memoria de trabajo —que tiene más que ver con el control de la atención que con la cantidad de cosas que alguien puede retener en la mente—, sino que también explica la relación entre los hallazgos en el núcleo caudado y las regiones corticales del lóbulo frontal en las que me estaba centrando. Mensaje importante (otra vez): casi todo lo que leas sobre el cerebro situará al «jinete» de tu cerebro en el córtex prefrontal. Y esa idea no es del todo errónea, pero tampoco es del todo correcta. Admito que es muy tentador atribuir a la corteza prefrontal todo el mérito de nuestros comportamientos más sofisticados. Al fin y al cabo, es la región del cerebro más grande, llamativa y fotogénica que más nos diferencia de los chimpancés. Y parece poco probable que el enorme número de neuronas de materia gris evolutivamente nuevas que se pueden encontrar allí no estén haciendo algo impresionante. Como estudiosa del lenguaje, no tengo ningún interés en discutir este hecho; solo quiero añadir que el córtex prefrontal tiene un ayudante más antiguo y experimentado que es fundamental para

---

[16] Cuando nos referimos a «los ganglios basales» en plural, estamos hablando de ocho regiones cerebrales anatómicamente separadas. Lo sé, ¡a mí también me confundió al principio! Pero funcionan como un todo para llevar a cabo los mecanismos críticos de enrutamiento de señales de los que hablaremos en un segundo. Y lo que es peor, grupos más pequeños de estas regiones reciben colectivamente otros nombres, como estriado dorsal y ventral. Los detalles de esto no son realmente importantes, a menos que vayas a leer otras cosas más técnicas sobre el cerebro, en cuyo caso deberías saber que las regiones cerebrales que forman los ganglios basales tienen muchos nombres diferentes.

su trabajo: los núcleos de los ganglios basales, que residen en el centro del cerebro.

La forma más sencilla de explicar esta colaboración es que el córtex prefrontal tiene en mente el objetivo del comportamiento, la parte «si X...» de la ecuación, mientras que los ganglios basales ayudan a ejecutar la parte «...entonces Y». Proporcionan el mecanismo para activar o desactivar las señales pertinentes en función del objetivo. En resumen, los ganglios basales trabajan entre bastidores para influir en la información que llega al córtex prefrontal. Al hacerlo, funcionan de forma muy parecida a los algoritmos que utilizan las empresas de redes sociales para decidir no solo qué publicaciones de tus amigos quieres ver, sino también qué anuncios y noticias enseñarte.[17]

Tercer acto: Andrea y yo llevamos casados más de un año y ahora estamos colaborando en una investigación en la Universidad de Washington sobre si el bilingüismo tiene algún efecto en los mecanismos de enrutamiento de señales de los ganglios basales.[18] Me han pedido que revise un artículo sobre las bases neurales del trastorno del espectro autista (TEA), no porque tenga experiencia específica en TEA, sino porque el artículo analiza la sincronización neural, en la que tengo bastante experiencia. Pero a medida que leo el artículo, empiezo a darme cuenta de que muchos de los patrones de comportamiento característicos del TEA parecen ser el reflejo opuesto de los comportamientos que encontramos en los bilingües. Es muy temprano, y es domingo por la mañana, así que indago un poco antes de volver a meterme en la cama y susurro: «Andrea... creo que los ganglios basales provocan algo diferente en el autismo». Aunque no es madrugador, ni alguien que aprecie que le despierten temprano, abre un ojo y me dice: «Cuéntame más».

---

[17] Por cierto, no soy partidaria de esto, por razones que espero se aclaren en capítulos posteriores.

[18] Andrea habla tres idiomas con fluidez. El inglés es su tercera lengua, y la habla mejor que yo, así que este es un espacio vulnerable para mí.

Para apreciar mejor el momento de inspiración que tuve aquella mañana, es importante saber que muchas personas que estudian los ganglios basales se centran específicamente en el control motor. Este es, sin duda, uno de los trabajos evolutivamente más antiguos de los ganglios basales, porque el control motor —como tantas otras cosas controladas— está dirigido por cálculos de la corteza frontal. Aquella mañana descubrí que ya se habían documentado anomalías en el tamaño y la función de los ganglios basales en el TEA, pero que se habían relacionado principalmente con uno de los síntomas: los comportamientos motores repetitivos o estereotipados. Me di cuenta de que lo que les faltaba a los investigadores era comprender cómo los cálculos flexibles «si X...-... entonces Y» descritos en «El Bebé» también eran relevantes para el lenguaje y el funcionamiento social, las otras dos clases de síntomas que suelen estar alterados en el TEA.[19] Además, pensé que los patrones irregulares de sincronización neuronal descritos en el artículo que estaba revisando podrían explicarse por irregularidades en los mecanismos de enrutamiento de señales de los ganglios basales. Así que me pregunté en voz alta, ante el único ojo abierto de Andrea, si los ganglios basales de las personas con TEA no estarían funcionando para subir o bajar las señales de forma flexible en función de los cambios en los objetivos.

Afortunadamente, gracias a la red de investigadores de la universidad, Andrea y yo pudimos encontrar a Natalia Kleinhans, una increíble psicóloga clínica e investigadora de TEA, para que nos ayudara a explorar estas ideas. Para ello, analizamos datos de resonancia magnética funcional de 16 adultos con TEA y 17 adultos de la misma edad y coeficiente intelectual sin diagnóstico de TEA mientras completaban una tarea diseñada para medir el control atencional llamada Go/No-Go. Esta tarea es bastante aburrida, pero es una buena forma de observar la intersección entre el control del pensamiento y el control motor. En los bloques Go, los

[19] Por lo que yo sé, a partir de 2020, las deficiencias del lenguaje ya no son una parte necesaria del espectro TEA; sin embargo, muchos individuos en el extremo más grave del espectro tienen déficits del lenguaje, y todos ellos tienen algún tipo de discapacidad social.

participantes pulsan un botón cada vez que ven algo en la pantalla (en este caso, una cara o una letra, según el bloque). En los bloques Go/No-Go, más difíciles, se dice a los participantes que no pulsen el botón si ven un determinado tipo de estímulo (por ejemplo, una *X* en los bloques de letras o una cara triste en los bloques de caras). En nuestro experimento, la mitad de los estímulos eran ensayos No-Go. Basándonos en lo que Andrea y yo creíamos que hacían los ganglios basales en esta tarea (tal y como propusimos en «El Bebé»), propusimos que durante los ensayos Go/No-Go, la activación de los ganglios basales debería disminuir el flujo de señales entre el lóbulo occipital, que procesa la información sobre el estímulo, y los lóbulos frontales, que mantienen la información sobre el objetivo de la tarea y pulsan el botón, como prueba del filtrado atencional. Lo que descubrimos fue que en los controles sin diagnóstico de TEA, esto, efectivamente, ocurría. Sin embargo, en los individuos con TEA, la activación de los ganglios basales provocaba un aumento de la conectividad entre el lóbulo occipital y el lóbulo frontal. Era como si los ganglios basales estuvieran subiendo el volumen de todo en los individuos con TEA.

Mensaje importante: la tarea de los ganglios basales de reducir las señales menos importantes (o que distraen) es al menos tan importante como el proceso de aumentar las señales relevantes. Esto concuerda con los resultados de discriminación sensorial de Haegens y sus colegas que hemos comentado anteriormente en este capítulo. Las personas eran más capaces de detectar el ritmo de estimulación de uno de sus pulgares cuando sus ritmos alfa reducían las señales procedentes del otro pulgar estimulado simultáneamente. Muy probablemente puedas intuir por qué esto es cierto imaginando que, mientras intentas leer este libro, no has podido evitar ser consciente de todo lo demás que sucede a tu alrededor —desde la forma en que los músculos de tu cuello se esfuerzan por mantener erguida tu cabeza de cinco kilos hasta el ritmo de tu respiración, pasando por el color de la iluminación de la habitación que te rodea, los olores del aire o cualquier cosa graciosa, molesta o que te distraiga que tu compañero de piso, tus mascotas, tus hijos o tus plantas puedan estar haciendo en ese momento—...

Bueno, mejor dejémoslo estar. Uno de los puntos importantes de este capítulo es que, en un momento dado, el número de cosas que suceden a tu alrededor y que no son importantes para tu espacio de decisión supera con creces el número de cosas que sí son importantes. Y aquí es donde nuestra historia de amor de los ganglios basales finalmente cierra el círculo y se conecta de nuevo a lo que ya sabes acerca de cómo funcionas: cada vez que los ganglios basales envían un paquete de señales modificadas a la corteza prefrontal, obtienen retroalimentación de dopamina sobre los resultados de la decisión que se tomó sobre la base de este tipo de enrutamiento de señales. De este modo, los ganglios basales pueden utilizar la dopamina para aprender con el tiempo qué tipo de señales deben activarse y cuáles deben desactivarse.

Resumen: El «caballo» intuitivo y el «jinete» controlador compiten por dominar tu mente con distintos tipos de información

Volviendo a los temas principales de este capítulo, los núcleos de los ganglios basales no solo están en el centro de mi historia de amor, sino también en el centro de tu cerebro, física y metafóricamente. Los núcleos de los ganglios basales son, a efectos prácticos, los conductores de las señales cerebrales. Estar en el centro de todo posiciona perfectamente a los ganglios basales para tener un gran sentido del «estado del mundo» según los cotilleos que suceden a su alrededor. Y así es. De hecho, los ganglios basales están rodeados de fibras de materia blanca que transportan señales de alta velocidad desde prácticamente todo el resto de regiones del cerebro. Estas señales incluyen información sensorial sobre el mundo exterior, así como información almacenada en la memoria de trabajo sobre sus objetivos actuales, el «si X...» que les dice qué hacer a continuación. La investigación sobre la lateralidad también sugiere que los objetivos pueden utilizarse principalmente para dirigir la atención del hemisferio izquierdo, mientras que la información sensorial del mundo exterior puede ser el centro de una forma de darse cuenta más antigua, más intuitiva, del hemisferio derecho. A medida que estas señales convergen en los núcleos de los ganglios basales, utilizan las señales previas de retroalimentación de dopamina para decidir qué elementos de información son más importantes en el contexto actual: la parte «... entonces Y» de esta ecuación.[20]

Esta función es importante porque permite a los ganglios basales «sopesar» las señales masivamente superpuestas que llegan al córtex prefrontal y sesgar sus procesos basándose en lo que creen que es tu objetivo. A partir de ahí, los lóbulos frontales adquieren el control, utilizando ondas cerebrales de baja frecuencia para generar patrones de activación que crearán un pensamiento, un comportamiento o una combinación de ambos. Luego, como ya hemos mencionado en el capítulo 2, los ganglios basales utilizarán señales de recompensa de dopamina para determinar si el resultado de la elección del lóbulo frontal ha sido mejor de lo esperado, peor de lo esperado o exactamente como se esperaba. Y esto dará forma al tipo de información que los ganglios basales dirigirán en el futuro, dado el mismo objetivo. Así que, al fin y al cabo, lo que te controla es una serie de cálculos muy inanimados: una representación de tu contexto o de tus objetivos, un sistema para priorizar o sopesar las señales y otro para volver a priorizar las señales en función del resultado de lo ocurrido. ¿No es romántico?

En los dos capítulos siguientes aprenderás más sobre el proceso de aprendizaje de los ganglios basales. ¿Cómo influyen tus experiencias en la forma en que los ganglios basales y los centros de cálculo corticales colaboran para averiguar qué ocurre en tu entorno y qué hacer al respecto?

---

[20] Aprenderás más sobre el papel de la dopamina y este bucle de retroalimentación en el capitulo 6.

CAPÍTULO 5

ADAPTACIÓN

Cómo aprende el cerebro a entender el entorno que habita

Mientras doy los últimos retoques a este capítulo, también me preparo para regresar presencialmente a la docencia y la investigación en mi universidad tras dieciocho meses de restricciones por la pandemia. Recuerdo muy bien que cuando recibimos por primera vez la orden de quedarse en casa, mi actitud pasó rápidamente de sentirme como si viviera un día de nevada monumental (de esos que no puedes ni ir a trabajar) a sentirme como un pájaro enjaulado. Siendo una persona extravertida por naturaleza y a la que no le gusta que le digan lo que tiene que hacer,[1] la transición fue bastante dura.

¿Pero sabes qué? Me acostumbré. Incluso hubo partes que me gustaron, como la comodidad de poder llevar chándal todos los días y tener a mis perros tumbados a mis pies durante las reuniones.

---

[1] ¿Le pasa a alguien más? Por supuesto, suelo seguir las normas y restricciones cuando sé que tienen consecuencias importantes para la salud y la seguridad, y porque funcionar en una sociedad depende de esas cosas…

Y ahora que las cosas se han considerado lo suficientemente seguras como para volver a la oficina unos días a la semana, me resulta agotador estar rodeada de gente en la vida real.[2]

Aunque la pandemia sin duda afectó a algunas vidas más que a otras, sé que nos tocó a cada uno de nosotros de maneras que nunca olvidaremos.[3] Y ahora, después de un año y medio (y sumando), estoy segura de que cada persona que lee este libro es fundamentalmente diferente que cuando empezó la pandemia.

Porque así es como funciona nuestro cerebro, lo moldean nuestras experiencias para que podamos adaptarnos a todo tipo de situaciones, incluso a las que no son óptimas.

En realidad, esta es una de las cosas más humanas de todos nuestros cerebros. De hecho, según algunas visiones contemporáneas de la evolución humana, nuestros antepasados experimentaron una «revolución cognitiva» precisamente porque se vieron obligados a adaptarse. Basándose en pruebas que sugieren que el tamaño del cerebro de nuestros antepasados aumentó tras periodos de inestabilidad climática extrema, una explicación popular de nuestra notable flexibilidad es que los homínidos que no fueron capaces de adaptarse a los cambios ambientales no sobrevivieron. Pero los que podían pensar y responder con flexibilidad eran más capaces de adoptar nuevos comportamientos cuando el entorno pasaba de ser estable y hospitalario a volverse más frío, menos predecible y menos indulgente. Es decir, los cerebros de los humanos modernos fueron seleccionados por su capacidad de aprender y adaptarse a entornos cambiantes.

Después, a medida que miles de generaciones de aprendices rápidos y pensadores flexibles se reproducían entre sí, el tamaño del cerebro y del cráneo de sus descendientes también aumentaba. Uno de los principales costes de esto fue que el parto se hizo más peligroso. Y como consecuencia, las madres empezaron a dar a

---

[2] Además, ahora mis perros se vuelven locos cuando me voy.

[3] Mi más sincero agradecimiento a los que habéis tenido que arriesgar vuestras vidas y seguir acudiendo a trabajar por el resto de nosotros. Y a los que perdieron a alguien cercano, mi más sentido pésame.

luz a bebés en etapas de desarrollo más tempranas.[4] De hecho, los bebés humanos modernos, con cerebros que solo alcanzan el 27% de su tamaño adulto, están todavía menos preparados para salir al mundo que nuestros antepasados prehistóricos. Ni siquiera desarrollan la fuerza y la coordinación suficientes para sostener su propia cabeza hasta entre el tercer y el sexto mes de vida.[5]

Aunque los bebés nacen más débiles y vulnerables que muchos otros animales, sus carencias quedan parcialmente compensadas por su increíble capacidad de aprendizaje. En lugar de instintos intrínsecos, venimos preprogramados con poco más que un conjunto de potentes mecanismos de aprendizaje que nos permiten adaptarnos a entornos radicalmente distintos. Como resultado, los humanos cubren ahora el planeta, prosperando en todos los hábitats. Y aunque no sé si ocurrirá mientras yo viva, puedo imaginarme fácilmente un futuro en el que un bebé humano, criado en Marte con un 38 % de la atracción gravitatoria de la Tierra, podría tener una experiencia mucho más exitosa al subir escaleras.

Pero uno de los principales costes de esta notable flexibilidad es que los humanos nacemos sin ninguna noción preconcebida importante sobre cómo funcionan las cosas. William James, filósofo estadounidense que ayudó a definir el campo de la psicología, describió poéticamente lo que debe ser nacer en ese estado, en *Los principios de la psicología:* «El bebé, asaltado a la vez por los ojos, los oídos, la nariz, la piel y las entrañas, lo siente todo como una gran confusión floreciente y frenética; y hasta el final de la vida, nuestra localización de todas las cosas en un espacio se debe al hecho de que las extensiones o grandezas originales de todas las sensaciones que llegaron a nuestro conocimiento a la vez se fusionaron en un único y mismo espacio». Por supuesto, ese

---

[4] Debo señalar que existen argumentos bastante convincentes de que los bebés humanos nacen menos desarrollados debido a las ventajas que esto les proporciona en cuanto a adaptabilidad —no por el aumento del tamaño de sus cabezas—, pero, que yo sepa, esto sigue siendo objeto de debate.

[5] En comparación, los chimpancés nacen con cerebros del 36 % de su tamaño adulto, y nuestros primos primates más lejanos, como los macacos, nacen con cerebros de aproximadamente el 70 % de su tamaño adulto.

«mismo espacio» es el cerebro, y en este capítulo hablaremos de cómo aprende a imponer un orden a las «magnitudes de todas las sensaciones» del mundo exterior en el que nace.

Puesto que nadie recuerda cómo fue nacer en medio de la «floreciente y frenética confusión», es realmente difícil apreciar hasta qué punto tus experiencias han moldeado tu forma de entender el mundo que te rodea. Pero si alguna vez has tenido una conversación con alguien sobre un acontecimiento en el que ambos participasteis que te dejó con la sensación de que uno de los dos estaba alucinando porque vuestras historias eran completamente diferentes, puede que te dé una pista. Esto puede ser tremendamente frustrante porque, admitámoslo, nuestros cerebros son muy convincentes cuando construyen nuestra versión personal de la realidad. ¿Recuerdas El Vestido?[6] Aunque cuando alguien tiene una versión de la realidad distinta de la tuya puede parecer que te está engañando, también es muy posible que ambos hayáis contado vuestra versión de la verdad.[7] Al fin y al cabo, la forma en que las personas recuerdan una historia refleja diferencias en la forma en que vivieron el acontecimiento original. La explicación científica se reduce a diferencias de perspectiva.

La palabra «perspectiva» parece especialmente adecuada para describir el fenómeno que se produce cuando un cerebro queda moldeado por un conjunto concreto de experiencias vitales, porque puede referirse tanto al lugar físico que una persona ocupa en el espacio como al lugar mental a través del cual interpreta sus experiencias. Otros términos, como *punto de vista,* captan la misma idea: que podemos experimentar el mismo acontecimiento desde un lugar diferente que trasciende los dominios sensoriales y cognitivos. Si nos basamos en lo que hemos aprendido hasta ahora, esto no debería ser una gran sorpresa. En la primera mitad del libro, analizamos cómo los distintos diseños cerebrales determinan

---

[6] Como prometí, en este capítulo hablaremos de por qué la gente ve el famoso vestido de forma diferente.

[7] De ninguna manera quiero insinuar que la gente no mienta. Algunas personas lo hacen. Lo que quiero decir es que también hay otros procesos honestos que pueden hacer que alguien tenga un recuerdo diferente de un suceso.

la forma en la que entendemos el mundo y nos comportamos en él. Después hablamos de cómo las diferencias en la forma en que los cerebros se enfocan influyen en qué fragmentos de información captarán la atención de una persona y, por tanto, conducirán su experiencia consciente de un acontecimiento. Ahora vamos a aprender cómo nuestras experiencias vitales moldean nuestro cerebro, creando la lente a través de la cual vemos el mundo, literal y metafóricamente.

Antes de entrar en detalles sobre cómo funciona, permíteme dar un paso atrás y recordarte los procesos interpretativos de los que hablamos en la introducción. Antes de que supieras mucho sobre el funcionamiento de tu cerebro, te describí una máquina de procesamiento de la información potente, pero discreta y finita, que hacía todo lo posible por comprender un mundo continuo e infinito tomando una serie de instantáneas de baja resolución del mundo físico y uniendo los puntos. En este capítulo hablaremos con más detalle de cómo nuestras experiencias influyen en este proceso de conexión de puntos. Pero ten en cuenta que cuando hablo de «interpretación» en tu cerebro no me refiero al tipo de interpretación deliberativa que te lleva a concluir cosas como «Esta persona dijo X, pero sé que lo que realmente quería decir era Y».[8] Me refiero a un tipo de construcción de la realidad mucho más generalizado, el tipo de construcción que ocurre cuando cada paquete de información de tus neuronas sensoriales llega a tu conciencia. Al fin y al cabo, mi objetivo es ayudarte a recordar que tu cerebro no se limita a ver el mundo de forma pasiva, sino que crea tu comprensión de la realidad a través de una lente moldeada gracias a tus experiencias vitales.

La mayoría de las formas en que esto ocurre son tan rápidas y automáticas que no sabes qué parte de lo que percibes se ha detectado realmente en el mundo exterior y qué parte ha interpretado tu cerebro. Para ver un ejemplo poco tecnológico y nada amenazador, echa un vistazo a la imagen de la página siguiente.

---

[8] Sin duda, esto puede ocurrir, y hablaremos de por qué cuando tratemos los retos de la comunicación con los demás en el último capítulo.

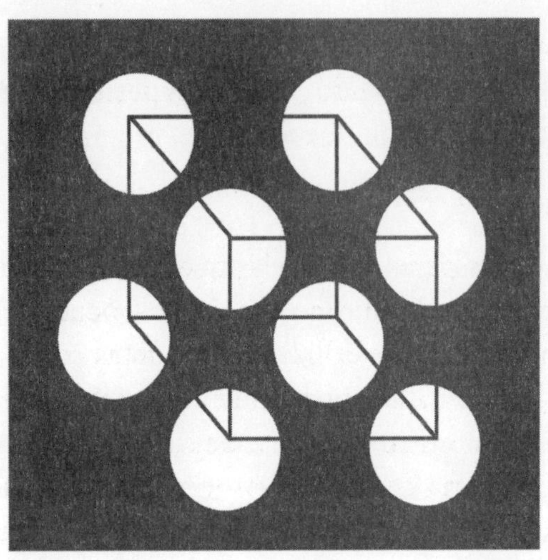

¿Qué ves?

La mayoría describiréis algo que parece un cubo tridimensional, formado por líneas negras, flotando delante de un fondo negro con lunares blancos. Pero si te concentras en el lugar por donde pasa una de las aristas de ese cubo entre lunares, verás que las líneas que forman sus aristas no existen realmente en la página. En su lugar, lo que se imprime es un montón de círculos blancos interrumpidos por segmentos de líneas negras, lo que hace que parezcan pizzas mal cortadas. La caja es algo que tu cerebro construye basándose en lo que espera ver.

Esta ilusión y las mil y una otras que puedes encontrar en Internet son algunos de los divertidos ejemplos, creados por psicólogos que estudian la percepción visual, que demuestran que tu cerebro inventa cosas todo el tiempo. Percibimos la profundidad y el movimiento en las imágenes bidimensionales estáticas que parpadean en el televisor, de la misma manera que rellenamos los espacios en blanco durante una conversación por teléfono móvil en la que se corta gran parte de la información cuando no hay buena cobertura. Y todo esto son atajos que nuestro cerebro genera para dar sentido a los datos incompletos que recibe. Pero, como leerás en este capítulo, estos atajos pueden tener un coste muy elevado, sobre todo cuando el cerebro intenta funcionar en un entorno al que no se ha adaptado. En la siguiente sección, analizaremos de dónde proceden estos atajos al describir las formas en que cada cerebro aprende qué esperar basándose en sus experiencias previas.

Cómo aprendes

La mayoría de las personas con las que hablo tienen una opinión clara sobre qué tipo de alumno son. Lo que ocurre es que, cuando se describen a sí mismos utilizando etiquetas como alumnos «visuales» o «táctiles», a lo que realmente se refieren es a su modalidad preferida de instrucción. Desde las aulas hasta los vídeos de YouTube, la mayoría de la gente asocia el aprendizaje con el tipo de formatos explícitos, basados en la instrucción, que el lenguaje permite utilizar a los seres humanos. Pero la inmensa mayoría de nuestro aprendizaje es mucho más pasivo que estas actividades. De hecho, los aprendices más expertos —los bebés— ni siquiera pueden seguir instrucciones porque no disponen de un sistema lingüístico plenamente operativo.

Desde el punto de vista de la neurociencia, el aprendizaje es cualquier proceso por el cual tus experiencias cambian la forma en que pensarás, sentirás o te comportarás en el futuro. Y si nos fijamos bien en el funcionamiento de los cerebros, encontraremos pruebas de aprendizaje —y olvido— en cada momento de nuestra vida.[9] Esto se debe a que cada experiencia deja su huella. Del mismo modo que un paseo por la playa deja un registro al empujar millones de granos de arena hacia lugares ligeramente nuevos, cada una de tus experiencias mentales crea transformaciones físicas en las conexiones entre tus neuronas, lo que influye en su comunicación posterior.[10] Una de las formas más esenciales en que tus experiencias moldean tu cerebro es a través de un proceso llamado aprendizaje hebbiano. En esencia, el aprendizaje hebbiano es el mecanismo biológico que permite al cerebro mantener un conjunto

---

[9] Muchas cosas importantes sobre el aprendizaje y el olvido también ocurren cuando dormimos, pero como se sabe mucho menos sobre las diferencias individuales en esos mecanismos, he optado por omitirlas para ahorrar espacio.

[10] Tomé prestada esta metáfora de Andrea, que la utiliza cuando da clase, y quería asegurarme de que se le atribuye el mérito correspondiente.

de estadísticas sobre la frecuencia con la que ocurren las cosas en su entorno. Al igual que los equipos deportivos llevan estadísticas de sus jugadores y las utilizan para tomar decisiones sobre quién es titular y a quién hay que cambiar, el cerebro tiene una forma de «contar» la frecuencia con la que ocurren distintos tipos de sucesos y utilizar este sistema para averiguar, a través de la información incompleta que recibe, qué es lo más probable que ocurra.

Afortunadamente, la forma que tiene tu cerebro de hacer estadísticas no requiere ningún tipo de recuento por tu parte. El trabajo se realiza en las conexiones entre las neuronas cotillas, en los espacios que determinan quién habla con quién y en voz alta. Como recordarás del capítulo 3, la sincronización es muy importante para organizar la comunicación. Pues resulta que también es muy importante para el aprendizaje. Cuando dos neuronas cercanas se excitan aproximadamente al mismo tiempo, las conexiones entre ellas se refuerzan, aumentando la probabilidad de que el mensaje de una sea captado por la otra. Aunque los principios reales del aprendizaje hebbiano son un poco más concretos, siempre he recordado el eslogan pegadizo que aprendí cuando era estudiante: «Las neuronas que se activan juntas, se conectan juntas». Y cuanto más a menudo ocurra esto, más fuerte crecerá la conexión entre las dos neuronas. ¡Es la forma que tiene tu cerebro de conectar los puntos! Asume que si los sucesos A y B ocurren prácticamente siempre al mismo tiempo, forman parte del mismo «suceso neuronal». Una vez que esto ocurre, incluso si el cerebro solo tiene pruebas de que A está ocurriendo en el mundo exterior, es probable que asuma que B también ocurrió, y creará esa experiencia para ti, de la misma manera que los participantes en el experimento de Cecere vieron dos destellos de luz cuando se presentaron dos tonos en diferentes ventanas alfa, incluso cuando solo se presentó una luz.

A medida que el aprendizaje hebbiano sigue influyendo en tu cerebro a lo largo de tu vida, la fuerza de los miles de millones de conexiones que hay en él llega a funcionar como una enorme base de datos que refleja la probabilidad de todo lo que has experimentado en tu vida. Mi cerebro, por ejemplo, necesita muy pocas pruebas para entender lo que ocurre cuando veo a alguien paseando a un perro por mi barrio. Como paseo a mis perros casi todos los días y a menudo veo a otras personas hacer lo mismo, hay miles de casos de este tipo en mi base de datos. El resultado es que la red de neuronas dedicada a identificar actividades relacionadas con perros en mi cerebro está muy bien conectada: me ayuda en la tarea visualmente exigente de entender qué tipo de criatura compleja y tridimensional está atada a la cuerda que sujeta una persona, a pesar de la variedad de tamaños, formas y colores de los perros.

Si te soy sincera, daba por sentada esta importante (para mí) adaptación hasta que vi a un tipo en mi barrio caminando por la calle con dos cabras. Como mi cerebro ya había rellenado el espacio en blanco de «qué puede haber al final de esa correa», tuve que detenerme y mirar fijamente con mi cara de «reiniciando» durante un(os) largo(s) segundo(s) antes de poder entender qué demonios estaba viendo. Y no es que una cabra sea más difícil de reconocer que un perro.[11] Si estuviera conduciendo por el campo y viera un granero con un prado de hierba delante, probablemente me resultaría mucho más fácil reconocer una cabra en el campo que entender que estaba viendo un bernedoodle. Porque después de más de cuarenta años de vida como amante de los animales, mi cerebro ha adquirido bastante información sobre cuándo y dónde es más probable que uno se encuentre con diferentes tipos de animales amigos. Y en la intersección de la búsqueda que incluye «mi barrio» y «paseos con correa» ahora se encuentran dos respuestas: «PERROS» en mayúsculas —porque es miles de veces más probable que la otra emocionante posibilidad— y «cabras». Estos atajos que hace nuestro cerebro son fundamentales para nuestra supervivencia. Incluso si pudiéramos muestrear toda energía del mundo que nos rodea y construir una representación precisa basada en los detalles a nivel de árbol, hacerlo nos llevaría tanto tiempo que el mundo ya habría cambiado para cuando lo comprendiéramos. Esto nos dejaría tomando decisiones basadas en el mundo tal y como existía hace unos momentos: cruzar la calle, con o sin perro, puede ser mortal.

---

[11] Hay unas trescientas razas distintas de cabras, pero no varían tanto en tamaño o características como las razas caninas.

Pero al igual que una región especializada del cerebro pierde la capacidad de ser «polivalente», a medida que un cerebro experimentado se adapta a un entorno específico, puede perder su capacidad de entender cosas a las que no está expuesto regularmente. Las investigaciones de mi brillante e inspiradora colega Patricia Kuhl han demostrado que esto es precisamente lo que ocurre cuando se sumerge a los bebés en sus lenguas maternas. Todos los niños nacen «ciudadanos del mundo», dice, porque pueden oír y distinguir entre los diferentes sonidos del habla que se producen en todas las lenguas del mundo. Pero al principio no son muy buenos en ninguno de ellos. Luego, a medida que adquieren experiencia escuchando una lengua concreta,[12] sus cerebros se adaptan a los sonidos de su lengua materna, pero tan pronto como esto ocurre, empiezan a perder la capacidad de oír o producir los sonidos a los que no están expuestos. Para cuando los bebés tienen seis meses, ya se pueden ver signos de que sus cerebros se están adaptando a los sonidos de su propio entorno. Y aunque los niños mayores, e incluso los adultos, pueden aprender más adelante los sonidos de nuevas lenguas, es mucho más difícil hacerlo. Por esta razón, la mayoría de los que lo hacen tienen acentos que persisten, y el hecho de que ni siquiera puedan oír sus propios acentos hace todavía más difícil cambiar su forma de hablar.

Ahora que ya sabes cómo el aprendizaje hebbiano cambia la forma de tu cerebro en función de tus experiencias y cuáles son los costes y beneficios de esta adaptación, en la siguiente sección hablaremos un poco más sobre los tipos de experiencia a los que se adapta tu cerebro.

¿Qué tipo de experiencias moldean tu cerebro?

Antes de profundizar en cómo nuestras constelaciones únicas de experiencias influyen en nuestra forma de ver el mundo, quiero ser concreta sobre lo que «cuenta» como experiencia a la hora de

[12] No te preocupes, dentro de un momento hablaremos de los bilingües, que representan más de la mitad del mundo.

desarrollar tu perspectiva. En pocas palabras, aprendemos de todas nuestras experiencias neuronales. Desde el punto de vista de tu cerebro, no importa si las señales que pasan a través de él se originan en algo que has visto en el mundo exterior o si es solo una fantasía inducida por un viaje en autobús. Cada una de las tormentas eléctricas correspondientes configura el paisaje de la base de datos de tu cerebro.

Si lo piensas, probablemente puedas intuir por qué ocurre esto. Cuando, por ejemplo, recuerdas un suceso embarazoso o doloroso, es posible que vuelvas a experimentar algunas de las emociones asociadas al suceso original.[13] ¡Incluso puede que te ruborices o se te salten las lágrimas! Esto se debe a que el proceso de recuperar un recuerdo almacenado pone al cerebro en un estado muy parecido al que tenía cuando se grabó el recuerdo. El cerebro considera esta reexperimentación del recuerdo como un segundo aprendizaje. Del mismo modo que caminar por el mismo sendero en una playa por segunda vez difumina los detalles de la caminata original y hace el sendero más discernible, esta reexperimentación del recuerdo original cambia su naturaleza y aumenta la probabilidad de que el suceso sea recuperable en el futuro. A través de este mecanismo, los recuerdos, e incluso los acontecimientos completamente imaginarios, pueden crear efectos de aprendizaje similares a los que se producen cuando el cerebro procesa información en la vida real.[14]

Hubo una vez pude utilizar estos conocimientos para lograr una gran victoria como madre. Cuando Jasmine tenía unos cuatro años, empezó a ir a clases de gimnasia. Era increíblemente grácil y fuerte, pero también era casi el doble de grande que la mayoría de los niños de su edad. Esto hacía que algunos de los

---

[13] Una vez conocí a Jeff Bezos en un evento científico y me sentí tan poco cool… «A mi marido le gusta mucho su Kindle», dije en medio de una conversación mucho más emocionante sobre cohetes. Uf.

[14] La buena noticia es que si alguna vez veo a Jason Momoa con un cóctel en la playa en la vida real, mi cerebro será capaz de reconocer lo que está pasando de inmediato. La mala noticia es que es casi seguro que haré algo vergonzoso poco después.

movimientos de fuerza fueran realmente difíciles, y uno en particular —el *pullover*— le impedía pasar al siguiente nivel.

Para aquellos de vosotros que lograsteis esquivar la gimnasia, permitidme intentar describir, con palabras, este proceso tan visceral. Hacer un *pullover* implica una cantidad monstruosa de fuerza en el tronco y la parte superior del cuerpo, y una barra. Empieza con los pies en el suelo y las manos en la barra. Entonces, de un solo golpe, se tira del pecho hacia la barra mientras se levantan los pies y se tira, con los pies por delante, hacia atrás por encima de la barra.[15] Jasmine dominaba todas las demás habilidades de su nivel, pero no era capaz de hacer un *pullover.* Practicó durante meses, en el parque infantil, durante el recreo y siempre que podía. Siempre estaba muy cerca de lograrlo, pero no conseguía levantar el trasero por encima de la barra sin un poco de ayuda desde el suelo. Entonces, la noche antes de su última clase, confesó que se sentía desanimada porque sus amigas iban a pasar de nivel sin ella porque no podía hacer un *pullover*.

Lo admito. Me asusté un poco, pero solo por dentro. Jasmine fue criada por una madre soltera en la escuela de posgrado, así que no creo que ninguna de las dos estuviéramos especialmente «privadas de fracaso», pero odiaba ver esa carita de decepción. Creo que a veces se pueden conseguir cosas difíciles con trabajo duro, pero como persona con casi ningún talento físico, también entiendo que existen ciertos límites.[16] En ese momento de desesperación, me aferré a algo que había aprendido sobre imágenes mentales y atletismo en una de mis clases de posgrado: «¿Te imaginas lo que se sentiría al hacer un *pullover*?» le pregunté mientras la arropaba en la cama. «Sí», respondió. «¡Pues entonces puedes practicar mentalmente!», le dije. Recorrimos juntas el proceso. Le pedí que recordara lo que sintió cuando superó la barra con un poco de ayuda de su profesor. Juntas pintamos la imagen mental: empujar, tirar, subir y *zas*.

---

[15] Estoy casi segura de que lo estoy explicando fatal. Si te he dejado con la duda, puedes buscar «Cómo hacer dominadas» en YouTube, ¡pero no te dejes engañar por lo fácil que parece!

[16] Desgraciadamente, también hay algunas barreras institucionales bastante serias que se interponen en el camino en diferentes circunstancias.

Para ser sincera, nunca creí que funcionaría. Soy una de esas personas a las que les cuesta no hacer nada. Pero que me *parta un rayo* si no hizo un *pullover* en su siguiente clase, y prácticamente cada vez que lo intentó a partir de entonces.[17]

Desde entonces, el recuerdo del *pullover* que imaginamos se ha convertido en un camino trillado tanto en el cerebro de Jasmine como en el mío. Nos lo recordamos mutuamente cuando nos preocupamos por algo, lo que podría considerarse una práctica mental de cosas que no quieres imaginar que se hagan realidad. Mientras sigues aprendiendo sobre los tipos de experiencias mentales que conforman tu forma de entender el mundo, intenta recordar que, en lo que respecta a tu cerebro, las realidades que recuerdas, imaginas y sobre las que te preocupas, cuentan como datos que tu cerebro utiliza para adaptarse a tu entorno. En la próxima sección hablaremos de un tipo concreto de experiencia, el lenguaje, y del profundo efecto que puede tener en la formación del cerebro.

Evaluando tu experiencia lingüística

El punto central de este capítulo es que nuestras experiencias vitales moldean nuestro cerebro de forma que lo hacen más apto para afrontar experiencias similares en el futuro. Por desgracia, me resultaría imposible crear una evaluación que recogiera todas las experiencias vitales que han moldeado tu perspectiva. Incluso si pudiera, la gran mayoría de ellas serían cosas que no se han estudiado bien en el laboratorio, así que he decidido centrarme en una experiencia que casi todos los seres humanos compartimos y que se sabe que tiene una influencia dominante en la mente y el cerebro: el idioma o los idiomas que hablamos. El lenguaje es tan importante para nuestra forma de pensar, sentir y comportarnos

---

[17] Por supuesto, no hay ningún experimento de «control» en esta anécdota. Es posible que después de tanta práctica en la vida real y una buena noche de sueño, lo hubiera conseguido de todos modos. Y ningún grado de práctica mental puede anular las limitaciones físicas del cuerpo. Yo no puedo volar en la vida real, no importa cuántas veces practique en mis sueños. Sin embargo, hay una cantidad significativa de investigaciones experimentales que sí muestran mejoras tras la práctica mental.

que pasamos la mayor parte del tiempo que estamos despiertos utilizándolo. A continuación he seleccionado algunos ítems del Cuestionario de Experiencia y Competencia Lingüísticas (LEAP-Q) que utilizamos en el laboratorio y que fue desarrollado por Blumenfeld y Kaushanskaya.

CUESTIONARIO LINGÜÍSTICO ABREVIADO

1. Enumera todos los idiomas que conoces, en el orden en que los aprendiste.
2. Pensando en una semana normal, ¿qué porcentaje del tiempo dedicas a utilizar cada lengua? Esto incluye escuchar música o ver la televisión en la lengua, no solo hablarla. (Pista: los porcentajes de todas las lenguas deben sumar 100).
3. Si hablas más de una lengua, ¿a qué edad aprendiste a hablar en tu segunda lengua? Repite esta pregunta para la tercera lengua y las siguientes, si sabes más.
4. Si hablas con fluidez más de un idioma, ¿a qué edad empezaste a hablar con fluidez tu segundo idioma? Repite esta pregunta para el tercer idioma y los siguientes si hablas con fluidez más de dos idiomas.
5. Si hablas más de un idioma, puntúa tu dominio del segundo idioma en una escala de 0 a 10 para las siguientes competencias:
   a. conversar
   b. escuchar
   c. leer

(Nota: si no tienes experiencia en un segundo idioma, pon ceros aquí).

¿Hasta qué punto son diversas tus estadísticas lingüísticas?

En realidad, no tiene sentido hablar de lo «típico» que eres en este espacio, porque para hacerlo necesitaría saber de dónde vienes. Si vives en Luxemburgo, por ejemplo, y afirmas que solo sabes un idioma, formarías parte de la gran minoría, pero en muchas ciudades estadounidenses no sería así.[18] Y esto tiene sentido si se tiene en cuenta que este capítulo trata de la adaptación a tu entorno. Recuerda que el lenguaje es solo un ejemplo de esta adaptación, pero como se basa en un conjunto de estadísticas que utilizamos constantemente a lo largo del día, puede proporcionar un buen modelo de lo adaptado que está tu cerebro.

Si no sabes más de un idioma, o si tus conocimientos de un segundo idioma son limitados (por ejemplo, tu nivel de competencia es inferior a 4), o los has adquirido más tarde (por ejemplo, después de la adolescencia), tu cerebro está más estrechamente sintonizado con tu primer idioma que si tiene experiencias lingüísticas más diversas. Una de las ventajas es que el cerebro está mejor preparado para utilizar esa única lengua que el de alguien que ha aprendido más de una. A grandes rasgos, esto se debe a que las personas que hablan varios idiomas tienen más opciones que considerar a la hora de utilizar sus estadísticas para comprender o producir un idioma.[19] Necesitan resolver la competencia entre ellos antes de utilizar un idioma concreto. Esto significa que tardan una fracción de segundo más en acceder a cualquier información lingüística que necesiten utilizar, incluso en su lengua más dominante. Pero, como verás en este capítulo, estar ampliamente expuesto a distintos tipos de estadísticas también tiene sus ventajas.

---

[18] Los datos del Censo de EE. UU. sobre el uso de idiomas son bastante limitados. Solo preguntan si en casa se habla una lengua distinta del inglés, y luego piden a los participantes que elijan cuál de las cuatro categorías describe lo bien que hablan inglés: «nada»; «no muy bien»; «bien», y «muy bien». No hay información sobre lo bien que hablan la otra lengua no inglesa ni sobre la frecuencia con que utilizan una u otra.

[19] Esto se complica aún más por el hecho de que las interacciones interlingüísticas crean competencia cuando el cerebro bilingüe intenta seleccionar información en una u otra lengua.

Las personas expuestas a varios idiomas no solo tienen un conjunto más rico de comportamientos entre los que elegir,[20] sino que también es probable que tengan en cuenta más información a la hora de decidir cómo comportarse; por ejemplo, qué idioma les parece más apropiado en el contexto actual. Pero el coste de esta consideración de diversas formas de responder «en la naturaleza» claramente puede sumar puntos. En resumen, tener un cerebro más expuesto puede ralentizar el procesamiento en cualquier entorno o contexto concreto, pero también permite a una persona estar preparada para un mayor número de situaciones.

Así que, ¿hasta qué punto está tu cerebro «sintonizado» con el lenguaje? Al considerar tu perfil de respuestas, una cosa que me gustaría señalar es que —como la mayoría de las cosas que hemos tratado en este libro— el uso del lenguaje es un concepto multifacético que no puede caracterizarse bien por el único eje que «monolingüe» versus «bilingüe» o «multilingüe» parece reflejar. En nuestro laboratorio, hemos estudiado las diferencias cerebrales y cognitivas relacionadas con cuatro aspectos de la experiencia lingüística: 1) la precocidad —si es que hubo— de la exposición a una segunda lengua; 2) el dominio de la segunda lengua o de la lengua menos dominante; 3) la frecuencia con la que una persona utiliza cada una de las lenguas que conoce, y 4) la similitud entre las lenguas que habla. Cada uno de estos aspectos está relacionado con el modo en que el cerebro utiliza las experiencias previas para conformar la manera de entender el mundo y desenvolverse en él.

Pero fíjate en que ninguna de estas preguntas se refiere a cuántas lenguas habla una persona. La razón es que el modo en que las distintas experiencias lingüísticas moldean el cerebro depende de los demás factores. En lo que queda de capítulo, utilizaremos el lenguaje como modelo de experiencia para explicar por qué estos factores son importantes y aportaré ideas sobre una gama más amplia de experiencias vitales a las que se adapta el cerebro.

---

[20] Supongo que el beneficio de poder hablar un idioma y la oportunidad que abre de poder comunicarse con alguien en ese idioma hablan por sí solos.

Por qué importa la edad: el impacto diferencial de las experiencias tempranas y tardías

El lenguaje ofrece un modelo interesante para explorar cómo nuestras experiencias moldean nuestro cerebro, porque —para la mayoría de nosotros— seguirá haciéndolo a lo largo de toda nuestra vida. Por ejemplo, la mayoría de los adultos angloparlantes conocen el significado de entre 20 000 y 35 000 palabras en inglés, y, sin embargo, hay más de 170 000 palabras de uso común en la lengua inglesa. Esto significa que si eres una persona a la que le gusta leer, o escuchar podcasts, o incluso participar en conversaciones sobre temas con los que no está familiarizado, es muy probable que sigas topándote con palabras que nunca antes habías oído (¿quizá incluso hayas aprendido algunas en este libro?). Sin embargo, la mayoría de nosotros sabemos que es mucho más fácil aprender idiomas de niños que de adultos. Esto plantea una pregunta: ¿cuánto se aprende en los primeros años de vida, cuando intentamos dar sentido a la «confusión floreciente y frenética», y cuánto podemos adaptarnos más tarde?

La respuesta breve es que hay diferentes *ventanas* de adaptación en distintas partes del cerebro. Para simplificar, podemos clasificar las regiones cerebrales en tres tipos, en función de cuánto y durante cuánto tiempo están abiertas a la experiencia. El primer tipo, formado casi exclusivamente por las partes del cerebro que regulan las funciones que nos mantienen vivos, es independiente de la experiencia. Son las partes del cerebro que regulan las funciones críticas, como la respiración, el ritmo cardíaco y la temperatura corporal, que no varían mucho de un entorno a otro.

A continuación tenemos las regiones expectantes de la experiencia. Son las partes del cerebro predestinadas a aprender a interpretar determinados tipos de información sobre el mundo «exterior», porque están programadas para recibir información de los sentidos. Por ejemplo, en los bebés con un desarrollo normal, la luz que entra por los ojos es transportada a la corteza occipital, en la parte posterior del cerebro; los sonidos que entran por los oídos son transportados a la corteza auditiva, en los lóbulos temporales de los lados del cerebro, y los olores que entran por la nariz son procesados por el bulbo olfatorio, situado en la parte inferior de la parte frontal del cerebro. El hecho de que tengamos que aprender a reconocer las cosas que vemos, oímos y olemos permite a los bebés humanos desarrollar su pericia en los entornos en los que han nacido. Y como muestra el documental francés *Babies*, hay similitudes notables y diferencias interesantes en los entornos de los bebés criados en distintas partes del mundo.

Sin embargo, como nuestros cerebros evolucionaron antes de que inventos como los aviones e Internet facilitaran el transporte de una parte del mundo a otra, muchas de las regiones a la espera de experiencias también pasan por «periodos críticos»[21] a la hora de recibir información. Al nacer, están a la espera de datos y son increíblemente maleables. Pero a medida que envejecemos y estas zonas acumulan información sobre el mundo que las rodea, se atrincheran cada vez más en el procesamiento de los tipos de cosas que esperan ver y se ven cada vez menos influidas por las nuevas experiencias del mundo exterior. La fuerza de la experiencia temprana en las regiones cerebrales ansiosas de experimentar quedó demostrada de forma convincente en una serie de experimentos realizados en los años setenta, en los que se criaron gatitos en entornos visuales muy específicos, como habitaciones con únicamente líneas verticales, o barriles con objetos en las paredes que solo giraban hacia la izquierda. En estas condiciones, los cerebros de los gatitos se sintonizaron tanto con los tipos de estímulos restringidos a los que estaban expuestos, que no podían ver las cosas a las que no habían estado expuestos antes en su vida, como líneas horizontales u objetos que se movían hacia la derecha. Afortunadamente, no criamos a los bebés en barriles, pero la investigación de Patricia Kuhl demostró un efecto similar basado en los sonidos del habla a los que están expuestos los bebés. A modo de recordatorio: después del primer año de vida, los bebés humanos pierden

[21] Muchos científicos prefieren llamar a estos periodos «sensibles», ya que parece ser una cuestión de grado de apertura a la experiencia más que un fenómeno de todo o nada. Además, los cerebros difieren en el momento y el grado en que dejan de estar abiertos a la información.

la sensibilidad a los sonidos del habla que no se producen en su lengua materna.

Afortunadamente, hay partes de nuestro cerebro que permanecen maleables durante gran parte de nuestra vida.[22] Son las partes del cerebro que dependen de la experiencia. Entre ellas se encuentran la mayoría de nuestras áreas corticales de «asociación», incluidas las que nos permiten aprender vocabulario a lo largo de nuestra vida. Una de las regiones dependientes de la experiencia más importantes es el lóbulo frontal, que —como aprendimos en el capítulo anterior— sustenta gran parte del comportamiento flexible que caracteriza la adaptabilidad humana. Y, como podrás suponer, los núcleos de los ganglios basales también dependen de la experiencia. De hecho, podría decirse que se encuentran entre las regiones cerebrales más adaptables porque son ricas en señales de comunicación dopaminérgica que aumentan la plasticidad neuronal. En el próximo capítulo aprenderás lo importante que es esto para dar forma a los procesos de toma de decisiones de tu cerebro. Mientras tanto, vamos a hablar del importante trabajo que tiene que hacer tu cerebro antes de que puedas tomar una decisión formada sobre cómo comportarte. Porque antes de que tu cerebro pueda aprender qué hacer a continuación, tiene que saber lo que está pasando justo en ese momento. En la próxima sección, retomaremos nuestro debate sobre los atajos y conoceremos algunas de las formas en que nuestras experiencias moldean la manera en que aprendemos a comprender el mundo en el dominio visual.

Desarrollar la perspectiva: cómo tu entorno determina lo que ves

Volvamos al Vestido para ver un ejemplo sorprendente, pero divertido, de cómo nuestras experiencias determinan nuestra forma de entender el mundo. Resulta que al menos parte de la razón por

[22] Esto no quiere decir que nuestro cerebro sea igual de maleable a lo largo de nuestra vida, ni que nuestras experiencias tempranas y tardías tengan los mismos efectos en nuestra forma de comportarnos. Pero es cierto que ciertas partes de nuestro cerebro permanecen más abiertas a la experiencia que otras.

la que algunas personas ven el vestido blanco y dorado, mientras que otras lo ven azul y negro, se debe a las diferencias en nuestras experiencias. De hecho, es probable que todo el proceso de ver el color implique mucha más interpretación de la que crees. Quizá te sorprenda saber que los colores que vemos corresponden a longitudes de onda de luz específicas. Incluso puede que hayas aprendido que la visión del color típica incluye tres tipos diferentes de receptores (o conos) situados en la parte posterior del ojo que responden preferentemente a longitudes de onda de luz largas, medias o cortas. Esto parece una forma sencilla de averiguar de qué color es algo sin necesidad de complicarse tanto. ¿Cómo puede el color de algo estar abierto a la interpretación?

Afortunadamente, la forma en que entendemos de qué color es algo no es tan simple. Si lo fuera, todos podríamos ponernos de acuerdo sobre el color del Vestido, pero también estaríamos de acuerdo en que una manzana verde se vuelve roja al atardecer y azulada a la sombra.[23] Porque el hecho es que, a medida que cambia la naturaleza de la luz que rebota en un objeto, también cambian las longitudes de onda que llegan a nuestro cerebro a través de los ojos. Afortunadamente, una de las cosas que nuestro cerebro aprende de la experiencia es que es más probable que cambien las propiedades de la luz que rebota en un objeto que el color del propio objeto. Por eso, para ajustarse a las distintas situaciones de iluminación, utiliza un atajo: hace un estudio de todas las longitudes de onda en un contexto determinado y utiliza las diferencias entre ellas —en lugar de su valor absoluto— para averiguar de qué color puede ser algo.

Lo que hace que la imagen del Vestido sea difícil de interpretar para tu cerebro es que no hay mucho contexto en la imagen para calibrar qué tipo de iluminación está rebotando en ella. En estas circunstancias, los cerebros de las personas hacen suposiciones diferentes, de forma automática, sobre cómo es la luz en la imagen.

---

[23] En aras del tiempo, evitaré los entresijos de cómo la atmósfera terrestre absorbe las distintas longitudes de onda de la luz cuando el sol está bajo en el horizonte, etcétera. Baste decir que, en diferentes condiciones, las características de la luz que rebota en un objeto y llega a los ojos pueden cambiar mucho.

Los que veis un vestido blanco y dorado lo hacéis porque vuestro cerebro supone, basándose en toda una vida de experiencias con fuentes de luz, que la luz viene de detrás y que el vestido está en la sombra. Para «arreglar» esto, resta automáticamente los tonos azul oscuro y negro y te ofrece el blanco y dorado. Otros, como yo, que vemos el vestido azul y negro, suponemos que está bien iluminado por delante o por arriba, posiblemente a través de alguna fuente de iluminación artificial, y por eso no hacemos esa resta.

¿Qué tipo de experiencias vitales pueden influir en nuestras suposiciones sobre la iluminación? Pascal Wallisch, escritor e investigador de la visión, puso a prueba una hipótesis interesante al explorar si las personas que suelen levantarse temprano por la mañana (las «alondras») verían el vestido de forma diferente a las que se levantan tarde y se quedan despiertas hasta tarde (los «búhos»). Su hipótesis era que las alondras tendrían más experiencia con la iluminación natural y, por tanto, sería más probable que supusieran que el vestido estaba a la sombra y lo vieran blanco y dorado. Por otro lado, los búhos, que pasan más tiempo despiertos al anochecer, tendrían más experiencia con la iluminación artificial y sería más probable que vieran el vestido negro y azul. Para probar su hipótesis, preguntó a 13 000 personas de qué color creían que era el vestido y cuáles eran sus hábitos normales de sueño. Cuando lo hizo, descubrió un resultado pequeño pero fiable que concordaba con su intuición: las alondras eran más propensas a ver el vestido blanco y dorado, mientras que los búhos lo veían azul y negro.[24]

También merece la pena señalar que, del mismo modo que no puedes dejar de ver el cubo negro al principio del capítulo solo porque te diga que no es real, es poco probable que puedas cambiar tu forma de ver el vestido solo porque hayas descubierto el

---

[24] Hay que tener en cuenta que yo soy una alondra extrema y veo azul y negro, y Wallach admite que él es un búho extremo que vio por primera vez el vestido como blanco y dorado; sin embargo, como él señala, teniendo en cuenta toda una vida de experiencias visuales, es razonable esperar que solo una pequeña parte de la variación pueda explicarse por las preferencias de sueño y vigilia. Por ejemplo, muchas alondras también pasan mucho tiempo trabajando en interiores, y muchos búhos se ven obligados a despertarse antes de lo que les gustaría para trabajar de nueve a cinco.

efecto de la iluminación. Este es un ejemplo destacado de una situación en la que los objetivos o las instrucciones no pueden anular los procesos automáticos que tu cerebro ha aprendido de la experiencia. Hablaremos más sobre esto en el capítulo 6, pero si alguien estuviera muy interesado en cambiar su forma de ver el vestido, necesitaría alimentar sistemáticamente su cerebro con muchos tipos de experiencias de iluminación (natural o cenital) para moldear estos procesos perceptivos tempranos, y estaría trabajando en contra de toda una vida de aprendizaje.

Aunque no puedo imaginar por qué una persona estaría tan motivada como para hacerlo, después del Vestido espero sinceramente que algunos de vosotros os intereséis en modificar la forma en que vuestro cerebro llega a entender las relaciones más complejas, incluidos los sesgos implícitos que formamos en nuestras regiones cerebrales dependientes de la experiencia en torno a la raza, la edad, el género y la orientación sexual, por nombrar algunos. Aunque estos sesgos afectan a la forma en que aprendemos a asociar entre sí conceptos de nivel superior que se dan al mismo tiempo o en los mismos contextos, pueden influir de forma perturbadora en nuestra comprensión perceptiva temprana del mundo.

Un ejemplo flagrante de ello, que se ha demostrado de manera repetida en laboratorios de todo el mundo, en diferentes poblaciones y en condiciones diversas, es que es más probable que las personas digan haber visto un arma cuando un objeto ambiguo se presenta junto a un rostro negro (en el espacio o en el tiempo) que cuando se presenta junto a un rostro blanco. El efecto fue demostrado por primera vez por Keith Payne en 2001. A lo largo de dos experimentos, Payne mostró a 60 participantes no negros una serie de imágenes en blanco y negro de herramientas o pistolas, que aparecían rápidamente en la pantalla durante una quinta parte de segundo, y les pidió que indicaran lo que veían. El truco consistía en que, en ambos experimentos, se presentaba brevemente una imagen de un rostro masculino blanco o negro antes de cada objeto a reconocer. A los participantes del experimento se les dijo que las caras eran solo una señal de que el objeto se acercaba; no se esperaba que la relacionaran con los objetos de ninguna manera, y, de hecho, no lo hicieron. Las caras blancas y negras se presentaban con la misma frecuencia antes de las herramientas y de las pistolas. A pesar de ello, a los participantes de Payne les resultó mucho más fácil, según sus tiempos de reacción, reconocer una pistola cuando se presentaba después de una cara negra que después de una cara blanca. La pistola también se reconocía más fácilmente que la herramienta después de la cara negra, aunque ambas eran igual de fáciles de percibir cuando se presentaban después de la cara blanca.

Aunque el tamaño de este efecto fue bastante pequeño,[25] lo que refleja sobre el aprendizaje y los cerebros de los participantes es muy importante. El hecho de que las pistolas mostradas después de las caras negras fueran lo más fácil de reconocer en el experimento sugiere que, en general, las bases de datos neuronales de los participantes contenían un vínculo lo suficientemente fuerte entre las rostros negros (A) y las pistolas (B) como para que se creara un atajo en sus cerebros. En otras palabras, la explicación más directa de por qué la gente reconocía más rápido una pistola después de un rostro negro es que, cuando veían el rostro negro de forma aislada, sus cerebros ya habían empezado a rellenar el espacio en blanco y a construir el concepto de arma.

Las escalofriantes implicaciones de este «atajo» en el mundo real se hicieron aún más evidentes en el segundo experimento, que obligó a los participantes a tomar decisiones más rápidas sobre si una imagen que se les presentaba era o no una pistola. Siguiendo una cara negra, los participantes identificaron erróneamente una herramienta como una pistola el 37 % de las veces (más de 1 de cada 3 veces), mientras que el error inverso, identificar una pistola como una herramienta, se produjo el 25 % de las veces.[26]

Las consecuencias mortales de esta situación son evidentes para cualquiera que tenga acceso a las noticias.[27] Y, por desgra-

[25] La presentación de la cara negra antes de la pistola redujo el tiempo de reconocimiento entre 20 y 30 milisegundos.

[26] Tras las caras blancas, los participantes cometieron el mismo número de errores al identificar herramientas o armas.

[27] Malcolm Gladwell trata este tema hasta cierto punto en su libro *Blink*.

cia, una pregunta fundamental que queda en gran medida sin respuesta en esta investigación original es cómo solucionarlo. Una forma de empezar es averiguar de dónde proceden los datos que generan estos prejuicios. A pesar de que muchos estadounidenses poseen armas, es difícil creer que los universitarios de estos estudios hayan tenido muchas (o ninguna) experiencia en la vida real con hombres negros y armas. Entonces, ¿de dónde proceden estos prejuicios?

Para responder a esta pregunta, volvamos a nuestra noción de lo que «cuenta» como experiencia. En pocas palabras, cuanta menos experiencia tengas en la vida real con un tipo concreto de persona, lugar o cosa, más probable es que la entrada de la base de datos de tu cerebro para ese tema se base en lo que ves en la televisión o lees en las noticias, en las redes sociales o en representaciones ficticias. Recuerda que a tu cerebro no le importa si estás experimentando algo, recordándolo o imaginándolo: todas estas experiencias mentales cuentan. Por lo tanto, si los rostros negros que ves en la televisión tienen más probabilidades de sostener una pistola que un estetoscopio,[28] tu cerebro asumirá que eso es una verdad universal y lo incorporará a las lentes basadas en la experiencia a través de las cuales ves.

De este modo, muchos de nuestros cerebros quedan literalmente moldeados por los sesgos sistémicos de nuestra sociedad a medida que consumimos las versiones de la realidad creadas por otros.[29] Y estos sesgos pueden influir en la forma en que entendemos el mundo de maneras tan rápidas y automáticas como las que interpretan el color del Vestido. Lo que me lleva a otra distinción importante: las personas que participaron en esta investigación y tienen este tipo de atajos en el cerebro no tienen necesariamente ideas conscientes y explícitas sobre qué tipo de personas llevan armas. De hecho, sus creencias explícitas y su base de datos

---

[28] Muchas gracias a Shonda Rhimes por ayudar a corregir este estereotipo (¡al menos en mi cerebro!).

[29] En particular, estos otros tienden a ser hombres blancos privilegiados que crean contenidos desde su punto de vista.

experiencial son perfectamente capaces de contradecirse, una idea sobre la que volveremos en el capítulo 6. Esto hace que no esté claro si las formaciones sobre prejuicios implícitos que se imparten actualmente en los tribunales o en el lugar de trabajo pueden tener algún efecto sobre los atajos que nuestro cerebro ha formado.[30] Del mismo modo que decirte por qué ves un vestido blanco y dorado, aunque en realidad fuera negro y azul, no cambia lo que ves, ser consciente de tus prejuicios implícitos es poco probable que cambie la forma en que influyen automáticamente en ti. Lo mejor que se puede esperar de una educación de este tipo es que cambie tu conciencia y, gracias a ello, te haga replantearte tu comportamiento. Hablaremos más sobre la relación entre conocer mejor y actuar mejor en el próximo capítulo. Por ahora, concluyamos lo que hemos tratado en este capítulo regresando a nuestra conversación sobre las experiencias lingüísticas.

Resumen: los cerebros estrechamente sintonizados están bien preparados para entornos específicos, mientras que los cerebros ampliamente expuestos barajan más opciones

Puedes pensar en los sesgos implícitos que hemos analizado en este capítulo como el resultado de una sobreadaptación que ocurre cuando un cerebro se atrinchera en un entorno que es más estrecho que aquel en el que le gustaría operar. Es algo parecido al proceso de especialización que comentamos en el capítulo 1, cuando una región del cerebro está cada vez mejor preparada para ejecutar cada vez menos tareas. La diferencia es que, en este caso, son franjas gigantescas del cerebro las que se preparan para existir en un lugar y un momento determinados. Y basándonos en lo que hemos debatido sobre cómo las experiencias moldean fundamentalmente nuestra comprensión del mundo, creo que tendremos que

[30] Cabe señalar que se está investigando la eficacia de estos programas, pero los resultados obtenidos hasta la fecha no ofrecen una explicación mecánica clara de cómo podrían funcionar.

hacer algo más a parte de leer libros[31] para corregir estos atajos en nuestros cerebros. En primer lugar, debemos tener más en cuenta qué tipo de experiencias alimentan nuestro cerebro. ¿Cuáles son las asociaciones subyacentes en las ideas que consumimos?

Otra forma de ampliar nuestras bases de datos es exponernos a diversas experiencias del mundo real y permitir que las narraciones contadas desde distintos puntos de vista nos moldeen. Volviendo a nuestro ejemplo modélico de la experiencia lingüística, podemos hacer algunas deducciones sobre cómo serían los cerebros con experiencias vitales más diversas. El hecho es que las personas que hablan regularmente más de un idioma necesitan aprender, al menos, dos conjuntos de estadísticas lingüísticas. Y hacerlo tiene un coste: hay evidencias considerables de que si se mide la competencia de un idioma en un niño que aprende dos lenguas al mismo tiempo, su trayectoria de desarrollo es un poco más lenta que la de los que aprenden solo una (e incluso en adultos bilingües altamente competentes puede ser un poco más difícil acceder a cualquiera de las dos lenguas que en un cerebro monolingüe).

Esto se debe a que las estadísticas de los dos idiomas de un bilingüe no se mantienen en su cerebro en paquetes bonitos y apartados. De hecho, están tan íntimamente entrelazados, que oír o pensar en cualquier palabra de una lengua activa automáticamente las neuronas asociadas en su otra lengua hasta cierto grado. Y cuando un bilingüe quiere hablar en la lengua que domina menos, tiene que anular la activación más fuerte y automática de su lengua dominante. Es decir, cuando un bilingüe habla en su lengua no dominante, es un poco como tener que nombrar el color en el que está impresa una palabra cuando la palabra y el color en el que está impresa no coinciden.

Ten paciencia, ya sé que esto no suena muy atractivo…

Andrea y yo hemos estudiado el enrutamiento de señales de los ganglios basales en bilingües, y hemos reunido pruebas que

---

[31] No me malinterpretes, creo firmemente en un buen libro de no ficción como forma de educarte. Simplemente no creo que puedas detenerte ahí si quieres cambiar, por razones que discutiremos en el capítulo 6.

sugieren que la experiencia lingüística bilingüe puede entrenar el cerebro de una persona para tener un «jinete» más fuerte. De hecho, demostramos que esta mejora en el enrutamiento de señales en individuos bilingües les hacía más rápidos que los monolingües a la hora de ejecutar nuevas tareas matemáticas. El hecho de que las personas con experiencia lingüística diversa tengan múltiples formas de expresarse puede generar más conflictos en sus cerebros, pero también les entrena para estar más presentes en el contexto en el que están operando. Los bilingües no pueden limitarse a propagar automáticamente la activación de A a B y seguir utilizando su lengua menos dominante con precisión.

En un estudio reciente que publiqué con mi aprendiz postdoctoral Kinsey Bice[32] en 2020, buscamos pruebas de ese mayor control en 197 cerebros: 91 pertenecientes a personas que solo conocían un idioma y 106 pertenecientes a personas que tenían experiencia con más de un idioma, basándonos en sus patrones de orquestación neuronal en reposo. En general, las personas con experiencias lingüísticas más diversas tenían mayor potencia alfa, lo que sugiere que tenían mayores cantidades de sincronización cerebral procedente de esas frecuencias de control del mundo interior. ¡Y esto mientras sus cerebros estaban en reposo! Además de lo que hemos aprendido en este capítulo sobre cómo se «adaptan» los cerebros, la influencia de la experiencia lingüística bilingüe en la potencia alfa fue mayor en aquellos que utilizaban ambos idiomas de forma habitual. Esto sugiere que no solo necesitamos tener una base de datos diversa de experiencias, sino también practicar el uso de estas experiencias para operar en diferentes contextos.

Aunque la investigación sobre los efectos más amplios de las diferentes experiencias lingüísticas en los patrones característicos de pensamiento, sentimiento y comportamiento de las personas ha sido algo controvertida en este campo, hemos argumentado que esto se debe en parte a que los investigadores no siempre tienen en cuenta los diferentes tipos de experiencias que se engloban bajo el término «bilingüismo». Parece que cada vez hay más pruebas de

---

[32] La cual habla cuatro idiomas en mayor o menor medida, ¡y dos con fluidez!

que las personas que utilizan más de una lengua de forma habitual tienen cerebros que se ven y funcionan de forma diferente a los que solo utilizan una.

Aunque no soy tan ingenua como para pensar que aprender a hablar varios idiomas corregirá los problemas creados por los sesgos implícitos, sí creo que es importante ser conscientes de las fuentes de información con las que estamos alimentando a nuestros cerebros. Porque es totalmente plausible que los multilingües proporcionen un buen modelo de cómo son los cerebros expuestos a diversos conjuntos de estadísticas. Puede que seamos un poco más lentos a la hora de responder en una situación concreta, pero también puede que obliguemos a nuestros cerebros a ser más flexibles y sensibles al contexto en el que operan. En el próximo capítulo, profundizaremos en las implicaciones mientras nos adentramos en los mecanismos que utiliza tu cerebro para tomar las grandes y pequeñas decisiones que nos conducen por la vida.

CAPÍTULO 6

HACERSE CAMINO

Cómo el conocimiento crea hojas de ruta y por qué no siempre las utilizamos para tomar nuestras decisiones

Ahora que ya has leído más de la mitad de este libro, espero que estés demasiado metido como para volver atrás, así que aprovecharé la oportunidad para empezar a plantearte algunas de las preguntas más difíciles sobre ti y tu cerebro. En los capítulos anteriores te he dado mucho en lo que pensar. La mayor parte hacía referencia a descubrimientos científicos sobre el funcionamiento del cerebro. De vez en cuando, incluso he dado algunos consejos sin que nadie me los pida. Y basándome en lo que hablamos en el capítulo 5, sé que estas experiencias tendrán cierta influencia en la forma en que está conectado tu cerebro. Pero la verdadera pregunta que tengo para ti es ¿crees que alguna de las cosas que has aprendido cambiará realmente tu forma de pensar, sentir o comportarte?

Maya Angelou, una de las personas más extraordinarias que he tenido el privilegio de escuchar,[1] dijo una vez: «Haz las cosas

---

[1] Para que quede claro, nunca conocí a Maya Angelou. Jasmine y yo nos senta-

lo mejor que puedas con lo que sabes. Una vez aprendas más, hazlo mejor».[2] Y aunque pienso en sus palabras en busca de inspiración, también me doy cuenta de que, para la mayoría de nosotros, la relación entre lo que sabemos y lo que hacemos no es tan directa. Y en este capítulo vamos a empezar a indagar en el por qué.

Para ello, tenemos que basarnos en lo aprendido en los dos últimos capítulos sobre cómo los distintos cerebros perciben y se adaptan a su entorno. A partir de ahí, surge una pregunta lógica: ¿Cómo utilizan los distintos cerebros su comprensión de la situación actual, junto con el conocimiento adquirido a partir de sus experiencias previas, para desenvolverse en la vida?

Subjetivamente, algunas experiencias parecen influir más en nuestro comportamiento que otras. Pero ya hemos pasado bastante tiempo tratando cómo nuestro cerebro construye nuestra realidad de manera inconsciente. ¿Cómo influye todo ello en nuestro comportamiento?

Para entender mejor cómo lo que aprendes influye o no en tus procesos de toma de decisiones, empecemos con un escenario imaginario en el que te enseñan explícitamente una información que tiene claras implicaciones para que cambies tu comportamiento. Supongamos, por ejemplo, que tu médico te dice que tu nivel de azúcar en sangre es alto. No es una buena noticia porque aumenta el riesgo de padecer diabetes de tipo 2, cardiopatías y accidentes cerebrovasculares. Sin embargo, también te dice que la enfermedad es reversible. Si aplica los cambios de estilo de vida que te sugiere —disminuir la cantidad de azúcar y carbohidratos refinados de la dieta y aumentar el ejercicio—, hay muchas probabilidades de que los niveles de azúcar disminuyan hasta alcanzar

---

mos en primera fila cuando vino a dar una conferencia a la UC Davis durante mis estudios de posgrado, y sentí como si estuviera hablando conmigo. La experiencia, al igual que ella, fue fenomenal.

[2] No estoy segura de cuándo lo dijo Maya Angelou por primera vez, pero sospecho que se convirtió en algo así como un mantra que repetía a menudo. Recuerdo oír a Oprah de lo mucho que le había influido cuando Angelou se lo dijo.

un baremo saludable. Si llevas a cabo los cambios te sentirás mejor y con más energía.[3]

¿Y ahora qué? «La conciencia es el mayor catalizador del cambio», afirma el influyente autor Eckhart Tolle. Saber que tienes un problema de salud reversible aumenta casi con toda seguridad la probabilidad de que hagas cambios saludables en tus hábitos diarios. Pero al igual que el coste de prestar atención es mayor para unos cerebros que para otros, la capacidad de controlar tus comportamientos basándote en instrucciones sobre lo que debes hacer también es mucho más fácil de conseguir para ciertos cerebros que para otros. Recuerda que habíamos hablado un poco de esto en el capítulo 3. ¿Cuánto esfuerzo supone utilizar esos objetivos de baja frecuencia del mundo interior para dirigir el coro de «voces» procedentes del mundo exterior? Como mínimo, puedo afirmar con bastante seguridad que, aunque la conciencia puede ser un catalizador del cambio, desde luego no lo garantiza. Como dijo Daniel Kahneman en su famoso libro *Thinking, Fast and Slow*: «No se trata de: "Lee este libro y pensarás diferente". Yo he escrito este libro y no pienso diferente». Si el mundo funcionara así, leer mi libro podría darte la información que necesitas para aceptarte tal y como eres.

En cambio, en el mundo real, a veces nos comportamos de formas que son totalmente incoherentes con cómo creemos que queremos comportarnos. Y cuando reflexionamos sobre estos momentos a posteriori, la verdad sobre la relación entre el saber y el hacer se parece más a lo que me enseñó mi gurú de la infancia, el héroe de dibujos animados G.I. Joe: «Saber es la mitad de la batalla». Siempre decía esto después de revelar la lección moral de cada episodio de dibujos animados. Pero incluso cuando era una fan de la serie de ocho años, me preguntaba cuál era la otra mitad de la batalla.[4] En lo que queda de este capítulo, haré todo lo posible por describir toda la batalla tal y como yo la entiendo.

---

[3] Como recordatorio, en caso de que no hayas leído el prefacio, no soy ese tipo de médico. Esto es solo una ilustración.

[4] Leí esta cita en un gran escrito, el estudio de Ariella Kristal y Laurie Santos

Para profundizar en este complejo tema, volvamos a la idea de los dos tipos de «control» en tu cerebro, que anteriormente presenté como el «caballo» y el «jinete» porque la forma en que navegas por las decisiones de tu vida se compone, sin duda, de un porcentaje de la toma de decisiones del caballo y un porcentaje de la conducción más controlada del jinete. En este capítulo hablaremos del modo en que tus experiencias dan forma a las decisiones que toman tanto el caballo como el jinete y que te mueven por el mundo.

Como probablemente recuerdes del capítulo anterior, el caballo es una metáfora que utilizo para referirme a tu sistema de control más intuitivo. El tipo de conocimiento que utiliza tu caballo para moverse por el mundo, llamado memoria procedimental, es el responsable de los tipos de toma de decisiones más fundamentales y frecuentes que realizas. Irónicamente, si quieres escribir sobre ella en un libro, la memoria procedimental podría definirse mejor como el tipo de cosas que sabes y que son difíciles de describir verbalmente. Por ahora, da por sentado que tu caballo tiene muchos conocimientos que te ayudan a guiarte, pero no puede decirte lo que sabe con palabras. Desde la memoria muscular que te indica dónde poner el pie cuando caminas por distintos tipos de terreno (o con tacones) hasta la intuición que puede guiar tus decisiones grandes y pequeñas, tu memoria procedimental te ayuda a navegar por la vida de forma automática e intuitiva.[5]

---

llamado *GI Joe Phenomena: Understanding the Limits of Metacognitive Awareness on Debiasing* ('El fenómeno de GI Joe: comprender los límites de la conciencia metacognitiva en *debiasing*), escrito en 2021. Su reflexivo artículo y el nombre de su relevante teoría muestran claramente que no soy la única que se pregunta cuál es la otra mitad de la batalla.

[5] Siempre me han maravillado las diferentes maneras en que las personas que enseñan habilidades procedimentales intentan explicar las cosas, como montar en bicicleta o a caballo, o cómo ejecutar un movimiento de baile. En última instancia, estas cosas no se aprenden solo con instrucciones. Hay que sentirlas. Irónicamente, me enfrento al mismo reto cuando intento describir la experiencia consciente de una memoria procedimental. Si alguna vez has aprendido a montar en bicicleta, o has enseñado a alguien, puedes pensar que tu memoria procedimental son todos los conocimientos críticos que serían muy difíciles de explicar como la sincronización entre el cambio de equilibrio y el giro del manillar que resulta en dar una curva de manera exitosa.

Cuando se trata de guiarse, los principios de funcionamiento de tu caballo son bastante sencillos. Quiere maximizar las posibilidades de que ganes en el juego de «El cerebro quiere lo que quiere». Esto significa tomar tus decisiones de manera que encuentres las mayores recompensas y, al mismo tiempo, evites las dificultades. Si tienes hambre y en el congelador hay una tarrina de helado delicioso, gratificante y que te va a aportar mucha energía, tu caballo pensará que comer ese helado es una idea excelente. Es un caballo, así que cosas como la diabetes o cómo te sientan los vaqueros después no forman parte de sus decisiones. En resumen, tu caballo y su motivación para recibir recompensas forman parte de la otra mitad de la batalla.

En la primera sección de este capítulo, vamos a hablar de las diferencias en la forma en que tu sistema de navegación guiado por caballos aprende de tus experiencias. Porque resulta que no todos los caballos aprenden de la misma manera. En la siguiente sección, hablaremos de los caminos paralelos que conducen a los sistemas de navegación más intuitivos del cerebro, y de cómo algunos cerebros están más influidos por uno u otro camino.

Cuando decide tu caballo: aprender con palo o con zanahoria

En el capítulo 5 dedicamos mucho tiempo a hablar de los atajos tempranos y automáticos que toman los cerebros individuales cuando intentan dar sentido a la confusión floreciente y zumbante del mundo de «ahí fuera» basándose en sus experiencias. Y en el capítulo 4 hablamos de cómo esas experiencias también pueden moldear y ser moldeadas por lo que aprendemos sobre la importancia de diversas piezas de información. Desde el punto de vista del caballo, estas funciones cerebrales son un medio para conseguir un fin. En pocas palabras, el caballo aprende a prestar atención a las características de su entorno que se asocian con resultados buenos o malos y, al mismo tiempo, aprende a ignorar las cosas que no influyen en su espacio de decisión. Por ejemplo, aprender a distinguir los sonidos de un idioma que no habla es poco probable que sea útil. Sin embargo, aprender la diferencia entre «ba» y «pa» en los hablantes nativos de inglés podría permitirte pedir una «banana» —un alimento real y delicioso— en lugar de un «panana», que no existe. Pero para saber qué características del entorno son importantes a la hora de decidir qué hacer, el cerebro necesita una forma de relacionar el entorno en el que se encuentra y la elección que hace con las consecuencias de esa elección. Este proceso, llamado «aprendizaje por refuerzo», es uno de los que más influyen en tu caballo, como los sistemas de navegación. Para moverte por la vida de forma que maximices tus recompensas, tu cerebro sigue el siguiente procedimiento de cuatro pasos: en primer lugar, utiliza la base de datos de tus experiencias previas para construir la representación más precisa posible de las características importantes del mundo que te rodea. Cuando te bombardean con información en una calle concurrida, por ejemplo, evalúa rápidamente si una persona que camina hacia ti lleva una herramienta o un arma motivará diferentes acciones por tu parte, mientras que fijarte en qué tipo de zapatos lleva puede tener menos consecuencias.[6] Después se basará en tus experiencias previas en entornos similares, tu cerebro construye una representación del repertorio de posibles acciones que podrías llevar a cabo. Tienes varias opciones, puedes sonreír y saludar a la persona que se te acerca o participar en alguna otra interacción positiva; puedes optar por permanecer neutral o fingir que no la ves; también puedes evitar a la persona caminando (o corriendo) en otra dirección. Por supuesto, hay muchas otras acciones disponibles, desde cantar *Halo* de Beyoncé hasta decidir sentarte en una esquina y dibujar la escena. Que tu cerebro considere estas acciones tiene mucho que ver con tus experiencias previas en contextos similares. En tercer lugar, basándose en lo que has aprendido de tus acciones anteriores,[7] tu cerebro de caballo elige el camino que cree que te traerá más éxito y decidirá cuál de las posibles acciones que

[6] Puede que los italianos de mi familia nunca me perdonen por sugerir que los zapatos son poco relevantes…

[7] Hablaremos más de este mecanismo en breve.

puedes emprender tiene más probabilidades de obtener un buen resultado. Finalmente, el cerebro compara el resultado real de esa elección con el resultado esperado y actualiza su base de datos sobre la «bondad» relativa de esa elección.

Por supuesto, muchas de las lecciones que aprendimos sobre cómo influyen los distintos diseños cerebrales en nuestra forma de entender el mundo se aplican a este espacio de decisión. Por ejemplo, cualquier aspecto del entorno que capte tu atención tendrá más peso en la decisión de tu cerebro sobre qué hacer a continuación. Y lo que quizá sea más importante para el debate que nos ocupa, las personas con distintas experiencias vitales tendrán distintas estimaciones de lo buenos que pueden ser los resultados de cualquiera de estas acciones.

Por ejemplo, si eres un mal cantante, o incluso uno bueno que se avergüenza con facilidad, cantar *Halo* en público puede pasar al final de la lista de opciones. Pero cuando no tienes mucha experiencia en una situación concreta, tu cerebro empieza a explorar las posibles acciones mediante ensayo y error, para aprender lo buenos (o malos o feos) que pueden ser los resultados.[8] En una calle concurrida, podrías probar a sonreír. Si la respuesta es buena, y no espeluznante, tu cerebro tomará nota y aumentará la probabilidad de que vuelvas a elegir esa opción en una circunstancia similar en el futuro. Sin embargo, el tipo de notas que toma depende de la cuarta y última etapa del aprendizaje por refuerzo. Como muy pocas cosas en la vida son seguras y rara vez nos encontramos exactamente en la misma situación dos veces, el cerebro aprende comparando lo bueno que ha ocurrido con lo que esperabas que ocurriera según tus experiencias anteriores. Si el resultado es mejor de lo que esperabas, tu cerebro libera dopamina, la sustancia química que te hace sentir bien. Y como recordarás del capítulo 2, eso crea la señal de aprendizaje que hace que se «recablee», lo que aumentará la probabilidad de que vuelvas a elegir esa acción en una situación similar en el futuro. Pero si el resultado fuera peor de lo esperado, las neuronas dopaminérgicas descenderían por

[8] Este es el tema del próximo capítulo.

debajo de sus niveles de referencia, lo que te haría sentir decepcionado y debilitaría las conexiones con esa acción.

Por ejemplo, si eliges cantar *Halo* en medio de la calle porque esperas sonar igual que Beyoncé y que todo el mundo te rodee, te levante por los aires y te aclame como su reina, el resultado de esa elección en la vida real probablemente haría que tu cerebro entrara en barrena. Probablemente te haría sentir más como si acabaras de recibir la «lección de baile» en la película *Hitch,* cuando Kevin James empieza a exhibir su versión de la genialidad y Will Smith le mira directamente a la cara y le da la respuesta destructora de dopamina: «No vuelvas a hacer eso nunca». A medida que tu cerebro afina sus expectativas sobre los resultados de tus acciones, construye algo parecido a un libro de jugadas con información sobre las mejores y peores acciones que puedes realizar en un contexto determinado. Después utiliza este libro de jugadas, normalmente de forma automática, para guiar tus decisiones básicas sobre qué hacer y cuándo. Desde la primera decisión que tomas por la mañana, como pulsar o no el botón de posponer la alarma de tu despertador, hasta las palabras que eliges para expresarte, el proceso de aprendizaje y refuerzo en cuatro pasos de tu cerebro hace que elijas sin esfuerzo las acciones más gratificantes basándote en tus experiencias anteriores. La verdad que el proceso funciona de maravilla. De hecho, el aprendizaje por refuerzo dirige las decisiones de la mayoría de los seres vivos y de la mayoría de los sistemas inteligentes artificiales que hemos construido.[9]

Sin embargo, también hay algo realmente desagradable en el proceso de aprendizaje por refuerzo al que las IA no tienen que enfrentarse: si tienes la suerte de tener una serie de experiencias realmente buenas asociadas a una elección concreta, tu cerebro aprende a dar a esa acción unos valores esperados de recompensa muy altos. Y aunque esta expectativa hará que quieras volver a tomar decisiones que te lleven a esa experiencia, la respuesta de

[9] AlphaGo, el extraordinario programa informático que venció al mejor jugador de Go del mundo en su propio juego, es una de las muchas IA que se entrenaron utilizando algoritmos de aprendizaje por refuerzo.

placer basada en la dopamina que obtienes cada vez solo se basa en la diferencia entre tu expectativa y lo que realmente ocurre. Como resultado, tu experiencia real de placer disminuye cuanto más a menudo obtienes esa cosa realmente buena. En otras palabras, solo se obtienen grandes descargas de dopamina cuando algo es sorprendentemente bueno o si una decisión conocida, acaba siendo incluso mejor de lo que imaginabas.

Para concretar un poco más, por muy divertido que te imagines que sería cantar como Beyoncé, ser Beyoncé no sería tan divertido como te imaginas. Para empezar, tu cerebro tendría un nivel de expectativas totalmente distinto. Beyoncé no solo canta exactamente igual que Beyoncé, sino que también se levanta con el mismo aspecto que Beyoncé y tiene el récord de llevar a cabo algunas de las actuaciones más impresionantes de la historia del mundo. Y como sospecho que el sistema de recompensa de su cerebro funciona igual que el nuestro, ¡está esperando una actuación mejor que la de Beyoncé para tener un subidón de dopamina! Naturalmente, esto la prepara para muchos momentos decepcionantes, lo que me hace preguntarme: ¿te cambiarías de lugar con Beyoncé por un día?[10] Antes de que respondas, permíteme contarte un detalle crítico más que podría influir tanto en cómo además de en qué aprendería tu cerebro de la experiencia de ser Beyoncé por un día. Resulta que el cerebro humano tiene una bifurcación crítica en su ruta de aprendizaje por refuerzo que no está presente en la mayoría de las IA. Esta bifurcación corresponde a dos vías reales en el cerebro por las que aprende la dopamina. La primera, que llamaré la vía de la «elección», funciona más o menos como he descrito antes. Cuando la vía de la «elección» recibe una señal de recompensa de dopamina, refuerza las conexiones entre un entorno y la acción elegida, haciendo que sea más probable que elijas esa jugada en el futuro. No obstante, hay otra vía que funciona en paralelo, a la que llamaré la vía «evitar». Esta vía de la dopamina está compuesta por el tipo de receptores que inhiben, o bajan el volumen,

[10] Mi respuesta es sí. Pero solo si pudiera conservar mi propio cerebro y poder llevarme a casa los recuerdos…

de las neuronas. Así que cuando eliges una acción que es menos maravillosa de lo que esperabas, y tu dopamina cae por debajo de los niveles esperados, la vía de la «evitación» aprende activamente que no es una buena opción y debilita las conexiones. Los sistemas de navegación de todos los cerebros humanos aprenden de ambas formas: con la «zanahoria», al reforzar la probabilidad de que nos movamos de forma que nos acerquemos a las buenas opciones, y con el «palo», al debilitar las posibilidades de que nos desviemos en direcciones que nos lleven a los resultados menos buenos. En lo que respecta a la forma en que discurre el cerebro, existen diferentes receptores de dopamina que dominan las vías de aprendizaje de la «zanahoria» y el «palo». Como resultado, las diferencias que comentamos en el capítulo 2 y que impulsan la comunicación química del lenguaje también determinan hasta qué punto una vía influye más que otra en la navegación basada en el caballo de cualquier cerebro individual, o si contribuyen por igual a guiar tus elecciones. En la siguiente sección, describiremos algunas de las pruebas que se han utilizado para medir el aprendizaje basado en la zanahoria y el caballo, antes de entrar en algunas de las implicaciones en el mundo real de cómo navegan estos diferentes tipos de aprendices.

Evaluación: ¿eres de los que eligen o de los que evitan?

La mejor manera de averiguar la fuerza relativa de tus vías de aprendizaje «elegir» y «evitar» es realizar la prueba desarrollada por Michael Frank y sus colegas, denominada *Probabilistic Stimulus Selection Task* ('tarea de selección probabilística de estímulos'). La llamaremos PSS para abreviar. Lamentablemente, dado que esta prueba trata sobre cómo aprendes de los resultados de tus decisiones, requiere una retroalimentación en vivo que no se puede proporcionar en un libro. Si quieres averiguar si tu cerebro aprende por la zanahoria o por el palo, consulta la pestaña «Brain games» de mi sitio web antes de leer la siguiente sección sobre cómo funciona la prueba.

El PSS consta de dos fases. En la primera, los participantes aprenden a elegir la más gratificante de dos acciones nuevas. Las «acciones» son representadas por dos objetos desconocidos de los cuales los participantes deberán elegir uno u otro. Por supuesto, como al principio no saben cuál es mejor, empiezan con una elección aleatoria. Después de cada decisión, reciben una respuesta. A veces ven el mensaje «CORRECTO» en letras grandes y verdes, que les hace saber que han hecho una buena elección. Y otras veces ven «INCORRECTO» en letras rojas para saber que se han dado metafóricamente con una pared. Esto puede parecer una forma cursi de reproducir las recompensas y los reveses que experimentamos en la vida real en función de nuestras elecciones, pero tened paciencia. El objetivo de este paradigma es medir si las personas aprenden más de las elecciones que les llevan a una retroalimentación correcta o de las que les llevan a una retroalimentación incorrecta.

El truco es que no hay una única respuesta correcta. Al igual que en la vida real, llevar a cabo la misma elección en el experimento dos veces no siempre te lleva al mismo resultado. Aquí es donde entra en juego la palabra «probabilística» del nombre de la tarea. La probabilidad de obtener una respuesta «correcta» o «incorrecta» varía en función de la acción elegida. En la primera fase, los participantes tienen que elegir entre tres pares de seis acciones diferentes. En una de las opciones, la peor acción de las seis, que genera una respuesta «incorrecta» el 80 % de las veces, se empareja con la mejor acción, que genera una respuesta «correcta» el 80 % de las veces. Esta es la opción más fácil de aprender, porque la diferencia entre los resultados de estas dos acciones es grande. La segunda opción, que incluye una acción que genera una respuesta «correcta» el 70 % de las veces y otra que genera una respuesta «incorrecta» el 70 % de las veces, es un poco más difícil de aprender. Y la tercera opción, que consiste en una acción que es «correcta» el 60 % de las veces e «incorrecta» el 40 %, y otra que es «incorrecta» el 60 % de las veces y «correcta» el 40 % de las veces, es realmente difícil. Sea cual sea la opción elegida, se obtienen respuestas «incorrectas» casi la mitad de las veces. Esto frustra mucho a los participantes sensibles a las respuestas negativas.

Durante la primera fase del experimento (la de aprendizaje) se dan a los participantes estas tres opciones una y otra vez, hasta que aprenden a elegir de forma fiable el objeto con la mayor probabilidad de ser gratificante (o la menor probabilidad de ser incorrecto). A continuación, para averiguar cómo aprendieron los participantes a tomar sus decisiones y qué vías de refuerzo-aprendizaje estaban implicadas, las acciones simbólicas se mezclan en diferentes pares.

En la segunda fase de la tarea PSS (de decisión) cada acción se empareja con todas las demás. Como resultado, a veces las personas tienen que elegir entre las dos mejores acciones (las que producen una respuesta positiva el 80 % y el 70 % de las veces) y otras veces tienen que decidir entre las dos peores opciones (las que solo son gratificantes el 20 % y el 30 % de las veces). Por el camino, también ven cualquier otro par intermedio.

Y aquí es donde las cosas se ponen fascinantes, o eso creo yo. Aunque la diferencia matemática entre el 70 % y el 80 % de probabilidad de recompensa es esencialmente equivalente a la diferencia matemática entre el 20 % y el 30 % de probabilidad de recompensa, ¡las elecciones que hace la gente muestran que lo que aprenden sobre las mejores opciones es completamente independiente de lo que aprenden sobre las peores opciones! De hecho, alrededor del 12 % de las personas a las que realizamos esta prueba en el laboratorio parecen aprender principalmente con la zanahoria, utilizando la vía de la dopamina de «elegir» para desarrollar experiencia sobre la probabilidad de recompensa de las mejores opciones, mientras que otro 12 % parece aprender mucho mejor con el palo, utilizando sus vías de dopamina de «evitar» para aprender a alejarse de todas las peores opciones.[11] El resto se sitúa en un punto intermedio, utilizando un equilibrio entre las vías «elegir» y

---

[11] Estas cifras proceden de una exploración de los datos de 365 participantes en la que caractericé a cualquiera que obtuviera al menos un 33 % más de aciertos con «elegir» que con «evitar» como aprendiz zanahoria y a cualquiera que obtuviera al menos un 33 % menos de aciertos en «elegir» que en «evitar» como aprendiz palo.

«evitar» para guiar su toma de decisiones. En la siguiente sección analizaremos cómo se relaciona esto con la toma de decisiones en general.

Comprender las implicaciones en el mundo real de los mecanismos de aprendizaje del palo y la zanahoria

Para dar un ejemplo concreto de cómo pueden comportarse de forma diferente los alumnos de la zanahoria y los del palo, he proporcionado un ejemplo de una serie de rompecabezas que creamos en el laboratorio basados en las «matrices progresivas avanzadas de Raven», una prueba que mide las capacidades de razonamiento y resolución de problemas. El objetivo de estos rompecabezas es averiguar cuál de las cuatro opciones presentadas es la que mejor completa la matriz de imágenes proporcionada. Para encontrar la respuesta, fíjate en cómo cambian las imágenes a medida que te mueves de izquierda a derecha y de arriba abajo por la matriz.

Algunas versiones de laboratorio de esta tarea son cronometradas y otras no. Pero como solo te voy a dar un problema para resolver, te animo a que te tomes todo el tiempo que creas necesario. Una vez que hayas seleccionado la respuesta que consideres mejor, pasa a la página siguiente para averiguar qué puede decir sobre cómo aprende tu cerebro.

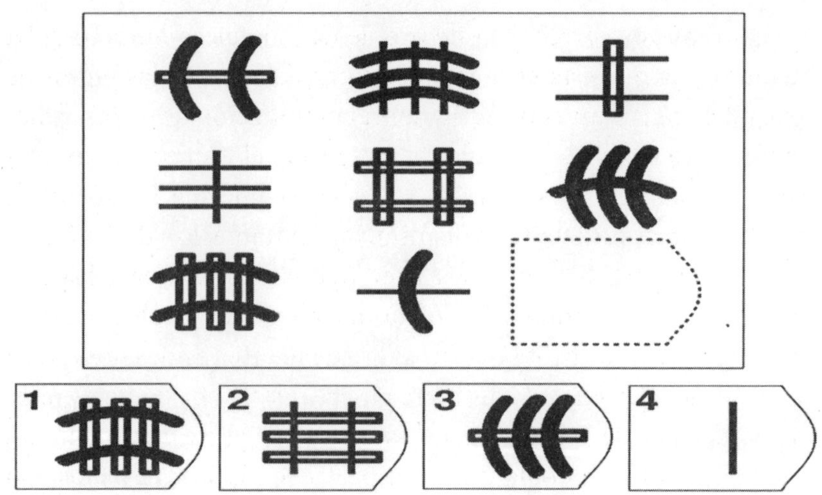
1
2
3
4

La respuesta correcta a este problema es la pieza número 2. La razón por la que esta es la respuesta correcta es que las piezas de este puzle cambian según la siguiente combinación de reglas: a medida que te mueves de izquierda a derecha, el número de marcas verticales aumenta —de 1 a 2 a 3 y luego de nuevo a 1— mientras que las marcas horizontales disminuyen en número —de 3 a 2 a 1 y luego de nuevo a 3—. Incluso si averiguaras solo esta regla, la pieza número 2 sería la única solución admisible para el problema. Pero también hay otras pautas. A medida que te mueves de izquierda a derecha, los patrones de las marcas verticales y horizontales también alternan de forma regular entre rectángulos huecos, líneas regulares y formas dobladas con aspecto de macarrones. Observa ahora cómo el número y los patrones de las líneas horizontales y verticales también cambian de forma regular a medida que te mueves de arriba abajo.

Aunque hay muchas maneras de dar con la respuesta correcta a este acertijo, la investigación que Andrea y yo llevamos a cabo, junto con Lauren Graham (una de nuestras antiguas alumnas), ha demostrado que cuanto más potentes son las vías de aprendizaje de «evitar», más probabilidades hay de dar con la solución correcta a este tipo de problemas. La variabilidad en la fuerza de las vías de aprendizaje de «elegir», por otro lado, no se relacionó con la resolución de estos problemas de ninguna forma. Para ser más específicos, esto no quiere decir que los alumnos zanahoria sean malos resolviendo este tipo de problemas, porque los alumnos zanahoria no son necesariamente malos evitando las malas opciones. Se puede ser bueno o malo en ambas cosas. En cambio, la forma correcta de pensar en ello es que la precisión de «evitar» de todo el mundo está más relacionada con su capacidad para resolver problemas complejos que su precisión de «elegir». ¿Por qué?

Para entender mejor la relación entre el aprendizaje de la zanahoria y el palo, y la resolución de problemas creamos un programa informático y le enseñamos a resolver los puzles del mismo modo que pensábamos que lo harían las personas. Primero, elegía una característica visual (por ejemplo, las dos líneas verticales curvas de la imagen superior izquierda) e intentaba encontrar una regla que explicara cómo cambiaba esa característica en el siguiente bloque. A continuación, comprobaba si era correcta, poniendo a prueba la teoría en el tercer bloque. Una de las claves de nuestro modelo era que necesitaba una forma de autoevaluarse y decidir si estaba progresando o acercándose a la solución del problema. Esto suele ocurrir en la vida real. Desgraciadamente, o quizá afortunadamente, no solemos recibir un gran mensaje rojo de «incorrecto» cuando tomamos una decisión que no es la óptima en la vida real. Así que parte del truco para resolver estos complicados problemas es averiguar si lo que estás haciendo funciona. Y a diferencia de muchas IA, la nuestra tenía una forma de proporcionar retroalimentación que le ayudaba a aprender tanto por la zanahoria (esto funciona, ¡bien!) como por el palo (tienes que olvidarte de esta función). Al igual que los participantes en nuestro estudio, cuando mejoramos la capacidad del modelo para aprender «con palo», mejoró, y cuando aumentamos su capacidad para aprender «por zanahoria», en realidad no pasó nada.

Al igual que los datos que recogimos de nuestros participantes, nuestro modelo sugería que cuando uno se encuentra en un espacio problemático complejo, es importante saber cuándo el hilo del pensamiento va por mal camino. Por ejemplo, si intentáramos resolver el puzle relacionando las dos líneas negras curvas de la imagen superior izquierda con las tres líneas negras curvas de la imagen central de la parte superior —por ejemplo, mediante una regla de «girar y añadir uno»— estaríamos en el camino equivocado. La solución de este rompecabezas implica reglas separadas para las líneas verticales y horizontales: ¡cualquier similitud observada entre ellas es una pista falsa en este ejercicio de resolución de problemas!

Si he de ser completamente sincera, el hecho de que solo el aprendizaje con palos estuviera relacionado con el éxito en la resolución de problemas me molestó un poco al principio. Aunque realmente creo, desde un punto de vista científico, que muchas de nuestras diferentes formas de pensar, sentir y comportarnos están asociadas tanto a fortalezas como a debilidades, la idea de que el «aprendizaje de la zanahoria» (con el que me identifico) no tiene nada que ver con la capacidad de resolver problemas, mientras que moverse por la vida evitando las escaleras sí, no me encajaba del todo. Sin embargo, hay algunos puntos dignos de mención que la parte de mi navegación que se identifica como optimista extravertida que se mueve mucho más por la búsqueda de la alegría que por evitar la decepción olvidó temporalmente.

La primera es que la mayoría de las decisiones que tomamos para acercarnos a lo bueno o alejarnos de lo malo ocurren inconscientemente, o al menos a un nivel difícil de verbalizar. Esto significa que ser una persona optimista, o ser alguien que se identifica como sensible a las recompensas o a los castigos, no está necesariamente relacionado con el hecho de ser una persona que aprende con la zanahoria o con el palo.

Y luego está el hecho de que los aprendices de zanahoria tienden a aprender más rápido y con mayor precisión dónde encontrar las mejores cosas de la vida. El aprendizaje zanahoria es potente. Recuerda que la mayoría de las IA que utilizan el aprendizaje por refuerzo se basan únicamente en el aprendizaje zanahoria.

Aunque siendo fieles al espíritu de este libro, también hay costes cuantificables de aprender solo a base de zanahorias. Uno de los más destacados de estos costes se ha puesto de manifiesto durante esta pandemia. Cuando solo hay malas opciones entre las que elegir, los aprendices de zanahoria no destacan. De hecho, una consecuencia de su tendencia a gravitar hacia las opciones buenas es que no aprenden mucho sobre las menos buenas. En otras palabras, necesitas un aprendiz palo en tu equipo de apocalipsis zombi o pandemia. De verdad que sí.[12]

En muchas circunstancias, los sistemas de aprendizaje de la zanahoria y el palo convergen en la misma acción. Esto significa que tanto los que aprenden con la zanahoria como los que aprenden con el palo acabarán a menudo en el mismo sitio, eligiendo la acción

[12] Mi amiga Kristy es mi aprendiz de palo de confianza. Una vez me salvó literalmente la vida gritando tan fuerte que evitó que un coche me arrollara en la carretera. Mientras tanto, yo estaba tan concentrada en cruzar la calle para ir a por un helado que ni siquiera me di cuenta de que estaba a punto de morir. Completamente verídico.

con más posibilidades de obtener un buen resultado, aunque las experiencias que los llevan hasta allí sean completamente diferentes.

La moraleja de la primera mitad de este capítulo es que la inmensa mayoría de los procesos de toma de decisiones automáticos e intuitivos que nos conducen por la vida se basan en la recompensa. Y tanto si tu caballo se siente impulsado a evitar las cosas menos buenas de la vida como a buscar las mejores, sin jinete se centra exclusivamente en encontrar el camino hacia la recompensa.

Afortunadamente, su caballo tiene un jinete. Así que la pregunta crítica pasa a ser ¿puedo ahorrarte la vergüenza pública que sentirías si te explico lo que ocurre cuando la mayoría de la gente canta como Beyoncé en público? Si la información explícita no puede al menos complementar tus experiencias vitales, ¿para qué dedicaría miles de horas a escribir este libro o a formar a estudiantes de posgrado? Con esta pregunta cerramos el círculo pues nos devuelve a la relación entre saber y hacer, y a por qué saber es solo la mitad de la batalla. Para terminar nuestro debate, tendremos que completar la descripción de la propia batalla hablando de cómo el jinete de tu cerebro utiliza lo que sabe para influir en tu forma de pensar, sentir y comportarte en el mundo.

Cuando decide tu jinete: utilizar el recuerdo consciente para guiar tus decisiones

Por fin ha llegado el momento de centrar nuestra atención en cómo se desenvuelve tu «jinete». Al fin y al cabo, son ellos los que deciden no solo adónde quieres ir, sino también qué color de sombrero vas a llevar cuando llegues allí. Y este es el tipo de toma de decisión con el que más probablemente te identifiques, ya que tu conciencia consciente es lo que el jinete utiliza para guiarse. Porque es en este espacio de control de tu llamativo córtex prefrontal donde formas objetivos, basados en tus ideas explícitas sobre lo que significa «hacerlo mejor». Pero ¿de qué están hechas estas ideas y cómo pueden utilizarse para convencer a tu caballo de los peligros del helado?

A lo largo de este libro he insinuado lo poderosa que es la lengua. Permite a los humanos saltar por encima de muchos de nuestros sistemas de aprendizaje más lentos y evolutivamente antiguos siguiendo las instrucciones de otros. «Hazlo mejor», dice Maya Angelou, y te dan ganas de intentarlo, aunque te enteres de los obstáculos que dificultan que tu cerebro monte a caballo.

Pero para entender realmente cómo puede utilizarse el lenguaje para guiar comportamientos, echemos un vistazo al interior de la alforja del jinete metafórico, para ver qué herramientas utiliza para desenvolverse. En ella encontrarás los conocimientos que puedes describir con el lenguaje: tus recuerdos declarativos. Por ejemplo, sé que un pulpo tiene ocho tentáculos y puede colarse por cualquier agujero más grande que su pico; que, en determinadas circunstancias extremas, una medusa adulta puede volver a convertirse en pólipo; que George Washington fue el primer presidente de los Estados Unidos de América; y que dos más dos son cuatro. Estos «datos curiosos» constituyen un subtipo de memoria declarativa denominada memoria semántica. Al igual que las entradas de *Wikipedia*, con extensos enlaces entre sí, tus memorias semánticas forman la red de conocimientos que tu jinete utiliza para razonar conscientemente sobre qué hacer a continuación en función de las cosas que encuentra en su camino. Entre los enlaces que puedes «pinchar» en la red de conocimientos de tu cerebro están los significados de todas las palabras que conoces y que puedes utilizar para describir cosas a los demás.

Pero hay otras formas más ricas de conocimiento que determinan no solo cómo respondemos a las preguntas del Trivial, sino también cómo entendemos nuestro lugar en el mundo. En mi cerebro, por ejemplo, saber que George Washington fue el primer presidente de Estados Unidos es muy distinto de saber que las medusas pueden ser inmortales. Esto se debe a que recuerdo el momento exacto en que me enteré de la existencia de las medusas. Aunque la mayoría de los detalles de aquella visita al acuario se han ido desvaneciendo a lo largo de la última década, aún recuerdo vívidamente lo que estaba mirando (las medusas nadando alrededor de un tanque cilíndrico), en qué estaba pensando (la inmortalidad) y cómo me sentí cuando mi madrastra me hizo una pregunta divertida sobre las medusas (confusa, pero luego me hizo gracia). Este tipo específico de memoria declarativa incorporada y contextualmente rica se denomina memoria episódica.

Respecto a tu percepción consciente, los recuerdos episódicos se perciben como una forma de viaje mental en el tiempo que te transporta al momento y lugar de la experiencia original, percibida a través de la perspectiva en primera persona de tu piloto. Es como tener una serie de videoclips en los que se graba tu drama favorito —los episodios de tu vida—.[13] Para acceder a ellos, haces clic a través de archivos con títulos pegadizos como *El primer beso*, *La pregunta de la medusa* y *El incidente de la escalera.*

Imaginemos que, en cada bifurcación del camino de su vida, el ciclista puede buscar en las memorias declarativas de su alforja información que le ayude a decidir qué hacer a continuación. Una búsqueda en su memoria semántica recupera un patrón que coincide con algunos de los objetos del mundo que le rodea: ¿para qué sirven estas cosas? Si las como, ¿aumentarán mi nivel de azúcar en sangre? ¿Me dan pistas sobre lo que me espera? Mientras tanto, a partir de la base de datos episódica, el ciclista intenta recuperar recuerdos de acontecimientos similares: ¿he estado aquí antes o he hecho algo parecido? Si es así, ¿qué puedo aplicar de esa experiencia a esta nueva situación? Pero para que lo que ha aprendido le sirva de guía a la hora de decidir qué hacer a continuación, tiene que ser capaz de encontrar la información relevante en su gigantesca base de datos neuronal. En la próxima sección veremos cómo se consigue esto y qué ocurre cuando sale mal.

Lo que entra y lo que sale: codificación y recuperación de la memoria en el cerebro

Así que aquí estás, en la siguiente fase de tu viaje, echando mano a tu alforja de conocimientos para pescar un dato que te ayude a decidir qué hacer a continuación. Pero ¿sabes eso que te pasa cuando

[13] Por supuesto, tus recuerdos episódicos reales tienen información sobre el tacto, el olfato y tus emociones, que no se pueden captar en un vídeo. ¿Te imaginas cómo sería si dispusiéramos de la tecnología necesaria para grabar externamente nuestros recuerdos con ese tipo de información?

intentas recordar el nombre de una persona, un restaurante que te gustó o el título de una canción, y sientes que la palabra se forma en tu boca, pero no consigues sacarla? Es como si tus dedos rozaran la punta del objeto que tienes en la alforja, pero no pudieras agarrarlo del todo. «Sé que estoy en el archivador correcto», solía decir mi abuela en medio de una historia sobre alguien cuyo nombre empezaba por «M», mostrando una comprensión intuitiva de que algo sobre cómo *se* escribía la palabra era importante para saber dónde estaba ubicada en su cerebro. La buena noticia es que estos momentos de «tener algo en la punta de la lengua» le ocurren en cierta medida a todo el mundo. Son un subproducto normal de los procesos de recuperación de la memoria. Son un subproducto normal [14] de los procesos de recuperación de la memoria. La mala noticia es que empeoran con la edad y el estrés. Y los que padecemos una o ambas de estas afecciones podemos decir de primera mano que recordar es, sin duda, la otra mitad de la batalla.

¿Qué nos dicen estos episodios de tener algo en la punta de la lengua sobre cómo se organizan nuestros recuerdos? En el capítulo 5, utilicé la metáfora de un paseo por la playa para explicar la forma en que nuestras experiencias cambian nuestro cerebro al desplazar millones de «piezas» a nuevas posiciones. Una de las verdades biológicas que insinúa esta metáfora es que, al principio, todos los recuerdos parecen más o menos iguales.[15] Tanto los recuerdos semánticos como los episódicos se tejen esencialmente a partir del tejido de la conectividad cambiante entre neuronas.

---

[14] Por supuesto, como ocurre con la mayoría de las cosas, hay un rango en el que la mayoría de los fenómenos pueden considerarse normales (o anormales). Es importante tener en cuenta que estos fenómenos de tener algo en la punta de la lengua ocurren sobre todo con nombres propios, no con objetos cotidianos como tazas de café o mandos a distancia. La incapacidad para recuperar ese tipo de etiquetas puede reflejar una de las muchas formas de demencia que también se dan con la edad.

[15] Lo que quiero decir con «más o menos» es que cada una de nuestras experiencias mentales corresponde a patrones de disparo coordinados de neuronas distribuidas por todo el cerebro. La red exacta cambia con la naturaleza del pensamiento y con la intensidad de tu foco atencional, aunque el cambio no es demasiado drástico.

Pero para traer a la mente cualquiera de estos tipos de recuerdos, el cerebro necesita recrear —con distintos grados de aproximación— la constelación de actividad neuronal asociada a la experiencia o experiencias originales. Al principio, podemos volver sobre nuestros pasos con bastante fidelidad. Esto significa que, en algún momento, probablemente tuve un recuerdo episódico de mi aprendizaje sobre George Washington. Por ejemplo, cuando era muy pequeño, mi tío Percy solía darme un dólar cada vez que lo visitaba.[16] Estoy casi segura que fue él quien me dijo que la persona que aparecía en el billete de un dólar era George Washington y que fue el primer presidente, pero en aquel momento yo no tenía ni idea de lo que era un presidente. Sin embargo, ese recuerdo se reforzaba cada vez que veía un billete de un dólar. Luego, en la escuela primaria, seguro que aprendí la versión muy simplificada de quién era George Washington y qué papel desempeñó en la historia de Estados Unidos. Pero a medida que los vientos del tiempo erosionaban estos acontecimientos y nuevas huellas de la memoria ocluían el camino original, los detalles se desvanecían. Lo que quedó fue un pedazo de conocimiento esculpido en los lugares donde se solapaban varios «paseos» diferentes relacionados con George Washington.

Para entender cómo funciona esto, revisemos algunos de los principios del aprendizaje y las redes neuronales, en el contexto de cómo navegas. Lo primero que hay que tener en cuenta es que la mayoría de nuestras experiencias mentales conscientes se corresponden con el disparo sincronizado de neuronas por todo el cerebro, cada una de las cuales tiene la tarea de procesar algún aspecto específico de esa experiencia. Por ejemplo, durante el hipotético diagnóstico de alto nivel de azúcar en sangre, un grupo de neuronas de la parte posterior del hemisferio derecho[17] podría estar concentrado en la cara de su médico, enviando esa información a las regiones temporoparietales para que tú pudieras tratar de hacer

[16] Le dije que lo ahorraría para conseguir un caballo, pero tardé treinta años en conseguirlo.

[17] Asumiendo el patrón más típico de lateralidad…

ingeniería inversa de los pensamientos de tu médico basándote en su expresión.[18] Mientras tanto, tu lóbulo temporal izquierdo podría estar procesando las palabras que tu médico estaba diciendo, y tratando de averiguar lo que significan. Y luego hay toda una serie de regiones de las que no hemos hablado mucho, como la amígdala, que se pone en marcha cuando tienes miedo.

Como recordarás que vimos en el capítulo 5, el aprendizaje hebbiano nos dice que las neuronas que se disparan juntas se conectan entre sí. En consecuencia, la experiencia en la consulta del médico reforzaría la conectividad entre los distintos actores neuronales de esta experiencia. Esto aumenta la probabilidad de que, si una parte de ellas vuelve a activarse —por ejemplo, si vuelve a ver la cara de su médico o escucha la palabra «diabetes»—, el resto de las neuronas también se activen y «desencadenen» una recuperación espontánea de ese recuerdo. Este efecto en el cerebro me recuerda a esas complejas filas de dominó que crean personas con más paciencia que yo. Cuando alguien derriba el primero, se derriban otros y, antes de que nos demos cuenta, están cayendo en elaborados patrones sobre la mesa.[19] Cuando dos neuronas se disparan a la vez, es como si hubiéramos acercado dos fichas de dominó sobre la mesa. Y si se amplía la escala hasta el nivel de 80 000 millones de fichas, se obtiene un modelo bastante bueno de recuperación de la memoria en el cerebro.

Por supuesto, la dinámica que interviene en la formación y recuperación de la memoria en el cerebro es más complicada. ¿Recuerdas las condiciones de comunicación «ruidosa» que motivaron nuestros debates sobre el diseño del cerebro en los capítulos 2 y 3? Una cosa que no comentamos es que, debido al ruido del cerebro, a veces una neurona se dispara al azar, sin que se produzca ningún acontecimiento externo que la desencadene. El efecto es parecido a tener un ratón corriendo por la mesa de dominó, empujando las

[18] Hablaremos más de estos procesos sociales críticos en el capítulo 8.

[19] Si quieres ver algo divertido que se aproxime a la escala de complejidad de tu cerebro, busca «1 000 000 Dominoes Falling is Oddly SATISFYING» (en el canal de Hevesh5) en YouTube.

fichas al azar e incluso volcando algunas en diferentes lugares. Y, por supuesto, cada ficha de la versión de tu cerebro puede conectarse a miles de otras.

Luego está el hecho de que la fuerza de las conexiones entre neuronas, o la distancia entre fichas de dominó, cambia dinámicamente con cada nueva experiencia. Esta modificación de la memoria se produce a través de dos procesos: el decaimiento y la interferencia. A veces, cuando dos neuronas que se dispararon y conectaron simplemente no vuelven a dispararse juntas, las conexiones entre ellas se debilitan y se produce el olvido por decaimiento. El efecto de esto es como quitar una ficha de dominó de la cadena. Dependiendo de cuántas fichas se retiren, en qué punto de la cadena se encuentren y a qué distancia se encuentren sus vecinas, este tipo de olvido puede difuminar los detalles de un recuerdo o borrarlo por completo. También puede crear el fenómeno de «tener algo en la punta de la lengua». Es como si tu cerebro hubiera derribado con pericia la ficha de dominó «M», pero el vuelco de la ficha se detuviera antes de poder recuperar el resto del patrón.

La interferencia, en cambio, se produce cuando una de las dos neuronas que se dispararon juntas también se dispara y se conecta con otra. El efecto es como colocar dos fichas de dominó una al lado de la otra en la cadena, cada una con diferentes consecuencias descendentes. Dependiendo de cuántas veces ocurra esto y de lo elaborados que sean los efectos descendentes, es posible que ya no pueda reconocer el patrón original en la nueva memoria. Un ejemplo perfecto es la frustrante experiencia de intentar recordar dónde se ha aparcado el coche, sobre todo en lugares donde se aparca a menudo, como el supermercado. Después de docenas de eventos similares con detalles ligeramente diferentes codificados, ¡puede ser realmente difícil recuperar el patrón que corresponde a un evento de aparcamiento específico!

Juntos, los procesos de descomposición e interferencia trabajan en tándem para dar forma a los recuerdos que formamos. Y aunque tanto los recuerdos episódicos como los semánticos se ven modificados por estos procesos, los episódicos son especialmente vulnerables a ellos. Dado que muchos de los momentos de la vida cotidiana, como aparcar en el supermercado, tienen muchos detalles que se solapan, los recuerdos episódicos suelen ser víctimas de las interferencias. Para recordar un acontecimiento concreto, como dónde aparcaste el coche o qué ropa te pusiste el jueves, tienes que ser capaz de vincular a las personas, los objetos y las acciones implicadas a un lugar y un momento específicos en el proceso de reactivación.

Y aquí es donde entra en juego una de las mayores diferencias entre la memoria semántica y la episódica. La capacidad de recrear un patrón de actividad neuronal que incluya los detalles contextuales que distinguen uno de los episodios de tu vida del siguiente requiere una región cerebral muy específica: el hipocampo. Esta zona del cerebro con forma de caballito de mar se presentó por primera vez en la introducción. Como recordará,[20] es la región que cambia de forma cuando los taxistas londinenses memorizan decenas de miles de mapas diferentes. Y no es casualidad que la parte del cerebro que sustenta la orientación espacial en humanos y otros animales vertebrados sea también la que interviene de forma crítica en la codificación o recuperación de cualquier recuerdo que conserve su perspectiva en primera persona. En el relativamente largo periodo de evolución anterior a la invención de *Google Maps,* aprender a moverse por el espacio se conseguía viajando por el mundo y aprendiendo a llegar del punto A al punto B recordando cómo cambiaban los detalles del espacio que nos rodeaba.

Las neuronas del hipocampo, denominadas células de lugar, se encargan de saber dónde nos encontramos en un entorno determinado. Pero las teorías actuales sobre el papel del hipocampo en la memoria sugieren que estas células de lugar podrían estar implicadas, de forma más general, en la creación de mapas de significado basados en nuestras experiencias. Así es como funciona, en pocas palabras: a medida que las personas (y algunos animales) adquieren experiencia moviéndose en un espacio determinado,

---

[20] Es totalmente normal que no lo recuerdes. Era un pequeño detalle de una historia que leíste hace mucho tiempo. ¡Te has encontrado con un montón de información nueva en este libro a lo largo del camino!

son capaces de «unir» sus experiencias individuales para formar un mapa mental. Cuando lo hacen, pueden sustraerse mentalmente de la imagen, pasando de una perspectiva egocéntrica —basada únicamente en dónde se encuentran las cosas con respecto a sí mismos— a una perspectiva a vista de pájaro que representa dónde se encuentran las cosas con respecto a los demás, o una perspectiva alocéntrica. Si puedes ir y volver de tu habitación al baño en la oscuridad sin chocar con ningún mueble, probablemente tengas un mapa mental bastante preciso de esos espacios y de su posición relativa entre sí.[21]

PERSPECTIVA EGOCÉNTRICA

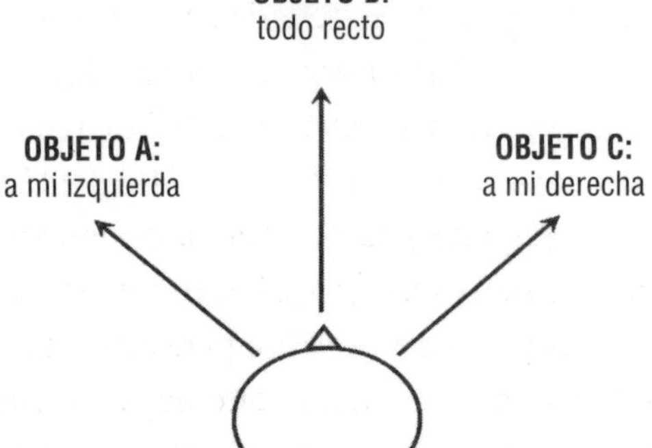

PERSPECTIVA ALOCÉNTRICA

[21] Sin embargo, si haces este viaje con tanta frecuencia como yo, también es posible que tu caballo pueda guiarte hasta allí a través de la memoria procedimental. El hecho de que yo pueda hacerlo medio dormida sugiere que efectivamente es mi caso.

Y aquí es donde yo creo que las cosas se ponen aún más interesantes. De la misma manera que los taxistas, basándose en sus experiencias, crean mapas mentales sobre los puntos de referencia espaciales, el cerebro también crea mapas de las relaciones entre las personas, los lugares y los acontecimientos que se van encontrando por el camino.

Vamos a llevar a cabo a un juego para demostrar cómo funciona esto. Te voy a dar una lista de palabras para que las leas y quiero que digas la primera palabra que te venga a la mente al leerla.

perro, _____sal, ___médico, ______café, __

Según una base de datos recopilada sobre las respuestas de más de 6 000 angloparlantes que hicieron pruebas similares de «asociación libre» con estas palabras, es probable que tus respuestas sean gato (67 %), pimienta (70 %), enfermera (38 %) y té (44 %).

¿Qué significa que una palabra pueda desencadenar la misma respuesta en tantas personas? ¿O tal vez te interese más entender qué quiere decir que tu cerebro haya pensado en algo distinto de lo habitual? En resumen, a menos que hayas hecho algo raro —como intentar ser creativo en lugar de seguir las instrucciones y decir lo primero que se te ha ocurrido—, la primera palabra que se te ha venido a la cabeza es probablemente la que tiene más conexiones con la palabra objetivo en tu espacio de significado.[22] Si piensas por un segundo por qué perros y gatos, sal y pimienta, médicos y enfermeras, y café y té pueden ser vecinos, una cosa salta a la vista: los encuentras en situaciones o contextos similares. A veces coexisten, como la sal y la pimienta a la hora de comer, o los médicos y las enfermeras en entornos sanitarios. Y otras veces, puedes encontrar uno u otro, como los gatos frente a los perros como mascotas domésticas, o el café frente al té como rutina matutina, pero estas cosas funcionan más o menos igual. Si

[22] En la próxima sección hablaremos un poco más sobre las diferencias individuales en la estructura de estos espacios.

se almacenan juntas en tu espacio de significados, ocupan aproximadamente el mismo nicho en los «episodios de tu vida». Sin embargo, según un modelo de memoria propuesto por Charan Ranganath y Maureen Ritchey, existen fundamentalmente distintos tipos de mapas que forma el hipocampo y estos se organizan según las conexiones entre el hipocampo y el resto del cerebro. En su revisión de la literatura sobre la memoria, Ranganath y Ritchey describen dos sistemas para guiar el comportamiento basado en la memoria que son impulsados por diferentes partes del hipocampo: uno que mapea personas y cosas familiares —sus características y sus relaciones entre sí— y otro que comprende escenarios o contextos, que pueden incluir ubicaciones espaciales (por ejemplo, cosas que suceden en casa); ubicaciones temporales (por ejemplo, cosas que suceden por la mañana); y estructuras de eventos más complejas basadas en su combinación (por ejemplo, cosas que suceden en casa por la mañana frente a cosas que suceden en casa por la tarde). En consonancia con esta idea, un experimento reciente de Mladen Sormaz y sus colegas descubrió que la capacidad de las personas para recordar información sobre conocimientos semánticos o información espacial está relacionada con los patrones de conectividad entre sus hipocampos y el resto de sus cerebros.

El primer paso de Sormaz y sus colegas consistió en estimar los patrones de conectividad entre el hipocampo y el resto del cerebro a partir de los datos de resonancia magnética funcional sin tareas recogidos de 136 participantes a los que se permitió deambular mentalmente en el escáner. Pero en lugar de medir qué parte del cerebro hablaba en una frecuencia determinada, como se hace con los datos de EEG, este estudio midió el flujo y reflujo de la activación en distintas regiones del cerebro de cada participante mientras vagaban por el estrecho tubo. Uno de los supuestos subyacentes de estas mediciones es que el grado en que la activación de dos regiones cerebrales aumenta y disminuye a la vez refleja su grado de sincronización, lo que se relaciona con la frecuencia con que sus procesos se acoplan en diferentes situaciones. A continuación, estos patrones de conectividad se relacionaron con el rendimiento en pruebas conductuales de memoria realizadas fuera del escáner.

Uno de los hallazgos más notables del equipo[23] fue un patrón de conectividad en el cerebro que distinguía de forma fiable a las personas que eran buenas recordando «qué» cosas son de las que recordaban «dónde» están las cosas. El patrón estaba relacionado con el grado de lateralización, asimetría o conectividad entre los hipocampos izquierdo y derecho, y una región situada en la intersección de los lóbulos temporal y parietal izquierdos que se asocia con frecuencia a la recuperación del significado de las palabras. En concreto, descubrieron que las personas que tenían una mayor conectividad entre esta región temporoparietal izquierda y el hipocampo izquierdo, en comparación con el hipocampo derecho, obtenían mejores resultados en una tarea de memoria semántica. Sin embargo, este mismo patrón de conectividad se asoció con un peor rendimiento en una tarea que medía la memoria espacial o topográfica. Y lo contrario también era cierto. Las personas que tenían una conectividad más fuerte entre el hipocampo derecho y la unión temporoparietal izquierda que entre el hipocampo izquierdo y esta misma región obtuvieron mejores resultados en la tarea de memoria espacial, pero peores en las tareas de memoria semántica. Estos hallazgos parecen sugerir que existe cierto grado de competencia en el cerebro por ser capaz de recordar dónde están las cosas frente a ser capaz de reconocer lo que son,[24] un fenómeno que probable-

---

[23] Vale la pena mencionar que los autores informaron de varias relaciones entre la conectividad del hipocampo y la memoria, ¡pero tuve que reducirlo en aras del espacio!

[24] Andrea y yo pertenecemos a estas categorías. Soy increíblemente buena con la memoria de reconocimiento. Tengo un vocabulario bastante bueno y soy excelente reconociendo caras más concretamente (aunque soy un absoluto desastre con los nombres). A veces estamos viendo un programa de televisión y reconozco a un actor que tuvo un papel secundario en un programa que vimos hace una década. En cambio, Andrea tiene una memoria increíble para las épocas y los lugares. «¿Has visto mis gafas?» podría preguntarle, y de algún modo es capaz de escudriñar en su memoria visual y recordar haberlas visto en cualquier lugar extraño, de esos en los que les gusta esconderse. «¿Recuerdas por casualidad cuándo abrimos nuestra cuenta corriente?» podría preguntarle (ya que conozco sus increíbles

mente esté ligado al papel del hipocampo en el restablecimiento de los patrones de activación asociados a cada tipo de memoria cuando su jinete realiza una búsqueda.

Aunque espero que esto te resulte tan interesante como a mí, sigue sin explicar el problema con el que empezamos esta sección. ¿Por qué es tan difícil recordar nombres de personas o lugares? La respuesta conecta los puntos entre muchos de los detalles que has aprendido sobre cómo poner cosas en la memoria y volver a sacarlas. En pocas palabras, los nombres propios, que están en el origen de la mayoría de las experiencias que nos llegan a la punta de la lengua, viven en una especie de limbo en el espacio de la memoria, en algún lugar entre la memoria episódica y la semántica. Por término medio, los nombres propios, como Jasmine, Ringo, Seattle o Twilight Exit, se encuentran con mucha menos frecuencia que los nombres comunes, como hija, perro, ciudad o bar. Así que, a menos que estos nombres identifiquen a personas, lugares o cosas que te resulten muy familiares, los caminos entre los nombres y sus pretendidos referentes no están muy trillados. Esto hace que sean más difíciles de encontrar. Y luego está el problema de las interferencias. ¿Cuántos nombres y rostros tienes asignados en tu base de datos? ¿Cuántas Karens conoces? Añade a esto que existe un buen grado de arbitrariedad en los nombres propios. A diferencia de las manzanas y las naranjas, que tienden a compartir ciertos rasgos predecibles y se dan en los mismos contextos, las dimensiones de tu cerebro que separan las caras de «Karens» de las de «Saras» son mucho menos predecibles.[25] Cuando se suman todos estos factores, tiene sentido que haya ocasiones en las que los patrones correspondientes a los nombres propios solo se recuperen parcialmente. En la siguiente sección, nos centraremos en las cosas que sabemos que son menos frustrantes de recuperar, al indagar en los mapas de significado que crea tu cerebro basándose en la forma en que las cosas se relacionan sistemáticamente contigo.

---

habilidades). «Sí, creo que fue en abril o mayo de 2007». Tened en cuenta que nunca he dicho que mis habilidades fueran tan útiles como las de Andrea…

[25] A menos que esté pidiendo hablar con un encargado…

Neurociencia del conocimiento: mapas de significado en el cerebro

En los últimos quince años, los experimentos de «lectura de la mente» realizados por Marcel Just y sus colegas han mejorado enormemente nuestra comprensión de la estructura de los mapas de significado que nuestro cerebro utiliza para guiarnos por la vida. En junio de 2005, cuando llegué a la Universidad Carnegie Mellon para que Marcel me formara, este fascinante cuerpo de investigación estaba en pleno despegue. En colaboración con el informático Tom Mitchell, mis amigos Svetlana Shinkareva y Rob Mason, y un equipo de otras mentes brillantes, Marcel se propuso comprender la estructura física de nuestros pensamientos. Aunque no participé directamente en estos proyectos de ninguna manera, el mero hecho de estar en la sala me bastó para darme cuenta de lo complicada que era la aventura.

El problema, en pocas palabras, es que los análisis típicos de los datos de IRMf están diseñados para saber si una región específica del cerebro está implicada en alguna función mental de interés. Para comprender los fundamentos neuronales de la función X, por ejemplo, se exploran los patrones de activación de la región cerebral A, para ver si se vuelve sistemáticamente más activa cuando se produce la función X (idealmente, en comparación con alguna función Y bien controlada). A continuación, se repite el proceso para las regiones cerebrales B, C, D, etc., de forma independiente. Cuando termine, obtendrá un mapa de las regiones que son más activas en la función X que en la función Y. Dependiendo de las diferencias entre las dos funciones, puede hacer inferencias sobre lo que esas partes del cerebro podrían estar haciendo. Por ejemplo, las áreas que están más implicadas en la lectura de palabras reales, como «taladrar», que en la lectura de palabras sin sentido, como «blicket», podrían estar implicadas en la recuperación de información semántica a través del lenguaje.[26]

---

[26] Por supuesto, lo que se pida a los participantes que hagan con las palabras o las no-palabras también determina lo que el cerebro tendrá en cuenta, pero eso podemos dejarlo a un lado por ahora.

El reto es que este tipo de análisis no es lo bastante sensible para detectar las sutiles diferencias asociadas a la estructura de nuestro conocimiento semántico, como la diferencia entre pensar en un martillo o en un taladro. Una de las razones radica en el tamaño de las áreas cerebrales individuales que investigamos con estos métodos. A efectos prácticos, los estudios de neuroimagen funcional tienden a dividir el cerebro en áreas de un milímetro cúbico como mínimo. Esto es, aproximadamente, el tamaño de la punta de un lápiz afilado. Puede parecer poco, pero la señal registrada en cada una de estas áreas está impulsada por el disparo de más de medio millón de neuronas. El resultado es como escuchar a un vecindario con cientos de miles de vecinos cotillas. En los análisis tradicionales, solo interesa saber si el ruido colectivo del vecindario aumenta o no. Pero con estos estudios «neurosemánticos», el objetivo es comprender cuándo su conversación cambia de tema. Dentro de un vecindario determinado, las neuronas individuales pueden responder de forma diferente a la idea de un martillo frente a la de un taladro, pero si el número de neuronas que responden no es muy diferente, los análisis tradicionales no podrán detectar el cambio.

La clave para resolver este problema es reconocer que el conocimiento semántico no vive en un solo vecindario. Para determinar si un grupo diferente de neuronas del Barrio A responde a las palabras «taladro» y «martillo», tenemos que averiguar con quién más están hablando. Esto significa que necesitamos una forma de investigar cómo cambia también la activación en los vecindarios B, C, D, etc., cuando el participante ve un taladro o un martillo. En 2001, James Haxby y su equipo desarrollaron una técnica llamada análisis de patrones multivoxel (MVPA) que hace precisamente esto. Con ella, Just y sus colegas se propusieron descubrir la forma en que el cerebro humano mapea el significado.

En el primero de muchos estudios de neurosemántica, el equipo —dirigido por Svetlana Shinkareva— mostró a los participantes diez dibujos lineales diferentes. Cinco eran imágenes de herramientas (martillo, taladro, destornillador, alicates y sierra) y cinco de viviendas (casa, apartamento, castillo, cabaña e iglú). Para entrenar a las personas a activar sistemáticamente la red de conocimientos asociada a cada dibujo, los investigadores mostraron a los participantes las imágenes fuera del escáner y les hicieron practicar pensando en sus propiedades. ¿Qué sentirías si lo tocaras o lo tuvieras en la mano? ¿Para qué lo utilizarías? ¿Dónde lo verías? Después, en el escáner, los participantes vieron cada imagen seis veces, en distintos órdenes, mientras se registraban sus patrones de activación cerebral.

El objetivo del equipo de investigación era intentar averiguar en qué estaba pensando una persona, basándose en sus patrones distribuidos de activación cerebral. Si no podían detectar la imagen exacta, ¿podrían al menos averiguar si la persona estaba pensando en una herramienta o en una vivienda? Para «leer la mente» de los participantes basándose en su activación cerebral, Shinkareva y sus colegas combinaron métodos neurocientíficos con herramientas informáticas. Mediante el uso de una técnica llamada aprendizaje automático —nombre que reciben los algoritmos informáticos que aprenden, como nosotros, a través de ejemplos—, los investigadores introdujeron patrones de datos cerebrales en un algoritmo informático llamado «clasificador». El trabajo del clasificador consiste en aprender a identificar a qué grupo, o «clase», pertenece una cadena de datos que recibe. Por ejemplo, el ordenador puede recibir cien valores correspondientes a la cantidad de activación en cien regiones cerebrales cuando una persona ve la imagen de un martillo, junto con la etiqueta «martillo». Luego recibía otros cien valores correspondientes a la activación en las mismas cien regiones cuando se veía un taladro, seguidos de la etiqueta «taladro». A medida que aumentaba el tamaño del conjunto de entrenamiento, el clasificador aprendía a identificar el patrón de activación en los cien valores[27] que se asociaba a cada imagen. Y aprendió extraordinariamente bien. Tras recibir cincuenta conjuntos de datos, con los patrones de activación cerebral correspondientes a los diez dibujos vistos cinco veces cada uno, se le introdujo una cadena de datos que no había visto antes y se le

[27] Esta cifra es solo un ejemplo. El número real de regiones cerebrales varía según los distintos análisis realizados.

pidió que adivinara de qué se trataba. En el mejor participante, el ordenador fue capaz de adivinar el elemento exacto en el que estaban pensando con una precisión del 94 %. En el peor, la precisión se acercó al 60 %. Dentro de un momento volveremos a hablar de lo que reflejan estas diferencias entre los participantes.

Y por si la capacidad de detectar lo que alguien estaba pensando basándose en sus propios datos cerebrales no fuera suficientemente notable, Shinkareva y su equipo dieron un paso más y demostraron que podían predecir lo que una persona estaba pensando cuando entrenaban el clasificador con la actividad cerebral de las demás personas del estudio. Como puedes sospechar basándote en todo lo que has aprendido en este libro hasta ahora, estos clasificadores obtuvieron peores resultados, de media.[28] Esto tiene sentido si consideras el hecho de que las personas tienen diferentes experiencias con taladros y martillos, y que los clasificadores entrenados con sus propios datos tendrían más información sobre sus perspectivas únicas. A pesar de estas diferencias, es bastante sorprendente que este enfoque entre personas funcionara para la mayoría de los participantes. De hecho, Shinkareva y sus colegas fueron capaces de predecir lo que pensaba el 75 % de los participantes basándose en los datos de los demás. Por supuesto, esto plantea una pregunta: ¿qué había de diferente en ese otro 25 %? En conjunto, los resultados de este estudio ponen de manifiesto que existen tanto puntos en común como diferencias en la forma en que la información semántica se mapea en el cerebro de los distintos individuos.

Desde su innovador estudio, Just y sus colaboradores han realizado docenas de investigaciones sobre el modo en que la mente humana asigna significados. En un estudio, por ejemplo, investigaron los patrones de activación de sesenta objetos concretos, añadiendo categorías como alimentos, animales y vehículos a la mezcla de herramientas y viviendas. A continuación, agruparon

[28] El mejor de estos clasificadores obtuvo una precisión de alrededor del 80 %. No obstante, cabe señalar que, en el caso de dos participantes, el clasificador predijo mejor lo que estaban viendo utilizando los datos de otras personas que los suyos propios.

los objetos en función de la similitud de sus patrones de activación y dedujeron que, cuando se trata de cómo el cerebro representa el conocimiento sobre los objetos, hay tres temas organizativos principales: (1) ¿Puedo comerlo o está relacionado con la comida?[29] (2) ¿Puedo sostenerlo en la mano o manipularlo con ella? Y (3) ¿puedo meterme dentro de él o utilizarlo como refugio?

Estos principios de organización tienen sentido si recordamos que el conocimiento semántico puede derivarse de los elementos comunes de nuestros recuerdos episódicos. También explican por qué tus patrones de actividad cerebral pueden ser útiles para determinar en qué estoy pensando. Es muy probable que, aunque tú y yo tengamos experiencias diferentes con el apio, ambos lo asociemos con cocinar o comer. Incluso iría un paso más allá y diría que ninguno de los dos coge el apio como si fuera un lápiz o lo come como si fuera una mazorca de maíz.[30] Entonces, ¿qué nos puede desvelar esto sobre las personas cuyos pensamientos son más difíciles de clasificar, utilizando sus propios datos o los datos de los demás?

Una cosa importante que hay que tener en cuenta es que la capacidad de un clasificador para discriminar un pensamiento de otro está relacionada con lo distintas que sean las representaciones neuronales en la mente de un individuo.[31] Y la experiencia de una persona con los elementos que se clasifican da forma a esta distinción. Por ejemplo, los conceptos de café y té deben ser más diferentes en mi cerebro que en el de alguien que no bebe ninguno de los dos, basándonos en nuestras experiencias. Mientras que ellos ven bebidas intercambiables, frecuentemente con cafeína, de color marrón y que se consumen en tazas con asa, yo veo Italia frente al Reino Unido, la mañana frente a la tarde, el calor frente al frío

[29] Los utensilios, como las tazas, y los animales que se comen habitualmente en la cultura predominante de estos participantes, como las vacas, se parecían más a los alimentos, como las zanahorias, que a otros utensilios o animales que no intervienen en los escenarios alimentarios.

[30] Aunque, si eres así de raro, definitivamente podríamos ser amigos.

[31] Así como lo ruidosas o variables que sean sus mediciones, pero eso lo dejaremos a un lado por ahora.

y la salud frente a la enfermedad. Podrías predecir, entonces, que un clasificador tendría más probabilidades de decir si estoy pensando en café o en té que si se basara en los datos cerebrales de los hipotéticos «que no toman bebidas con cafeína». También podría predecir (correctamente) que «té» no es la primera palabra que me viene a la mente cuando se me presenta la palabra «café».[32] ¿Puedes hacer ingeniería inversa sobre cómo tus experiencias podrían haber impulsado las asociaciones a las que llegó?[33]

En el capítulo 5, describimos algunas de las graves formas en que tus experiencias pueden moldear las similitudes en tus vecindarios semánticos —formando vínculos contextuales entre rostros negros y armas, por ejemplo—. Un estudio publicado en 2017 por el equipo de Marcel Just demostró otra escalofriante implicación de la forma en que nuestras experiencias dan forma a nuestros mapas de significado. Entre sus participantes había un grupo de individuos que declaraban tener pensamientos suicidas, y otro grupo de individuos que no informaban de tales pensamientos.[34] Esta vez, el objetivo del equipo de investigación era ver si el clasificador podía aprender a identificar algo sobre el pensador de los pensamientos, basándose en los patrones de activación que sus cerebros producían en respuesta a las palabras. Pero en lugar de fijarse en herramientas, viviendas u otros objetos, a los participantes en este estudio se les dieron conceptos más abstractos en los que pensar, relacionados con pensamientos negativos (por ejemplo, muerte, desesperanza, desesperado) o positivos (por ejemplo, dicha, despreocupación, amabilidad). Sorprendentemente, basándose en los patrones de activación cerebral generados por estos conceptos, el clasificador fue capaz de detectar con un 91 % de precisión si el autor del pensamiento pertenecía al grupo de suicidas o al de mentalmente sanos. La diferencia entre los grupos

[32] En cambio, soy del 8 % que piensa «cafeína» cuando ve la palabra.

[33] Advertencia: es importante tener en cuenta que cuando lo haces, estás utilizando a tu jinete para inferir un proceso puramente ecuestre.

[34] Estas personas fueron seleccionadas según las evaluaciones que demostraron que no tenían problemas de salud mental ni antecedentes de ideación suicida.

era evidente en sus patrones de activación tanto para las palabras fuertemente negativas como para las positivas, observándose las mayores diferencias de grupo cuando las personas pensaban en la muerte, la crueldad, los problemas, la despreocupación, el bien y los elogios.

Hay mucho que aprender de este experimento. Desde un punto de vista independiente y científico, una cosa que hay que señalar es que la forma en que nos sentimos durante nuestras experiencias también da forma a la forma en que se organizan nuestros recuerdos. Pero si observamos estos resultados desde un punto de vista menos clínico y más humano, podríamos preguntarnos si los patrones de actividad cerebral de una persona suicida que piensa en la palabra «bien» son tan distintos como para que un ordenador pueda distinguirlos de los de alguien con una mentalidad más sana, ¿cuán diferentes deben ser sus experiencias del mundo? Por último, cuando los pilares fundamentales en los que se basan las ideas más complejas son tan distintos en las mentes de personas con experiencias diferentes, ¿cómo podemos encontrar la forma de realinearlos y conectarlos?[35] Estas son preguntas cruciales que espero que los neurocientíficos y los médicos trabajen juntos para ayudar de manera más efectiva a los más de 264 millones de personas afectadas por la depresión en todo el mundo.[36]

Aunque uno de los retos conocidos del tratamiento de la depresión es que nuestros estados emocionales también pueden influir en lo que notamos o a lo que prestamos atención en una experiencia determinada. Y aquello en lo que nos centramos se magnifica en la forma en que se almacenan nuestros recuerdos. Esto puede influir no solo en la diferenciación de dos conceptos en el cerebro de una persona, sino también en el lugar del cerebro donde se almacenan esas diferencias. Un estudio muy reciente, publicado en 2021 por Katherine Alfred y sus colegas, demostró precisamente esto: que las diferencias sistemáticas en aquello a lo que la gente

---

[35] Este será el principal tema del último capítulo.

[36] Y estas estadísticas, facilitadas por la Organización Mundial de la Salud, ¡se basan en datos anteriores a la pandemia!

presta atención determinan la forma en que sus cerebros representan el significado.

Para estudiarlo, Alfred y sus colegas desarrollaron una prueba inteligente diseñada para medir si una persona es más propensa a centrarse en información verbal o visual. Para ello, presentaron una serie de estímulos en blanco y negro que parecían naipes. Cada uno tenía una de las tres formas habituales en una baraja de cartas: un corazón, un trébol o una pica. Pero en lugar de números, estas cartas también tenían la palabra «corazón», «trébol» o «pica» impresa encima o debajo de la forma.[37] Se pedía a los participantes que pulsaran uno de los tres botones para «clasificar» las cartas en sus tres palos respectivos. La mayoría de las veces, la forma y la palabra coincidían, por lo que se podía utilizar cualquiera de los dos datos para clasificar las cartas. Pero de vez en cuando se presentaba una carta «trampa», con combinaciones incoherentes de forma y palabra. Por ejemplo, la palabra «corazón» podía aparecer sobre la forma de una pica. No se advirtió a los participantes de la existencia de estas cartas trampa ni se les dijo cómo clasificarlas. Los investigadores pretendían averiguar en qué tipo de información se centraba más la gente —visual o verbal— registrando las decisiones que tomaban cuando se les presentaba información contradictoria en las dos modalidades.

El rendimiento de las personas en la tarea de clasificación de cartas demostró que casi todo el mundo tenía predisposición a prestar atención a una de ellas, ya fuera información verbal o visual. Algunos clasificaban las cartas casi exclusivamente por las palabras, mientras que otros lo hacían sobre todo por las imágenes. Al restar el número de veces que cada participante clasificó cincuenta cartas trucadas basándose en sus imágenes del número de veces que las clasificó basándose en las palabras, los

[37] No tengo ni idea de por qué se omitieron los diamantes en esta tarea, pero podría ser porque la palabra «diamante» en inglés es mucho más larga que las demás y podría haber «captado» la atención en consecuencia. Los científicos tuvieron mucho cuidado de controlar los factores que pueden influir en la atención, como la posición de la información en la tarjeta, cambiando las posiciones relativas de la palabra o la imagen entre los ensayos.

investigadores calcularon una puntuación de «sesgo hacia las palabras» que oscilaba entre +50 y -50.

A continuación, los investigadores quisieron comprobar si estos sesgos atencionales estaban relacionados con la forma en que el cerebro de una persona representaba los significados de objetos concretos. Para ello, registraron patrones de actividad cerebral mientras los participantes veían sesenta objetos en formato de palabra e imagen. Después, utilizaron una variación de MVPA denominada método del reflector para explorar cómo se representaba la información semántica en el cerebro de cada persona. Se trata de un híbrido entre los análisis de neuroimagen tradicionales, que se centran en la activación de un área cerebral cada vez, y el MVPA, que busca patrones distribuidos por todo el cerebro a la vez. Como su nombre indica, los «reflectores» buscan patrones de activación en regiones cerebrales próximas entre sí en un espacio físico de búsqueda predefinido. El objetivo de este método suele ser ver cómo cambia la precisión de la clasificación cuando el foco de búsqueda cambia de ubicación.

Pero Alfred y sus colegas fueron un paso más allá. Querían ver si había partes del cerebro en las que los individuos mostraran diferencias en la forma de organizar sus pensamientos sobre los objetos, en función de sus sesgos atencionales. Gracias al método del reflector, los investigadores pasaron de una región cerebral a otra, relacionando la tendencia de una persona a prestar atención a imágenes o palabras con el mapa de significado que su cerebro creaba basándose en las relaciones entre esos sesenta objetos.[38] Sus resultados descubrieron algo notable: había tres regiones cerebrales en las que los participantes que prestaban atención a las palabras y los que lo hacían a las imágenes mostraban diferencias fundamentales en la organización de sus mapas de significado. Una

---

[38] He simplificado un poco el análisis para ahorrar tiempo y energía mental a quienes no estén interesados en los detalles. Si te interesa, te animo a que le eches un vistazo a su publicación, que explica cómo utilizaron un sofisticado algoritmo para calcular la distancia semántica entre los objetos de su experimento (presentados tanto en palabras como en imágenes) y lo utilizaron como plantilla para relacionar los patrones de activación.

de estas regiones es la unión temporoparietal izquierda, la misma región cuya conectividad con el hipocampo distinguía de forma fiable a las personas que eran buenas recordando «qué» de las que eran buenas recordando «dónde». Se ha demostrado que la misma región es más activa en personas que se autoidentifican con estilos de procesamiento verbal.

En otras palabras, estos estudios sugieren que las personas que tienden a centrarse más en la información verbal o semántica tienen mapas de significado más nítidos, o más distintos, en una de las áreas típicamente asociadas con el lenguaje en el hemisferio izquierdo. También tienen conexiones más fuertes entre el hipocampo izquierdo y las regiones lingüísticas del hemisferio izquierdo, lo que les facilitaría recuperar o reactivar conceptos basándose en los mapas de significado almacenados en estas regiones. Sin embargo, para las personas que tienden a centrarse en escenas e imágenes, las representaciones en estas áreas son menos distinta, y sus conexiones con el hipocampo del hemisferio izquierdo son menos fuertes, lo que podría dificultarles la recuperación de conceptos semánticos basados en palabras. Quizá esto explique por qué algunas personas no piensan «hablándose a sí mismas» y a otras les cuesta conjurar imágenes en su mente: todos nos inclinamos por los códigos que nuestros cerebros encuentran más eficientes para representar el mundo «ahí fuera».

Al fin y al cabo, toda la serie de procesos que guían la codificación, el almacenamiento y la recuperación de la memoria conforman la forma en que decide el jinete de tu cerebro. Porque la medida en que todo lo que «sabes» puede servirte para «hacerlo mejor» depende de tu capacidad para recuperar esa memoria en el momento y lugar adecuados, y utilizarla para guiarte.

Pero ¿qué pasa con todos los «datos curiosos» que conocemos y que parecen irrelevantes para cualquiera de nuestros espacios reales de toma de decisiones? En mi trabajo diario, en el que exploro cuestiones científicas básicas[39] sobre el funcionamiento del

[39] Sé que suena un poco condescendiente, pero ciencia «básica» es un término utilizado para describir la investigación que intenta comprender los mecanismos

cerebro, a menudo me identifico con la visión de Tyrion Lannister sobre el conocimiento, que es algo diferente en espíritu a la de Maya Angelou.[40] «Eso es lo que hago», dice. «Bebo y sé cosas». Y cuando dice esto, me hace sentir un poco mejor acerca de la satisfacción que puede proporcionar el saber, solo por el hecho de saber. En el próximo capítulo, aprenderás por qué a algunos de nosotros nos satisface enormemente aprender algo nuevo, aunque sea completamente improbable que nos ayude a hacer algo mejor. Pero antes de llegar ahí, vamos a resumir lo que hemos aprendido sobre cómo los distintos sistemas de control del caballo y del jinete utilizan lo que han aprendido en la vida para desenvolverse.

Resumen: el caballo y el jinete «viven y aprenden» de formas únicas que les guían conjuntamente por la vida

Espero que después de leer este capítulo comprendas mejor la relación entre el saber y el hacer. ¿Saber es realmente solo la mitad de la batalla? Si es así, ¿qué se interpone en el camino de hacerlo mejor una vez que sabes algo que podría mejorar tu comportamiento? Hay que tener en cuenta que, como ya hemos dicho, el cerebro tiene diferentes formas de saber. Y como mencioné brevemente en el capítulo 5, es perfectamente posible que la forma automática e intuitiva que tiene tu caballo de saber cómo guiarse esté en desacuerdo con los objetivos e ideales explícitos y conscientes de tu jinete sobre cómo deberías comportarte. Y cuando esto ocurre, la batalla entre caballo y jinete se desarrolla del mismo modo que la competición por la concentración. El grado en que una decisión es impulsada por el caballo, el jinete o una combinación de ambos depende en gran medida de la fuerza relativa de los dos procesos cerebrales. Y aunque el jinete a menudo puede utilizar una información que ha

---

fundamentales del funcionamiento de las cosas, en contraposición a la resolución de problemas clínicos o aplicados.

[40] Tyrion Lannister (de *Juego de Tronos*) es uno de los personajes de ficción de los que más me gustaría ser amiga.

recuperado para hacer girar al caballo en una dirección diferente, también se cansa mucho más rápido que el caballo.

Pero hay algo de lo que no hemos hablado mucho antes: con la práctica, guiarse de una forma que empieza siendo esforzada e impulsada por el jinete puede convertirse en una tarea más automática e impulsada por el caballo. ¿Recuerdas cuando aprendiste a conducir un coche? La mayoría de la gente no mete a su hijo adolescente en un coche y le dice «apunta hacia el helado e intenta no morir». En lugar de eso, les damos una lista de instrucciones explícitas como «ajusta los retrovisores y tu asiento. Coloca las manos a las dos y a las diez en punto. Comprueba los retrovisores y tu ángulo muerto antes de cambiar de carril», etc. Y como es mucha información para que el conductor la tenga en cuenta, estamos ahí (o buscamos a alguien más valiente que esté ahí) para recordárselo si se le olvida. Al fin y al cabo, nadie llega a ser bueno conduciendo un coche sin practicar. Con el tiempo, todas estas tareas, codificadas inicialmente mediante instrucciones verbales, llegan a estar tan bien practicadas que sus sistemas automáticos de control pueden guiarle fácilmente a través del tráfico sin pasar nunca por «la lista de comprobación». Su caballo puede aprender un nuevo truco y, cuando lo hace, forma un nuevo conjunto de asociaciones entre acciones y recompensas en su cerebro. Ten esto en cuenta si estás motivado para cambiar algo y sientes que tienes dificultades con tu caballo. Puede que la práctica no te haga perfecto, pero sin duda hace que las cosas te cuesten menos esfuerzo.[41]

En este capítulo, también aprendimos sobre las diferencias individuales que se producen dentro de los sistemas de control del caballo y del jinete. ¿Eres un aprendiz con zanahoria, un aprendiz con palo o ambos? ¿Tu cerebro aprende más cuando las cosas van peor de lo esperado o cuando van mejor de lo esperado? ¿Cómo puede ayudarte esto a saber si vas por el buen camino cuando intentas hacer algo complicado?

---

[41] También hay que tener en cuenta que el piloto es más sensible a cosas como el estrés y el cansancio, porque ese tipo de control supone un esfuerzo energético increíble para el cerebro.

Por último, conocimos las herramientas que tu jinete puede utilizar para desenvolverse o el contenido de su alforja. Dentro están los elaborados clips de memoria que forman «los episodios de tu vida», junto con las obviedades y datos curiosos que llegas a adquirir a través de experiencias repetidas. ¿Cómo interactúan las formas en que te concentras con tus experiencias vitales para dar forma a los mapas de significado de tu cerebro? ¿Y cómo influyen las conexiones formadas en lo que tu jinete encontrará cuando busque en su mochila recuerdos que le ayuden a guiar sus próximos pasos? Aunque ahora que hemos recorrido juntos este terreno, el espacio en el que los distintos tipos de conocimiento influyen en lo que hacemos, voy a complicar un poco las cosas recordándote que a veces nos gusta saber cosas —como el hecho de que un pulpo pueda colarse por un agujero diminuto—, a pesar de que haya muy pocas posibilidades de que estas cosas cambien nuestros comportamientos en el futuro. ¿De dónde viene eso? En el próximo capítulo hablaremos de las distintas formas en que los cerebros responden a lo desconocido y de por qué algunos cerebros están más motivados que otros a la hora de saber cosas solo por saber.

CAPÍTULO 7

EXPLORAR

Cómo la curiosidad y la amenaza compiten por moldear los comportamientos en los límites del conocimiento

Para qué sirve una medusa?».

Me gustaría pensar que me han hecho algunas preguntas difíciles en mi vida, pero esta se lleva la palma. Afortunadamente, iba dirigida a Jasmine, nuestra experta en vida marina, y no a mí. La pregunta me la hizo mi madrastra, Linda, una de las adultas más juguetonas y aventureras que conozco durante una visita al acuario de Seattle. Jasmine, que trabajaba en el acuario desde hacía varios años, hacía de guía turística personal y vaya si lo hacía bien. Aunque no empezó a estudiar biología marina formalmente hasta el instituto, Jasmine ha sentido fascinación por el mundo acuático desde que abrió los ojos por primera vez bajo el agua. Y cuando llegó a la adolescencia, ya era un dispensador de caramelos PEZ lleno de «datos curiosos» sobre las distintas criaturas marinas que encontrábamos.

En el momento en que Linda me hizo la pregunta, yo estaba absorta en mis divagaciones mentales, dándole vueltas y vueltas en la cabeza al dato que acababa de aprender sobre las medusas. Como mencioné brevemente en el último capítulo, acababa de enterarme de que algunas especies de medusas son capaces de transformarse de su forma adulta —el paraguas con patas, más formalmente conocido como medusa— a una forma de pólipo inmóvil, lo que suele ocurrir mucho antes en su ciclo vital.

¿Cómo? Esto es el equivalente en invertebrados a decir que una gallina puede volver a convertirse en huevo durante un tiempo si se lesiona o no encuentra comida. La mera posibilidad de que algo así pueda suceder desafía todo lo que creía entender sobre el funcionamiento de los seres vivos. Así que, mientras mis ojos contemplaban los hipnóticos movimientos de las medusas, mi mente intentaba asimilar la posibilidad de que una de ellas pudiera vivir para siempre.

Cuando la pregunta «¿para qué sirve una medusa?» llegó a mis tímpanos, estaba tan inmersa en la madriguera de la inmortalidad que casi no pude entenderla. Las palabras de Linda, pronunciadas por un cerebro en un estado muy diferente de asombro, fueron tan inesperadas que crearon una especie de latigazo mental que me dejó temporalmente totalmente confusa. Fue como ver a un tipo de mi barrio paseando cabras, multiplicado por mil. Su pregunta fue tan inesperada que dejó perplejos a los tres científicos del grupo al hacernos una pregunta muy práctica sobre las medusas.

Aún no tengo ni idea de cómo responder a la pregunta de Linda, pero sí sé que el objetivo de la historia es ilustrar las distintas maneras en que la gente piensa, siente y se comporta cuando se encuentra con una información nueva o una situación inesperada, y cómo esto puede relacionarse con la utilidad que estimamos que tendrá esta información en el mundo real. Por un lado, tenemos a Jasmine, cuya temprana fascinación por los animales marinos ha sido un gran motor en su vida. Desde su primer voluntariado en el acuario de Seattle en la adolescencia hasta su trabajo actual para la Oficina Nacional de Administración Oceánica y Atmosférica (NOAA) en las políticas que rigen las prácticas pesqueras en todo el mundo, la vida de Jasmine ha estado marcada de forma significativa y constante por su curiosidad por la vida marina. Por otro lado, está Linda, cuya área de especialización podría describirse mejor como «¡diversión!». Como resultado, Linda ha vivido una vida llena de aventuras y tiene muchas historias entretenidas que contar al respecto. Yo me encuentro en algún lugar entre ellas, junto con Jimmy Buffett,[1] preguntándome si sería divertido ser una medusa.

Sorprendentemente, la relación entre cómo exploras lo desconocido y el mapa que construirás para moverte por el mundo se asemeja en cierto modo al ciclo vital de una medusa. El hecho de que aún recuerde que las medusas pueden hacer retroceder las manecillas del tiempo en su ciclo vital, aunque haya olvidado categóricamente todos los demás «datos curiosos» que me contaron en aquel viaje, constituye una prueba en el mundo real de lo que los neurocientíficos son capaces de demostrar ahora en el laboratorio. La curiosidad es un estado mental que precede y facilita el aprendizaje. En pocas palabras, la curiosidad es la sensación subjetiva que uno tiene cuando su cerebro quiere asimilar una información que tiene delante. En consecuencia, cuanto más curioso te sientas en una situación determinada, más preparado estará tu cerebro para recordar lo que ocurra a continuación.

El modo en que un cerebro hambriento de información puede impulsarle a explorar las partes desconocidas de su mundo es observable desde una etapa muy temprana de la vida. Las investigaciones de mi amiga y antigua colega Kelsey Lucca lo han demostrado repetidamente en sus estudios sobre gestos espontáneos de señalar en bebés y niños pequeños. Kelsey y sus colaboradores han demostrado que si se nombra un objeto nuevo cuando un niño de dieciocho meses lo señala[2], es más probable que recuerde el nombre del objeto más adelante. Para demostrarlo en el laboratorio, compararon situaciones como esta con otras dos: una en la que los científicos nombraban algo cuando los niños no señalaban nada, aparentemente como señal de que no estaban muy

---

1 Dejando a un lado el hecho de que soy una gran admiradora de la mayoría de los acentos europeos, algunas de las letras de la canción *Mental Floss* de Jimmy Buffett me llaman mucho la atención.

2 En comparación, no se observó ningún efecto al nombrar los objetos cuando los niños de doce meses los señalaban.

interesados en el nuevo objeto, y otra en la que nombraban algo distinto del objeto que los niños señalaban. En ambas condiciones, los bebés eran menos propensos a recordar los nombres proporcionados que cuando se les daba el nombre de algo por lo que habían expresado interés. Estos resultados sugieren que señalar es una herramienta inteligente que el cerebro de los niños pequeños ha desarrollado para preguntar qué es algo antes de tener las palabras para hacerlo. La idea de que la curiosidad de una persona puede dirigirse hacia un objetivo concreto y que esa curiosidad fomenta el aprendizaje también se ha demostrado en adultos. Una forma habitual de estudiar esto es utilizando juegos de trivial modificados en el laboratorio. En estos experimentos, los participantes leen una serie de preguntas diseñadas para despertar la curiosidad de personas con intereses diversos: ¿cuál es la película favorita de Quentin Tarantino? ¿Qué instrumento se diseñó para imitar el sonido de la voz humana? ¿Cuántos campeonatos de la NBA ganó Michael Jordan con los Chicago Bulls? ¿Cuántos tatuajes tiene Post Malone?[3] Después de leer cada pregunta, se pide a los participantes que valoren tanto su confianza en conocer la respuesta como su curiosidad por saberla. A continuación, la mayoría de las veces, se dan las respuestas a las preguntas.[4] Al igual que los niños que señalan, los adultos son más propensos a recordar las respuestas a las preguntas por las que sentían más curiosidad cuando se les hace un cuestionario sorpresa al final del experimento.

Por supuesto, esto plantea la pregunta de por qué una persona estaría interesada en conocer los tatuajes de Post Malone, mientras que otra sentiría más curiosidad por la racha de victorias de Michael Jordan con los Bulls. Y aquí es donde el ciclo de

---

3 No sé si alguien, aparte de Post Malone, conoce la respuesta a la última pregunta porque me la he inventado para picar la curiosidad, pero las demás están sacadas de paradigmas de investigación reales. Las respuestas a las tres primeras preguntas, basadas en estos experimentos (así que no me culpéis si Quentin Tarantino cambió su película favorita) son: *Battle Royale*, violín y seis.

4 Más adelante entraremos en detalles más matizados sobre el diseño de estos experimentos y sus razones.

preguntas y respuestas empieza a parecerse a la vida inmortal de una medusa. Según el marco Predicción, Valoración, Curiosidad y Exploración (PACE) desarrollado recientemente por Matthias Gruber y su antiguo mentor Charan Ranganath,[5] tu curiosidad en cualquier situación depende de lo que ya sepas sobre el mundo. En pocas palabras, tu curiosidad se despierta cuando algo le sorprende basándose en lo que creía saber[6] o porque experimenta una laguna de conocimiento, un tipo de conflicto mental que se produce cuando necesita más información antes de decidir qué hacer en una situación determinada.[7]

Por ejemplo, el meme *If you're having a bad day just look at this shaved llama* ('Si tienes un mal día, mira a esta llama rapada') que ha circulado recientemente. Aunque estoy bastante segura de que a la mayoría de la gente que lo vio lo que más le cautivó fue la expresión histérica y cabreada de la cara del animal, o el hecho de que su cabeza pareciera un diente de león, lo que me sorprendió del meme fue que yo estaba bastante segura de que la llama rapada era una alpaca. Mi curiosidad por esta incoherencia me llevó a Internet, donde confirmé lo que había aprendido en la feria del condado hace unos años sobre la diferencia entre ambas. Esto me llevó a otra madriguera de preguntas, donde me enteré de la relativa facilidad de domesticar llamas y alpacas. Resulta que las llamas son más amigables y parecidas a los perros, mientras

---

5 No es tu imaginación. Es la tercera vez que oyes hablar de Charan Ranganath, y no será la última. Probablemente debería destinar parte de los beneficios de mi libro para él, ya que su investigación es fundamental. Tuve la suerte de aprender de él cuando fue contratado por primera vez como profesor adjunto en UC Davis durante mi formación de posgrado y es tan brillante y divertido como cabría esperar de alguien que estudia la curiosidad.

6 Por eso, los investigadores intentan tener en cuenta los conocimientos previos preguntando a las personas si están seguras de conocer la respuesta a una pregunta. Como veremos más adelante, la sorpresa puede impulsar el aprendizaje tanto o más que el puro interés.

7 Por ejemplo, si en una de las preguntas del trivial te encuentras con una respuesta que es el nombre de una persona que no conoces, es posible que te sientas motivado a hacer una rápida búsqueda en Internet para averiguar de quién se trata antes de decidir si sientes curiosidad por ella. (Por favor, no me digas si era Michael Jordan).

que las alpacas son más independientes y parecidas a los gatos. Pero ambas son muy graciosas: las llamas, con sus largas orejas y narices, y las alpacas, con sus caras respingonas y abotonadas. A medida que aumenta mi base de datos de conocimientos, el espacio en el que los memes de llamas o alpacas pueden captar mi interés crece por momentos. Atrapada en este ciclo de preguntarse y saber, uno puede iterar su camino por la vida, sintiéndose más curioso, y posiblemente aún más despistado, con cada nuevo día. Creo que esta fue la idea que Platón intentó captar cuando describió la ironía de su maestro Sócrates y su actitud ante el conocimiento. Aunque a menudo se considera a Sócrates una de las personas más sabias que han existido, es famosa su afirmación «ni sé ni creo saber». Pero ¿qué pasa con quienes son más prácticos —como Linda— y no se dejan cautivar por la idea de saber por saber? ¿Te estás perdiendo la oportunidad de sentirte tan «sabio» como Sócrates?

Espero que ya me conozcas lo suficiente como para adivinar que nunca es tan sencillo. Como aprenderás en este capítulo, explorar lo desconocido puede tener un coste importante. Estos costes van desde «perder el tiempo», en el extremo inferior, hasta la posibilidad de descubrir algo que puede dañarte física o psicológicamente, en el extremo superior.

Entonces, ¿para qué sirve explorar nuevos lugares o ideas? Para responder a esta pregunta, volveremos al modelo PACE y al ciclo de preguntas y respuestas, teniendo en cuenta los costes y beneficios de esta búsqueda. Pero antes, hagamos una pequeña evaluación para averiguar hasta qué punto es fuerte tu deseo de saber por saber.

¿Eres curioso por naturaleza?

Volviendo por un momento a los filósofos griegos, me gustaría comenzar nuestra inmersión más profunda en las diferencias individuales en la curiosidad de la misma manera que comienza la colección *Metafísica* de Aristóteles: con especulaciones sobre la naturaleza de la curiosidad humana. «Todos los seres humanos, por naturaleza, desean saber», afirma audazmente la frase inicial. Pero no puedo evitar preguntarme si sus creencias sobre el tema estaban sesgadas por el tipo de personas con las que pasaba el tiempo. Al fin y al cabo, los filósofos pasan mucho tiempo preguntándose cosas. Es su especialidad. Una conversación informal tomando unas copas de vino con mi tío Bruce, filósofo de la Wayne State University, puede hacer que uno se sienta tan «sabio» como Sócrates en un abrir y cerrar de ojos. Aunque muchas de las personas que conozco son más como Linda: pragmáticas y selectivas con las cosas que les despiertan curiosidad.

Los psicólogos que se ganan la vida estudiando los rasgos de la personalidad han llegado a conclusiones similares sobre las distintas formas que tiene la gente de asombrarse. Sus investigaciones, basadas en gran medida en autoinformes sobre la curiosidad, sugieren que las personas difieren bastante en lo curiosas que son «por naturaleza». Aunque los niveles de curiosidad de cada persona pueden aumentar y disminuir en función de lo que estén haciendo, un fenómeno que se denomina estado de curiosidad, también existen diferencias más estables en la curiosidad entre las personas que pueden observarse en muchos momentos y contextos diferentes, lo que se denomina rasgos de curiosidad. Para complicar un poco más las cosas, los rasgos de curiosidad también se presentan en dos formas diferentes, aunque relacionadas: diferencias en el deseo de adquirir hechos, o curiosidad epistémica, y diferencias en el deseo de experimentar cosas nuevas a través de nuestros sentidos, o curiosidad perceptiva. Este capítulo se centrará principalmente en la curiosidad epistémica, sencillamente porque es la que cuenta con más investigaciones neurocientíficas hasta la fecha.

Así que vamos a averiguar hasta qué punto eres curioso por naturaleza. He tomado prestados elementos de algunas medidas relacionadas con la curiosidad para ayudarte. Como hiciste en el capítulo 2, lee cada afirmación y piensa en lo exacta o inexacta que te parece la afirmación, por término medio, a menos que incluya un calificativo temporal más específico como «ahora mismo». He incluido la misma escala que para mantener la coherencia.

MEDIDA DE LA CURIOSIDAD

-3	-2	-1	0	1	2	3
INEXACTO						**PRECISO**
Firmemente	Moderadamente	Ligeramente	Neutro	Ligeramente	Moderadamente	Firmemente

1. Las nuevas ideas excitan mi imaginación. ___
2. Me gusta desmontar cosas para «ver qué las hace funcionar». ___
3. Me gusta aprender sobre temas desconocidos. ___
4. Ahora mismo, me siento inquisitivo. ___
5. Las situaciones nuevas captan mi atención. ___
6. Me emociona tener una idea nueva que me lleve a tener aún más ideas. ___
7. Actualmente estoy especulando sobre lo que está ocurriendo. ___
8. Me parece interesante pensar en ideas contradictorias. ___
9. Me gusta entender cómo funcionan las máquinas complicadas. ___
10. Me siento implicado en lo que estoy haciendo ahora. ___
11. Me gusta resolver rompecabezas o acertijos. ___
12. Me gusta hacer preguntas sobre cosas que no entiendo. ___

Cada una de estas afirmaciones está relacionada con algún aspecto de la curiosidad. Cuanto más a menudo esté de acuerdo, más curioso es en general. Para ser más específico, calcule su nivel medio de curiosidad epistémica sumando las puntuaciones de las preguntas 1, 3, 6 y 8 y dividiéndolas por 4. Compruebe su cordura: La cifra debe estar comprendida entre -3, que corresponde a un nivel muy bajo de curiosidad epistémica, y +3, que corresponde a un nivel alto de curiosidad epistémica. Calculemos ahora tu nivel medio de curiosidad perceptiva sumando las puntuaciones de las preguntas 2, 5, 9 y 11 y dividiéndolas por 4. Una vez más, cuanto más se acerque tu valor a +3, mayor será tu nivel de curiosidad perceptiva y viceversa. Por último, las preguntas 4, 7 y 10 miden tu nivel de curiosidad actual o de estado. Solo hay tres, así que esta vez divide la suma de tus puntuaciones por tres.

Entonces, ¿cuán curioso eres?

Dado que se trata de medidas de personalidad que se distribuyen normalmente, yo esperaría que la mayoría de las personas en el mundo real puntuaran entre -1 y +1 en cada dimensión. Sin embargo, si estás haciendo esta evaluación, es muy probable que también seas alguien que ha leído casi un libro entero sobre el funcionamiento del cerebro. Puede que sea parcial, pero no parece el tipo de cosa que haría alguien a quien no le gusta hacerse preguntas sobre cómo funcionan las cosas. Pero antes de adelantarme demasiado, hablemos del cerebro de las personas más o menos curiosas por naturaleza. Basándote en lo que has aprendido hasta ahora, ¿crees que habría alguna forma de saber, si escaneases tu cerebro, si podrías estar interesado en mi libro?

¿Qué fue primero, la gallina curiosa o el huevo sabio?

Si sientes curiosidad por saber cómo es un cerebro curioso, quizá te guste leer el caso de un cerebro excepcional que perteneció a un hombre que afirmó: «no tengo ningún talento especial. Solo soy apasionadamente curioso». El hombre era Albert Einstein y hasta qué punto no tenía «ningún talento especial» es muy discutible.

Independientemente de la exactitud de su autoevaluación, el cerebro de Einstein ha sido fotografiado y medido póstumamente y se describe minuciosamente en una serie de artículos de la neuroantropóloga Dean Falk y sus colaboradores. Como puede suponerse, es excepcional en muchos aspectos. Entre ellos está el hecho de que presenta notables expansiones en su llamativo córtex prefrontal, el centro del pensamiento «dirigido a objetivos», en ambos hemisferios. Pero la pregunta es ¿fueron estas peculiaridades la causa de que Einstein fuera apasionadamente curioso o surgieron debido a la enorme cantidad de conocimientos que su cerebro acumuló tras toda una vida de apasionada curiosidad? En otras palabras, ¿es el cerebro de Einstein como una versión exagerada del cerebro de los taxistas londinenses? Si es así, ¿cuáles podrían haber sido los costes? Dado que no disponíamos de la tecnología para medir su cerebro longitudinalmente, como hizo Maguire con los taxistas, no hay una buena forma de desentrañar estos factores.

Desgraciadamente, las mismas limitaciones se aplican a la interpretación de los resultados de la nueva área de investigación que explora las bases neurocientíficas de las diferencias individuales en la curiosidad. Sin embargo, los resultados de esta incipiente línea de investigación ofrecen ciertas ventajas sobre el estudio del cerebro de un muerto. En primer lugar, estos estudios miden realmente el rasgo de curiosidad en cientos de participantes vivos. También utilizan métodos contemporáneos de neuroimagen para investigar las propiedades de estos cerebros aproximadamente al mismo tiempo que se miden sus niveles de curiosidad. Esto permite a los investigadores empezar a estudiar sistemáticamente las características del cerebro que varían en las personas que son más o menos curiosas «por naturaleza». Los resultados de esta investigación se alinean en torno a un hecho importante: que las diferencias individuales en el rasgo de curiosidad no residen en ninguna parte específica del cerebro. A diferencia del gran tamaño del «pomo de la mano» de Einstein en el hemisferio derecho, que nos dice algo sobre lo hábil que era su mano izquierda, no existe un «pomo de la curiosidad» en el cerebro. En cambio, los cerebros de las personas más o menos curiosas por naturaleza difieren en aspectos relacionados con su grado de sincronía.

La tesis doctoral de Ashvanti Valji ofrece un buen resumen de este trabajo. Valji se interesó por la relación entre los niveles de curiosidad epistémica y perceptiva, y la organización de determinadas vías cerebrales de materia blanca de alta velocidad. Una de las vías en las que se centró fue el fascículo longitudinal inferior (ILF). Se trata de un enorme haz de neuronas de materia blanca que transporta información entre las áreas visuales de la parte posterior del cerebro y una región de la parte anterior de los lóbulos temporales denominada (sin origen) lóbulo temporal anterior.

Aunque las funciones del ATL siguen siendo objeto de debate en este campo, mucha gente está de acuerdo en que constituye un centro neurálgico en el cerebro donde se reúnen los distintos fragmentos de información que se conocen sobre un objeto. Tomemos, por ejemplo, una taza de café, el recipiente que contiene el néctar de los dioses. Como aprendiste en el capítulo anterior, las representaciones de este tipo de objetos están muy repartidas por distintas regiones del cerebro. Esto se debe a que las neuronas de tu cerebro que saben reconocer visualmente una taza de café están físicamente alejadas de las que saben utilizar una taza de café. ¿Dónde va tu mano y dónde va el café? Estas neuronas también están lejos de las que programan los movimientos motores de las distintas acciones que se pueden realizar con la taza: verter el café en ella, cogerla, sostenerla con la mano, llevársela a los labios, etc. Y las neuronas de planificación motora también se encuentran en una parte del cerebro distinta de las neuronas que saben cuál es la etiqueta verbal para «taza de café». Además, hay otros grupos de neuronas que participan en el reconocimiento del nombre de la taza de café si entra por los oídos, en su lectura si está impreso en alguna parte o en su producción si se quiere hablar. Eso es mucho conocimiento sobre una taza de café ¡distribuido por muchas regiones cerebrales diferentes!

Para medir la organización de la ILF, la superautopista de la información que transporta los datos desde la parte visual del cerebro hasta el centro de conocimiento en el ATL, Valji utilizó una técnica llamada imágenes de difusión en 51 adultos jóvenes sanos. Las imágenes de difusión rastrean el movimiento, o difusión, de las moléculas de agua por todo el cerebro. Esta información se utiliza para inferir cuántas neuronas de materia blanca hay en cualquier parte del cerebro y en qué dirección se desplazan. En resumen, como las moléculas de agua no pueden moverse fácilmente a través del aislamiento graso que cubre las neuronas de la sustancia blanca, es más probable que las moléculas que coexisten con grandes tractos de sustancia blanca se muevan en paralelo a la dirección de la transferencia de información que en perpendicular a ella. Y por diversas razones, este movimiento es más fácil de medir que la dirección de las propias neuronas.

La relación más estrecha que observó Valji fue entre los niveles de rasgo de curiosidad epistémica y la organización de la ILF en ambos hemisferios. Sus resultados mostraron que las personas con niveles más altos de curiosidad epistémica también tenían menor difusividad (movimiento más restringido del agua) en el ILF que las personas con niveles más bajos de curiosidad epistémica. Este hallazgo podría reflejar dos diferencias subyacentes en la ILF: (1) que las personas más curiosas tienen más neuronas de materia blanca que viajan entre las regiones visuales y la ATL, o (2) que las neuronas de materia blanca que componen su ILF tienen una estructura organizativa más paralela. En otras palabras, es posible que los cerebros de las personas menos curiosas «por naturaleza» tengan más salidas en sus superautopistas de la información que los cerebros de las personas más curiosas. Desde el punto de vista de su funcionamiento, cualquiera de las dos explicaciones crearía un mayor ancho de banda en las personas más curiosas, lo que permitiría una transferencia de información más rápida entre los centros de procesamiento cortical implicados en el reconocimiento de lo que se ve y los que integran esa información con todo lo demás que se sabe al respecto.

En otras palabras, los resultados de este estudio sugieren que las personas más curiosas por naturaleza también tienen mapas de significado más sincronizados. También demuestran que los reflejos biológicos de la tendencia de una persona a explorar nuevos espacios de ideas no están localizados en una región del cerebro. En cambio, los cerebros más curiosos parecen tener más coordinación entre los bits de conocimiento distribuidos por todo el cerebro. El efecto de esto sería algo así como apilar las fichas de dominó en sus mapas de memoria más cerca unas de otras. Si derribas una, es probable que establezcas aún más conexiones con otras ideas.

Desgraciadamente, esta información no nos ayuda a comprender si una mayor coordinación neuronal provoca que las personas sean más curiosas o si es consecuencia de la adquisición de una mayor base de datos de «datos curiosos» a través de una mayor exploración. Una de las limitaciones de este conjunto de investigaciones es que los científicos utilizaban medidas de curiosidad más bien estáticas, o «de rasgo», y las relacionaban con otros índices de conectividad cerebral relativamente estables. Para avanzar más en este problema del huevo y la gallina, tendremos que explorar cómo la curiosidad (y el vagabundeo) da forma a la mente y al cerebro en el momento en que se consume la nueva información.

¿Cómo alimenta la curiosidad el aprendizaje?

Coger *in fraganti* a un cerebro curioso es complicado. Entre otras cosas, requiere crear una condición que pueda despertar la curiosidad en primer lugar de una persona que ni siquiera conoces. Y no hay que olvidar que hay que hacerlo mientras la persona está sentada en un laboratorio o tumbada boca arriba en un ruidoso tubo de resonancia magnética. Pero los inteligentes neurocientíficos que estudian la curiosidad han desarrollado una serie de tareas que parecen hacer precisamente esto.

Min Jeong Kang y sus colegas, que fueron los primeros en captar la curiosidad en el entorno de exploración por resonancia magnética, lo hicieron utilizando un experimento de trivialidades como el que he descrito al principio de este capítulo. En primer lugar, las preguntas del trivial se presentaban a través de un espejo para que pudieran verse mientras se estaba tumbado de espaldas ante el ruidoso tubo. A continuación, los participantes leían cada pregunta y valoraban tanto su curiosidad como su confianza en cada respuesta. Tras una pausa dramática para poder registrar sus correspondientes patrones de activación cerebral, se proporcionaba la respuesta a cada pregunta. Cuando los científicos compararon la activación cerebral registrada cuando los participantes leían las preguntas por las que sentían más curiosidad por conocer las respuestas con la registrada cuando leían preguntas en las que no estaban muy interesados, surgió un patrón. A diferencia de los efectos de conectividad distribuida observados con las diferencias de curiosidad entre las personas, los cambios en los niveles de curiosidad en cada momento se asociaron con unas pocas regiones cerebrales específicas. Entre ellas estaban nuestros viejos amigos los núcleos de los ganglios basales y su importante colaborador, el llamativo córtex prefrontal que Einstein tenía agrandado .

¿Cómo puede ayudarnos este resultado a desentrañar el problema del huevo y la gallina de la investigación sobre la curiosidad? El hecho de que los cambios temporales en la curiosidad estén localizados en los ganglios basales y el córtex prefrontal, mientras que las diferencias en los niveles de curiosidad más estables entre las personas están más extendidas, sugiere que esta última podría estar más relacionada con lo que uno llega a saber sobre el mundo a través de sus exploraciones del mismo que con la forma en que su hambre de conocimiento impulsa estas exploraciones.

Se pueden encontrar pruebas coherentes con esta idea en los estudios de entrenamiento de habilidades, que a menudo muestran que la conectividad entre las regiones corticales aumenta a medida que las personas aprenden nuevas habilidades. Por ejemplo, los tractos de materia blanca que componen el ILF, que en el experimento de Valji estaban relacionados con las diferencias individuales en la curiosidad epistémica, también han demostrado aumentar su ancho de banda después de que los adultos jóvenes pasen seis días aprendiendo código Morse. Imaginemos cómo podrían aumentar esas diferencias si comparamos la vida de las decisiones que toman los individuos más o menos curiosos para explorar y conocer nuevos territorios.

Volvamos a los ganglios basales y hablemos de su papel en el ciclo de preguntas y respuestas. ¿Qué tienen que ver mis áreas cerebrales favoritas con el trivial? Dado que los núcleos de los ganglios basales son evolutivamente más antiguos que las colinas, ¡es probable que no estén hechos para eso! Para entender cómo los ganglios basales están implicados en la curiosidad, tendrás que convertirte en un ATL y formar vínculos entre las diferentes piezas de conocimiento que has adquirido sobre ellos a lo largo de este libro. En primer lugar, en el capítulo 4, aprendimos cómo los núcleos de los ganglios basales imponen orden en la enorme cantidad de información que viaja hacia la corteza prefrontal. En función de un contexto o un objetivo concreto, los ganglios basales pueden «subir» el volumen de las señales que consideran importantes y «bajar» el de las que consideran menos importantes. Si esto ayuda a la corteza prefrontal a desenvolverte con éxito y el resultado es mejor de lo esperado, en los capítulos 2 y 6 aprendimos que se libera dopamina. Esto, a su vez, facilita la reconexión que le ayuda a aprender y recordar lo que hizo para llegar a esa cosa buena. Pero antes de que pueda conectar estos «datos curiosos» en su mapa de conocimientos sobre los ganglios basales a su nivel de curiosidad, necesita una última pieza del rompecabezas: una descripción de cómo (y cuándo) la señalización de la dopamina nos ayuda a guiarnos de vuelta a esas cosas buenas.

Cuando empezamos a hablar de la dopamina en el capítulo 2, describí una situación hipotética en la que un paseo al azar por un barrio nuevo me llevaba directamente a una heladería. Sin embargo, creo que se puede afirmar que, a menos que se tenga mucha más suerte que yo, en la vida real las cosas no son así. Los aventureros, los extravertidos y los curiosos perceptivos probablemente salgan a pasear para explorar nuevos lugares. Pero, a menos que se trate de un paseo de los de «moneda lanzar una moneda», dudo que tus elecciones sobre qué camino tomar sean realmente aleatorias. En cambio, durante sus exploraciones, probablemente elija un barrio por el que tenga alguna razón para estar interesado en primer lugar. Entonces, en cada esquina o punto de decisión, es probable que tu cerebro utilice pistas para guiar tus decisiones sobre qué camino tomar. «Veo un montón de árboles a la izquierda y me apetece contemplar la naturaleza, así que vayamos por ahí», podría sugerirte tu caballo. O —dependiendo de tu estado de ánimo— «Oigo tráfico a la derecha y me apetece encontrar tiendas, comida u otros signos de civilización. Vayamos en esa dirección». Por supuesto, si eres más de palo, tu cerebro podría decir más bien «Oigo tráfico a la derecha y prefiero la tranquilidad, vayamos a la izquierda» o «Veo un montón de árboles a la izquierda, pero prefiero la civilización, ¡vayamos a la derecha!». En cualquier caso, el cerebro utiliza los datos que tiene delante para decidir qué hacer a continuación.

Nuestro tercer «dato curioso» sobre los ganglios basales explica cómo se toma esta decisión. Resulta que las señales de dopamina para sentirse bien no solo se producen cuando ocurren cosas buenas. Por el contrario, los ganglios basales utilizan ráfagas de dopamina liberadas estratégicamente junto con todo lo que han aprendido sobre los resultados de las acciones para crear sugestiones «más cálidas» o «más frías» que te atraen hacia las cosas buenas de la vida (o te alejan de las menos buenas). En el laboratorio, si se presenta una señal, como una luz o un tono, justo antes de que una rata obtenga una recompensa alimentaria, se empezará a ver cómo las neuronas dopaminérgicas responden cada vez con más intensidad a la señal. Al final, la mayor parte de la dopamina se liberará en el momento de la señal, y no cuando llegue la comida. En otras palabras, sus cerebros celebran el éxito en el primer momento en el que pueden estar seguros de que recibirán una recompensa. Por eso el adiestramiento con *clicker* funciona con las mascotas. Cuando la señal predice con certeza la llegada de una recompensa, se convierte en una recompensa en sí misma.

¿Qué tiene esto que ver con el trivial? Si unimos estas tres piezas del conocimiento de los ganglios basales, surge una imagen de la dopamina como «la mecha en la vela del aprendizaje». La curiosidad que sienten las personas es señal de que sus cerebros han calculado que existe una alta probabilidad de que el proceso de descubrimiento de información sea gratificante. O, en el caso de los aprendices de palo, han decidido que hay pocas probabilidades de que su experiencia de búsqueda de información resulte peor de lo esperado. Y si estas personas estuvieran explorando el mundo real, sus cerebros liberarían estratégicamente descargas de dopamina para ayudarles a ir por el camino que más probabilidades tuviera de llevarles a una recompensa, ya fuera una pieza de información o una tienda de helados.

Sin embargo, en el experimento del trivial de Min Jeong Kang no fue necesario explorar. La respuesta a cada pregunta se daba poco después de que los participantes valoraran su curiosidad. En este entorno antinatural de laboratorio, todo lo que tenían que hacer los participantes para obtener su recompensa era esperar. Mientras lo hacían, sus ganglios basales liberaban dopamina para celebrar la recompensa del conocimiento que sabían que iba a llegar. Y como cabría sospechar, esta explosión de dopamina facilitó la reconexión de sus cerebros. Como resultado, eran más capaces de recordar las respuestas a las preguntas que esperaban con más impaciencia.

Pero ¿qué ocurriría en el mundo real cuando no se sabe con certeza si una determinada acción nos llevaría a encontrar información gratificante? ¿Y qué hay de los riesgos potenciales que puede entrañar explorar lo desconocido? Profundizaremos en estas cuestiones en la próxima sección, con una consideración más detenida de los costes y beneficios asociados al descubrimiento de lo desconocido.

Curiosidad en la incertidumbre

Cuando salieron a la luz los resultados del innovador experimento de Kang sobre la curiosidad, muchos investigadores se preguntaron cómo funcionaría en el mundo real la relación entre curiosidad y aprendizaje. Para saber mejor cómo reaccionarían los ganglios basales y el córtex prefrontal en situaciones de aprendizaje más complicadas, cada uno de ellos modificó el paradigma del trivial de formas diferentes. Romain Ligneul y sus colaboradores se interesaron por el elemento sorpresa. Su experimento, como muchos otros, también se centraba en preguntas de trivial. Pero esta vez, ¡todas las preguntas eran sobre películas!

La parte de neuroimagen de su experimento comenzó de forma muy parecida a la de Kang. Los participantes en el estudio leían preguntas de trivial mientras estaban tumbados en el escáner e indicaban la curiosidad que sentían por la respuesta. Sin embargo, esta vez, como en la vida real, no había ninguna garantía de que se dieran las respuestas. En su lugar, la primera mitad del experimento funcionó como un juego de preguntas y respuestas en el que las respuestas se presentaban aleatoriamente después del 50 % de las preguntas. Esta era la condición de «alta sorpresa», que se comparó con una condición posterior de «baja sorpresa» en la que se daban todas las respuestas.

Entonces, ¿qué aspecto tiene un cerebro curioso cuando no puede estar seguro de si será recompensado con una respuesta? Los resultados de Ligneul y sus colegas mostraron un aumento de la activación en el córtex prefrontal, pero los ganglios basales permanecieron en silencio. Es demasiado pronto para celebrarlo, decidieron. Por el contrario, solo cuando se presentaba la respuesta aumentaba la activación de los ganglios basales. ¿Cómo crees que esto puede influir en lo que aprenden los participantes?

Cuando se evaluó la memoria en un concurso de preguntas y respuestas, la capacidad de los participantes para recordar las respuestas a preguntas de trivialidades sobre películas se vio influida tanto por la curiosidad que sentían por una pregunta como por la sorpresa que les producía recibir una respuesta. Este giro argumental proporcionó otra prueba que relaciona la dopamina y los ganglios basales con el aprendizaje. Los participantes recordaban mejor las respuestas presentadas en el primer bloque, o condición de «alta sorpresa», que las respuestas presentadas en el segundo bloque, o condición de «baja sorpresa», independientemente de la curiosidad que sintieran por una respuesta concreta. De hecho, solo cuando las respuestas se presentaban después de cada pregunta, sus resultados replicaban los de Kang, y el nivel de curiosidad por una respuesta predecía el recuerdo posterior de la misma. Cuando la respuesta era incierta y los ganglios basales permanecían en silencio, los niveles de curiosidad de los participantes no predecían significativamente cuánto aprenderían. Sorprendentemente, era más probable que recordaran las respuestas por las que no sentían ninguna curiosidad, cuando se les presentaban en una condición de «gran sorpresa», que las respuestas por las que sentían más curiosidad, cuando se les presentaban en condiciones de certeza.

¿Por qué la sorpresa supera al interés cuando se trata de aprender cosas? La respuesta (por supuesto) está en los mecanismos de tus sistemas de recompensa impulsados por los ganglios basales. Como recordarás de nuestra discusión sobre cómo puede no ser tan bueno como esperabas ser Beyoncé, los ganglios basales se adaptan rápidamente a las cosas buenas cuando se esperan. Lo que realmente les pone en marcha es un acontecimiento inesperadamente bueno. Esto puede significar encontrar algo mínimamente bueno cuando no esperabas nada o que algo resulte mejor (o incluso menos malo) de lo que esperabas. Desde la perspectiva de tus ganglios basales, las sorpresas son los «momentos de enseñanza» más importantes de la vida, independientemente de que aprendas qué hacer (zanahoria) o qué no hacer (palo) en el futuro.

Los resultados de este experimento aportan pruebas adicionales de que nuestros cerebros humanos consideran que el conocimiento es gratificante. Cuanto mayor es la curiosidad de una persona por conocer la respuesta a una pregunta, mayor espera que sea la recompensa del conocimiento. Y cuando reciben un conocimiento «sorpresa», sus cerebros responden como si hubieran encontrado una heladería. Ambas situaciones implican la liberación de dopamina en el momento más temprano en que la información puede esperarse de forma fiable, lo que favorece la reconexión necesaria para aprender.

Otro experimento realizado por los coautores del marco PACE, Gruber y Ranganath y sus colaboradores, exploró más a fondo la influencia de la curiosidad en el aprendizaje con otra manipulación inteligente del paradigma estándar del trivial. El experimento comenzó de la forma tradicional: los participantes leían las preguntas del trivial y valoraban su curiosidad. Pero entonces, justo en medio del retardo anticipatorio entre la pregunta y la respuesta, los investigadores insertaron la imagen de una cara. Como táctica inteligente para asegurarse de que la gente le prestara al menos un poco de atención, los investigadores pidieron a los participantes que indicaran pulsando un botón si creían que la persona de la imagen conocía la respuesta a la pregunta. El 90 % de las veces se presentaba la respuesta a la pregunta. Aunque para mantener a los participantes alerta, el otro 10 % de las veces, las caras iban seguidas de una cadena de «x», lo que implicaba que la persona no sabía la respuesta.

Este experimento también implicaba cierto grado de incertidumbre. Sin embargo, los resultados del estudio de Gruber y Ranganath sugieren que obtener una respuesta 9 de cada 10 veces era motivo suficiente para que los ganglios basales de sus participantes lo celebraran antes de tiempo. Al igual que en el experimento original de Kang, Gruber y Ranganath descubrieron que la curiosidad se asociaba a un aumento de la activación de los ganglios basales y del córtex prefrontal durante la fase de preguntas del experimento. Y, tal y como se predijo, también descubrieron que era más probable que las personas recordaran las respuestas que más les interesaban cuando se les planteaba el cuestionario sorpresa posterior a las preguntas.

Pero ¿y las caras? ¿Qué ocurría cuando un cerebro, anticipando una recompensa informativa, veía una cara por el camino? Una de las aportaciones más novedosas del experimento de Gruber y sus colegas fue comprobar si los participantes también aprendían mejor la información «incidental» presentada durante los momentos curiosos. Para ello, les hicieron otra «prueba sorpresa» en la que se les pedía que identificaran qué caras habían visto anteriormente de una serie que contenía tanto caras nuevas como las utilizadas en el experimento.

Según sus resultados, las personas también reconocían las caras que se presentaban entre las preguntas y las respuestas por las que sentían más curiosidad con más frecuencia que las caras que se presentaban antes de una respuesta que no les interesaba tanto. Este hallazgo sugiere que la liberación temprana de dopamina asociada a la anticipación de una recompensa informativa abrió una ventana para el aprendizaje. A través de esa ventana, se colaba información adicional que recibía un impulso en la memoria.

Pero antes de que vosotros, padres o educadores ingeniosos, empecéis a utilizar estos datos para inventar formas brillantes o diabólicas de enseñar cosas aburridas, debo mencionar que el efecto de la curiosidad en el aprendizaje incidental de rostros fue mucho menor que en el aprendizaje de respuestas triviales, la información considerada gratificante en primer lugar. Aunque el aumento fue estadísticamente significativo, el reconocimiento de caras presentadas entre preguntas y respuestas de alta curiosidad aumentó solo un 4,2 % respecto a las presentadas entre preguntas y respuestas de baja curiosidad a nivel de grupo. En comparación, la memoria para las respuestas a preguntas de gran curiosidad era un 16,5 % superior de media a la memoria para las respuestas a preguntas de poca curiosidad. Esta diferencia en el aprendizaje impulsado por la curiosidad puede explicarse por el enrutamiento de señales en nuestros mecanismos de control de los ganglios basales. Dado que los ganglios basales podrían aprender a predecir que los estímulos faciales irrelevantes e interferentes llegarían antes que las respuestas que buscaban, podrían aprender a reducir las señales procedentes de los estímulos faciales irrelevantes.

Para explorar la posibilidad de que las ventanas de aprendizaje inducidas por la curiosidad se abran en distintos momentos o en distintos grados, en distintos participantes, Gruber y sus colegas midieron los cambios en la activación cerebral en los ensayos de alta curiosidad frente a los de baja curiosidad, en el primer periodo de retardo entre las preguntas y las caras. Como cabía esperar por todo lo que hemos estado comentando, había enormes diferencias individuales tanto en el grado como en la dirección de los cambios de activación cerebral. Solo la mitad de los participantes mostraron cambios en la dirección predicha por la media del grupo, es decir, que la activación de los ganglios basales aumentaba cuando la gente sentía curiosidad por las respuestas que estaba esperando. En el resto de los participantes, la activación de los ganglios basales apenas aumentó o incluso disminuyó antes de que se presentaran las caras. Esto concuerda con la idea de que los ganglios basales de estos participantes estaban «bajando» la señal para las caras irrelevantes. No es sorprendente que las personas cuyos ganglios basales decidieron celebrar antes también mostraran los mayores efectos de aprendizaje incidental para las caras. Algunos incluso mostraron mejoras de entre el 10 y el 15 %, en línea con las observadas para las respuestas.

Cuando unimos los puntos de este conjunto de investigaciones sobre cómo la curiosidad moldea el aprendizaje, surge un patrón coherente: los mecanismos básicos de refuerzo-aprendizaje que nuestro cerebro desarrolló para impulsarnos hacia las cosas buenas también nos motivan a buscar recompensas del conocimiento. La fuerza del aprendizaje que se produce durante nuestras exploraciones está relacionada tanto con el grado de recompensa que un cerebro individual percibe por un conocimiento como con la probabilidad que cree tener de recibir cualquier tipo de información. Así que, ya sea paseando por un barrio nuevo, jugando al trivial o curioseando por las estanterías de tu librería favorita, la curiosidad que experimentas es la forma que tiene tu cerebro de dejar caer estratégicamente fragmentos de recompensas de dopamina que te hacen sentir bien y que te guían en la dirección que cree que te conducirá a la mejor información. Pero ¿y si conseguir esa información es una ardua batalla (literal o figuradamente)? En la siguiente sección analizaremos la fuerza de los cantos de sirena de las señales de recompensa de la dopamina, analizando el coste que los curiosos están dispuestos a pagar para obtener una información.

Los costes de la curiosidad: ¿hasta qué punto quieres saberlo?

En mayo de 2020, Johnny Lau y colaboradores publicaron el que posiblemente sea el experimento de curiosidad más «metálico» de todos los tiempos. Al hacerlo, iluminaron el lado oscuro de lo que significa ser curioso por naturaleza. «La curiosidad se presenta a menudo como una característica deseable», escribe Lau en su resumen. «Sin embargo, la curiosidad puede tener un coste que a veces pone a la gente en situaciones perjudiciales».

En el mundo real, los costes potenciales de la curiosidad son muy variados. En el extremo más vainilla del espectro, tenemos costes como la cantidad de tiempo que dedicamos a buscar información. Para aquellos de nosotros que somos propensos a adentrarnos en la madriguera del conejo en nuestra exploración de la información, esto puede significar docenas de horas dedicadas a leer sobre la alpaca, los agujeros negros u otra información que probablemente no utilicemos en nuestra vida cotidiana. Luego están los costes sociales, más complicados y peligrosos para muchos. Por ejemplo, es probable que tu disposición a hacer una pregunta delante de otros dependa tanto de la curiosidad que sientas por la respuesta como de lo mucho que te preocupe pasar vergüenza en público. A pesar de haber oído durante toda la vida «no hay pregunta estúpida», todos sabemos que hay muchas oportunidades de hacer una pregunta embarazosa. Y en el extremo más arriesgado, la curiosidad puede llevar a alguien a experimentar con drogas o a participar en cualquier otro tipo de comportamiento que busque emociones fuertes.

Para entender lo realmente motivada que está la gente por su curiosidad, Lau y sus colegas midieron qué precio estaban dispuestos a pagar a cambio de información. Los investigadores también hicieron algo inteligente para situar la motivación por el conocimiento en un contexto más afín al mundo real. Hicieron que los participantes pasaran hambre. Se les pidió que no comieran durante varias horas antes del estudio de neuroimagen. De este modo, las recompensas alimentarias podían utilizarse como referencia para comparar las recompensas informativas. ¿Qué diferencia hay entre un cerebro hambriento de hamburguesas y otro hambriento de conocimientos?

Cuando los participantes hambrientos entraban en el escáner, veían uno de los tres tipos de pruebas. El primer tipo era una pregunta de trivialidades como las de los otros estudios de los que hemos hablado: «Lea una pregunta. Califique su grado de confianza en conocer la respuesta. Indique su grado de curiosidad». El segundo tipo de prueba era bastante diferente, en lugar de leer trivialidades, los participantes veían vídeos de trucos de magia. Lo que siguió tuvo el mismo espíritu que las preguntas del trivial: ¿estás seguro de saber cómo se hizo el truco? ¿Sientes curiosidad por saber cómo se hizo el truco? En la tercera fase, los participantes vieron imágenes de distintos tipos de recompensas alimentarias. Cuando lo hacían, se les pedía que indicaran cuánto les gustaría comer ese trozo de comida. Es importante tener en cuenta que a la hora de interpretar los resultados de este estudio la pregunta no era abstracta del tipo «¿cuánto le gustan las hamburguesas?». En lugar de eso, estaban preguntando a participantes hambrientos si querían una hamburguesa o no. Y al igual que existía una posibilidad real de recibir una recompensa de conocimiento tras las preguntas del trivial y los trucos de magia, se dijo a los participantes que existía una posibilidad real de recibir la comida que aparecía en la imagen al final del experimento.

Y aquí es donde las cosas se ponen realmente interesantes. Después de valorar su deseo de saber o de comer, los participantes en el estudio tuvieron la oportunidad de poner dinero de su parte, por así decirlo. En concreto, la fuerza del deseo de una persona se midió en función del precio que estaba dispuesta a pagar para recibir el objeto de ese deseo. Después de cada prueba, se les daba a elegir: arriesgarse a recibir una descarga eléctrica por la posibilidad de la recompensa presentada en esa prueba o dejar pasar la oportunidad. La probabilidad de recibir una descarga eléctrica frente a una recompensa (comida o conocimiento) oscilaba entre el 16,7 % (1 de cada 6 veces) y el 83,3 % (5 de cada 6 veces).

Después de ver una pregunta de trivial, un truco de magia o un trozo de comida, los participantes veían un gráfico circular que indicaba visualmente el nivel de riesgo del choque frente a la recompensa en la prueba actual y se les pedía que decidieran si querían aceptar la apuesta. Para ayudar a comprender el estado mental de los participantes, cabe mencionar que, antes de entrar en el escáner, se les administraron descargas eléctricas de distinta intensidad para determinar sus umbrales de dolor. El objetivo era administrarles una descarga a un nivel que les resultara incómodo pero no extremadamente doloroso. La razón por la que creo que este dato es importante es que el hecho de que experimentaran descargas de diferentes intensidades debe haber fundamentado las decisiones de los participantes en las experiencias viscerales del mundo real de lo que estaban arriesgando.

Como cabía esperar, en la mayoría de los participantes, cuando aumentaba la probabilidad de recibir una descarga, disminuía su disposición general a apostar. Sin embargo, a medida que aumentaba su deseo autodeclarado de recibir la recompensa, también lo hacía su disposición a arriesgarse a recibir una descarga para obtener recompensas. Es importante destacar que el patrón general de respuesta era muy similar para las recompensas de comida y para las recompensas de información. Esto proporciona un apoyo bastante sólido a la idea de que nuestro deseo de saber cosas surge como parte de un sistema de aprendizaje por refuerzo evolutivamente más antiguo.

Y ahora, la pregunta del millón: ¿qué ocurre en el cerebro de alguien que está dispuesto a arriesgarse a recibir una descarga para aprender cómo funciona un truco de magia o cuál es la respuesta a una pregunta de trivial? Para responder a esta pregunta, Lau y sus colegas exploraron los patrones de activación cerebral de los ensayos en los que los participantes acabaron aceptando la apuesta y de aquellos en los que no lo hicieron, en dos puntos críticos. Lo que descubrieron era coherente con la idea de que la liberación de dopamina en los ganglios basales funciona como un juego de caliente/frío para motivar a los participantes a buscar recompensas informativas, incluso ante costes reales. Se observaron pequeños aumentos en la activación de los ganglios basales durante la visualización inicial de los elementos que acabarían llevando a las personas a asumir riesgos. Los ganglios basales informaron de que esto podría ser realmente bueno, lo que concuerda con la idea de que sus cerebros estaban evaluando la probabilidad de que la decisión de explorar fuera gratificante. Sin embargo, se observaron diferencias mucho mayores y más generalizadas en la activación de los ganglios basales durante la fase de decisión real. Cuando tenían delante los costes del mundo real y era el momento de decidir cómo comportarse, el canto de sirena de los ganglios basales era más intenso.

Pero aún hay más. En un análisis exploratorio de seguimiento, el equipo de investigación decidió plantearse la pregunta fundamental: «¿con quién hablan los ganglios basales?», al medir los patrones de sincronización entre los ganglios basales y todas las demás regiones cerebrales en el punto de decisión. El resultado fue sorprendente. Cuando los participantes decidían arriesgarse a recibir una descarga, se producía una disminución significativa de la conectividad entre los ganglios basales y las partes del córtex sensoriomotor que se han asociado con sensaciones virtuales, o anticipación, del dolor.

Esto es lo que me sugiere este patrón de resultados, basado en mis conocimientos de los mecanismos de enrutamiento de señales de los ganglios basales. Cuando los ganglios basales estiman (basándose en experiencias previas y en su comprensión del objetivo que se persigue) que merece la pena arriesgarse por una información, ¡realmente reducen las señales procedentes de una parte del cerebro (en este caso, los anticipadores del dolor) que podrían influir en el córtex prefrontal para tomar una decisión diferente! Parece bastante sencillo generalizar a partir de estos resultados lo que podría estar ocurriendo en el cerebro de alguien que decide hacer escalada libre en la pared vertical de El Capitán, o participar en otros comportamientos de riesgo, a pesar de conocer los riesgos.

Los resultados aportados por Lau y sus colegas proporcionan un rico contexto para reflexionar sobre la neurociencia de la curiosidad con una perspectiva del mundo real. Las personas curiosas no solo se sienten impulsadas a explorar lo desconocido, sino que también asumen riesgos reales y calculados al hacerlo. De hecho, según la «A» del marco PACE, hay una fase de evaluación que los cerebros atraviesan en la naturaleza antes de sentir curiosidad. Quizá esto sea prudente, ya que los resultados de Lau demuestran que si se nos da la oportunidad de sentir curiosidad antes de saber cuáles son los riesgos potenciales de una situación, nuestra curiosidad puede «desactivar» las formas que tiene nuestro cerebro de señalar posibles peligros.

En el último capítulo de este libro, vamos a hablar de una de las oportunidades humanas más arriesgadas, pero más esenciales, de explorar un territorio desconocido que nunca podremos observar directamente: la mente del otro. Pero antes me gustaría repasar lo que hemos aprendido sobre el ciclo del asombro y el conocimiento, centrándome en los costes y beneficios de nuestra disposición a explorar nuevos espacios.

Resumen: cuando nos enfrentamos a lo desconocido, nuestros cerebros deciden si explorar o ignorar en función del valor estimado del conocimiento

Muchos de los hallazgos analizados en los dos últimos capítulos de este libro encajan cuando los consideramos según el marco PACE esbozado por Gruber y Ranganath. ¿Por qué nos motiva aprender cosas nuevas, aunque no estén directamente relacionadas con algo que podamos hacer en el futuro? Como aprendimos en el capítulo 6, cada nueva información que adquirimos desplaza un poco nuestros mapas de conocimiento porque este conocimiento se conecta con otras cosas que ya sabemos. Y en el centro de este mapa de conocimiento está nuestra comprensión de nosotros mismos y de nuestro lugar en el universo. Por eso, aunque nunca vaya al espacio exterior ni tenga que calcular la edad de una medusa, lo que aprendo sobre el infinito o la inmortalidad cambia mi forma de pensar sobre mí misma. Y, lo que es más importante, también cambian el tipo de predicciones que puedo hacer sobre lo que podría encontrar en espacios inexplorados.

Pero el hecho de que te sitúes en el centro de tu mapa de significados también crea un riesgo que aún no hemos analizado: ¿qué ocurre si la adquisición de un nuevo dato puede cambiar tu forma de entender el mundo de un modo que suponga una amenaza para tu identidad?

Creo que la respuesta puede explicarse en parte por la fase de evaluación del marco PACE. Según la teoría, solo cuando las cosas se consideran relativamente seguras, el cerebro crea el sentimiento de curiosidad que motiva la exploración, las dos últimas fases del ciclo de preguntarse y saber. Por supuesto, esta es una gran oportunidad para que surjan diferencias individuales porque el nivel de riesgo que cualquier individuo considera aceptable debe estar ligado a sus experiencias previas con la búsqueda de información, así como a si sus cerebros aprenden más por la zanahoria o por el palo. Pero también es importante tener en cuenta cómo las diferencias en el «espacio» que estás explorando, física o metafóricamente, pueden parecer más o menos amenazadoras.

Del mismo modo que las amenazas físicas, como el riesgo de recibir una descarga, pueden apagar nuestra voluntad de explorar, tu cerebro también debe estar motivado para protegerse de las amenazas psicológicas. Si esto es cierto, mantener tus creencias más centrales, basadas en la identidad, debe ser uno de los objetivos que tu córtex prefrontal utilizaría para guiar tus comportamientos. El poder de este tipo de estructura de creencias radica en que, en lugar de impulsarte a explorar o recopilar estadísticas y formarte una opinión objetiva sobre lo que podría ser cierto en el mundo «ahí fuera», estas estrategias de toma de decisiones descendente harían que tus ganglios basales subieran el volumen solo de la información «relevante» —es decir, la información que es coherente con tus creencias basadas en la identidad—, mientras que bajarían el volumen de cualquier información considerada «irrelevante» porque no apoya tu visión del mundo. En un reciente artículo de opinión, Jay Van Bavel y Andrea Pereira esbozaron cómo podría utilizarse ese modelo basado en el cerebro para describir la relación entre los valores personales, las creencias políticas y los comportamientos partidistas.

Estés dispuesto a creerlo o no, todos lo hacemos. Nos hace sentir seguros, protegidos y en lo cierto. Los psicólogos que estudian cómo formamos y mantenemos nuestras creencias saben desde hace tiempo que cuando las personas se ven sorprendidas por información que no concuerda con lo que creen que es cierto, no suelen comportarse racionalmente. En su lugar, ignoran o incluso desacreditan las pruebas que no concuerdan con sus creencias, un fenómeno conocido como sesgo de confirmación. Lo importante de todo esto es que la posibilidad de encontrar una información que no concuerde con las creencias centrales puede percibirse como una amenaza durante la fase de valoración. El resultado sería que se cerraría el ciclo de asombro —y deambulación— que nos lleva a explorar lo desconocido. Teniendo esto en cuenta, en el próximo capítulo te guiaré a través de una de las exploraciones de lo desconocido que más vulnerabilidad induce en cualquiera de nosotros: nuestro intento de ver a través de las burbujas creadas por nuestro propio cerebro para conectar con otra persona, cuya visión del mundo puede no coincidir con la nuestra.

CAPÍTULO 8

CONECTAR

Cómo dos cerebros se ponen en la misma longitud de onda

En el libro *Talking to Strangers*, Malcolm Gladwell lleva a sus lectores a través de una serie de dramáticos ejemplos reales de malentendidos entre personas que dejan muy claros dos puntos: (1) entender a otras personas puede ser realmente difícil; y (2) los malentendidos entre personas pueden tener consecuencias desastrosas. Desde los esquemas Ponzi hasta el genocidio, cuando nos equivocamos, nos equivocamos de verdad. No es de extrañar que algunos de nosotros dudemos a la hora de explorar las relaciones con los demás.

En este libro, he proporcionado los conocimientos básicos para ayudarte a comprender la barrera biológica que puede impulsar la desalineación entre las personas. Cuando dos cerebros diferentes, formados por la confluencia de su biología y experiencias vitales únicas, interactúan entre sí en un entorno compartido, lo hacen a través de la barrera de las diferentes realidades subjetivas que crean.

Sin embargo, los mismos cerebros que nos dificultan entendernos con otra persona son los que nos inspiran a intentarlo. Y aunque sin duda es más cierto para unos que para otros, nuestros cerebros humanos sociales anhelan la conexión. Desde las primeras relaciones de cuidado hasta los distintos tipos de relaciones íntimas que formamos de adultos, nuestro cerebro contiene una serie de mecanismos incorporados que nos impulsan a conectar. Y tiene sentido, dado que las relaciones son fundamentales para nuestra supervivencia. De hecho, establecer vínculos con los demás es una de las funciones cerebrales más importantes.

Creo que George R. R. Martin dio en el clavo cuando escribió: «Cuando cae la nieve y soplan los vientos blancos, el lobo solitario muere, pero la manada sobrevive», como parte central de la narrativa de la Casa Stark en *Juego de Tronos*. Porque en tiempos difíciles, mantener relaciones estrechas es fundamental para sobrevivir, aunque la mayoría de los seres humanos ya no dependan directamente unos de otros para cosas como calentarse o cazar en manada. Lo hemos visto una y otra vez en investigaciones relacionadas con la salud, en las que se ha demostrado que el poder del tacto ayuda a desarrollar el cerebro y el cuerpo de los bebés prematuros, y que las redes de apoyo social ayudan a amortiguar los efectos sobre la salud de enfermedades crónicas como el sida. Para situar la importancia de las relaciones estrechas en un contexto más concreto, relacionado con la salud, consideremos los resultados de un reciente metaanálisis realizado por Julianne Holt-Lunstad y Timothy Smith. Tras analizar los datos recogidos de más de 300 000 participantes de todo el mundo, los autores llegaron a la conclusión de que la falta de relaciones interpersonales estrechas estaba dos veces más asociada a la mortalidad prematura que el consumo excesivo de alcohol o la obesidad.

Y estoy seguro de que nuestra comprensión de los riesgos para la salud asociados a la soledad aumentará exponencialmente a medida que los psicólogos y los profesionales de la salud empiecen a analizar los datos recogidos del «experimento de aislamiento social» masivo que creó la pandemia COVID-19. Una búsqueda rápida en la literatura científica utilizando las palabras clave «aislamiento social», «pandemia» y «salud» arrojó más de 1 500 artículos publicados en los dos últimos años sobre este tema. Aunque no puedo decir que se trate de un resquicio de esperanza, cada uno de estos estudios contribuirá a que comprendamos por qué la conexión interpersonal es un componente necesario de una vida sana, y cuáles de los muchos ingredientes de las conexiones satisfactorias promueven la salud física y mental. Pero ¿proporcionarán la receta para establecer relaciones sanas?

Afortunadamente, mi colega Jonathan Kanter, director del Center for the Science of Social Connection, nos puede ayudar un poco en este ámbito. En 2020, publicó un modelo que define los ingredientes que se pueden entrenar de las relaciones interpersonales íntimas, que incluye tres tipos de intercambio bidireccional de información entre mentes y cerebros: (1) comunicación emocional no verbal, en la que el expresador de las emociones se siente seguro siendo vulnerable; (2) expresión verbal del yo, en la que el expresador se siente comprendido y validado; y (3) comportamientos de petición o solicitud, en los que el expresador se siente ayudado. Basado en un conjunto de investigaciones previas sobre las relaciones, el modelo de Kanter define las condiciones que acercan a las personas. Al mismo tiempo, describe algunos de los puntos en los que la desalineación puede separarnos.

Según Kanter y los autores del predecesor de su modelo, cuando los intercambios interpersonales cumplen los criterios que él esbozó, el resultado es gratificante. Refuerza el deseo de conectar y aumenta la fuerza del vínculo entre la pareja. Pero cuando no lo hacen, ocurre lo contrario. Y esto tiene mucho sentido desde el punto de vista de tu cerebro, basado en la forma en que nuestros circuitos de recompensa de dopamina (la cual nos hace sentir bien) aprenden en función de los resultados de tus acciones. Por supuesto, también hemos hablado de los mecanismos de aprendizaje de la zanahoria y el palo, que funcionan conjuntamente para llevarnos hacia las cosas buenas y alejarnos de las cosas que no salieron tan bien en el pasado. Si tenemos en cuenta estos diferentes tipos de aprendizaje según la teoría de Kanter sobre la intimidad, podemos empezar a imaginar por qué algunas personas se ven más influidas que otras por las cosas que salieron mal en relaciones anteriores. En este capítulo, nos basaremos en esta idea añadiendo a la mezcla otro neuroquímico que puede motivarnos a entablar estas relaciones vulnerables: la oxitocina.

El modelo de Kanter también reconoce que la comunicación bidireccional se procesa a través del «filtro perceptivo» de cada persona. Y deberías sentirte especialmente capacitado para pensar en las complejidades que esto añade después de lo que has aprendido en este libro. Aunque, como veremos en este último capítulo, existen múltiples formas de comprender la mente de otra persona. Algunas de ellas son más automáticas, ya que te permiten ponerte en la piel de la persona con la que intentas conectar. Pero otras que requieren más esfuerzo mental pueden ser menos susceptibles a los tipos de desajuste que se producen cuando dos cerebros diferentes intentan comunicarse.

Ahora que nos adentramos en este último capítulo de nuestra aventura juntos, espero sinceramente que tu mayor comprensión de las diferentes maneras en que nuestros cerebros nos conducen por la vida te motive para intentar cruzar el vacío y conectar con otra persona cuyo cerebro pueda tener una perspectiva de la realidad diferente a la tuya. Después de todo, algunas de las colaboraciones más importantes de la historia se produjeron cuando se unieron personas con diferencias bien documentadas en sus formas de pensar, sentir y comunicarse, como John Lennon y Paul McCartney, Pauli Murray y Eleanor Roosevelt, Bill Gates y Paul Allen, y Susan B. Anthony y Elizabeth Cady Stanton, por nombrar solo algunas. En las páginas restantes de este libro, hablaremos cómo nuestros cerebros pueden impulsar estas conexiones significativas y cómo pueden obstaculizarlas.

¿Qué significa conocer a alguien?

Antes de empezar a hablar de los mecanismos que utilizan los cerebros para conectar con los demás, me gustaría intentar definir el reto de entender a otro ser humano, desde la perspectiva de su cerebro. En los capítulos 6 y 7, dedicamos bastante tiempo a sentar las bases de lo que significa dar sentido a las cosas y cómo utilizamos este conocimiento para tomar decisiones. Entonces, ¿en qué se parece o en qué se diferencia conocer a otra persona de la forma en que llegamos a comprender otros fenómenos del mundo «ahí fuera»?

La respuesta breve es que, desde el punto de vista del cerebro, conocer a una persona no es fundamentalmente diferente de saber cómo funciona cualquier otra cosa en el mundo, salvo, por supuesto, que los seres humanos son mucho más complicados y difíciles de predecir que la mayoría de las cosas que intentamos comprender. Esto supone un reto, porque al cerebro le gusta poder predecir las cosas. Como explicamos en el capítulo 7, es una de las herramientas básicas que utiliza para saber si necesita más información o no.

Por desgracia, dado que los seres humanos son capaces de un repertorio tan amplio de comportamientos, nunca tenemos suficiente información sobre un individuo para predecir perfectamente lo que va a decir o hacer a continuación. Si la tuviéramos, podría parecerse a una de mis escenas favoritas de *Westworld*, en la que uno de los protagonistas, Maeve, se entera de que es un robot. «Nadie sabe lo que estoy pensando», susurra al empático técnico, que saca una tablet y la sincroniza con su programación interna. Entonces ella observa con ira y confusión cómo las palabras que pronuncia aparecen en la pantalla en lo que se denomina un «árbol de diálogo», el instante antes de que las diga. «Esto no puede ser...», dice y lee simultáneamente, seguida de la palabra «conflicto», que aparece en una burbuja roja etiquetada como «motor de inferencia».

Parte de lo que hace que esta escena —y la premisa en la que se basa la serie— sea tan poderosa es que empatizamos con el robot. Al hacerlo, nos enfrentamos a la idea de que nosotros también somos máquinas predecibles. Pero una de las grandes diferencias entre nosotros y los robots es el grado de flexibilidad de nuestros comportamientos, del que ya hablamos en los capítulos 3, 5 y 6. Como has aprendido a lo largo de este libro, no todos respondemos de la misma manera ante la misma situación externa. E incluso la misma persona puede responder de múltiples maneras al mismo desencadenante externo, dependiendo de la interacción entre lo que ocurre en su mundo interior y exterior. Todo esto no hace más que corroborar el punto con el que empezamos: ¡comprender a los demás es difícil!

Pero tenemos que hacerlo. Aunque ciertamente las cosas han cambiado durante la pandemia, en circunstancias normales interactuamos a diario con personas de las que sabemos muy poco. Desde la colaboración con compañeros de trabajo hasta el contacto casual que se produce cuando pasamos junto a alguien en una calle concurrida y decidimos cómo responder, nuestros cerebros se ven obligados todo el tiempo a predecir cómo se comportarán los demás. Para ello, se empapan ávidamente de estadísticas sobre el comportamiento humano.

Se podría pensar que las estadísticas que recopilamos sobre las personas pertenecen a una serie de círculos concéntricos. En el círculo central están las estadísticas sobre un individuo, como «a Andrea le encantan los chistes malos», y en algún lugar cerca del círculo exterior están las estadísticas sobre la humanidad, como «utiliza el lenguaje para comunicarse». Los círculos intermedios contienen información a lo largo de una serie de ejes de especificidad que tu cerebro puede encontrar útil para desenvolverse en cualquier situación, permitiéndote entender lo que está ocurriendo ahora y lo que es más probable que ocurra después. Y así es como nuestros prejuicios implícitos basados en la raza, la edad, el sexo, la orientación sexual, la afiliación política, el estatus socioeconómico, la carrera, el acento o el peinado de una persona llegan a influir en la forma en que la entiendes. Como comentamos en el capítulo 5, algunos de estos prejuicios pueden tener consecuencias increíblemente graves, como asociar la raza de una persona con la probabilidad de que el objeto que tenga en la mano sea una herramienta o un arma. Pero incluso los que no tienen consecuencias potencialmente letales pueden impedir ver a alguien por lo que es y no por lo que se espera que sea. Porque los mismos cerebros humanos que están impulsados a conectar con los demás son también implacables detectores de patrones, diseñados para sacar conclusiones con datos insuficientes.

Por supuesto, la mejor manera de evitar la generalización sería tener muchos datos sobre cada persona concreta con la que se intenta interactuar. A fin de cuentas, ese consejo nos llevaría a evitar hablar con desconocidos siempre que fuera posible. Aunque esto nos lleva de nuevo a las ideas discutidas en el último capítulo. ¿Cuándo podemos querer, o necesitar, correr el riesgo de hablar con un desconocido? Vamos a pausar un momento esa idea, ya volveremos sobre ella más adelante. El hecho de tener muchas estadísticas sobre una persona también plantea la pregunta: ¿es lo mismo tener muchos datos que conocer a una persona? Según un artículo del filósofo Mark White, en realidad no.

Y tiendo a estar de acuerdo.

Por ejemplo, este último año y medio he recopilado bastantes datos sobre un hombre que vive en mi barrio y pasea todos los días por delante de mi casa una mezcla de perro lobo muy viejo. Puedo predecir ciertas cosas sobre él con bastante exactitud. Casi todos los días, llueva o haga sol, pasea a su perro por mi lado de la calle, en dirección sur, entre las diez y las diez y media de la mañana. El perro siempre va unos metros por detrás de él, como diciendo: «¡Otra vez vas demasiado rápido!». Y cuando mis perros ladran sistemáticamente para alertarnos de los «intrusos», el hombre casi siempre vuelve a mirar a su perro. Quizá porque no sé por qué lo hace, el mero hecho de que pueda predecir que lo hará no me hace sentir que le conozco.El artículo de White describe la distinción entre conocer a alguien y saber sobre él, utilizando los argumentos expuestos en un artículo filosófico sobre el tema escrito por David Matheson. En su artículo, White ilustra la diferencia entre el conocimiento impersonal, como todas las cosas extrañas que podemos llegar a saber sobre una celebridad, y el conocimiento personal, que solo puede obtenerse interactuando directamente con alguien. No obstante, yo añadiría algo a este argumento diciendo que a veces tenemos la sensación de conocer a los famosos, o al menos yo la tengo, mientras que otras veces una persona con la que pasamos todos los días puede parecernos un misterio total.

En mi opinión, esto se debe a que nuestra sensación de conocer a una persona se basa en el grado de riqueza y precisión con que creemos comprender el contenido de su mente. Aunque está claro que tener mucha experiencia personal con un individuo puede aportar más datos, también deben influir otros factores, como lo expresiva o transparente que sea una persona. Porque por mucha experiencia directa que tengamos con una persona, nunca podremos ver lo que ocurre dentro de su cabeza, en ese mundo interior privado y complejo del que hemos dedicado la mayor parte de este libro a hablar. Así que una de las formas que tiene nuestro cerebro de enfrentarse a la pieza que falta en el puzle es utilizar los mismos procesos que emplea para planificar y razonar sobre otras cosas que no puede observar: crea un modelo mental imaginario.

Esto origina un enorme problema de ingeniería inversa. Nuestras entradas son los datos observables. ¿Qué dijo o hizo esa persona y qué aspecto tenía cuando lo dijo o hizo? O quizás —dependiendo del tipo de estadísticas en las que prefiera centrarse su cerebro— ¿qué no dijo o hizo y qué aspecto tenía cuando no lo dijo o hizo? En nuestros intentos de modelar la mente de otra persona, tenemos que recurrir a las cosas que podemos observar para tratar de averiguar por qué se comportaron de la forma en que lo hicieron. En la próxima sección, te daré algunos ejemplos de una prueba que se utiliza con frecuencia para averiguar lo bueno que eres en ingeniería inversa de las mentes de los demás.

¿Cómo de bueno eres haciendo ingeniería inversa de una mente?

Para averiguar hasta qué punto eres capaz de adivinar lo que alguien está pensando basándote en las pistas que tienes a tu disposición, permíteme que te muestre algunos ítems de una de las medidas más utilizadas para medir la capacidad de modelar la mente en adultos: la prueba de leer la mente a través de los ojos (la llamaré prueba de los ojos para abreviar), desarrollada por Simon Baron-Cohen y sus colegas. La tarea es relativamente sencilla, pero no necesariamente fácil. El objetivo es intentar averiguar cómo se siente una persona a partir de la expresión de sus ojos. Ya sabes, eso de que «los ojos son la ventana del alma».

Para cada imagen de la página siguiente, elige cuál de las cuatro palabras que rodean los ojos se ajusta mejor al sentimiento que expresan. No dudes en buscar las palabras en el diccionario si no tienes claro su significado: no se trata de un examen de vocabulario.

¿Cuál de los cuatro estados mentales crees que caracteriza mejor a la persona representada?

irritado **sarcástico**

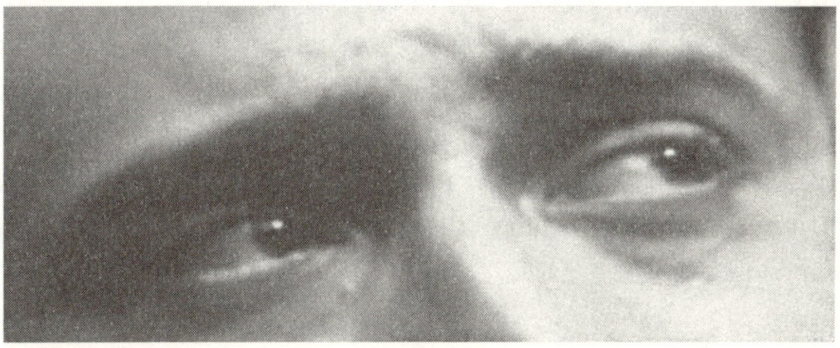

preocupado **amable**

Antes de darte la respuesta, prueba una más:

decidida **sarcástica**

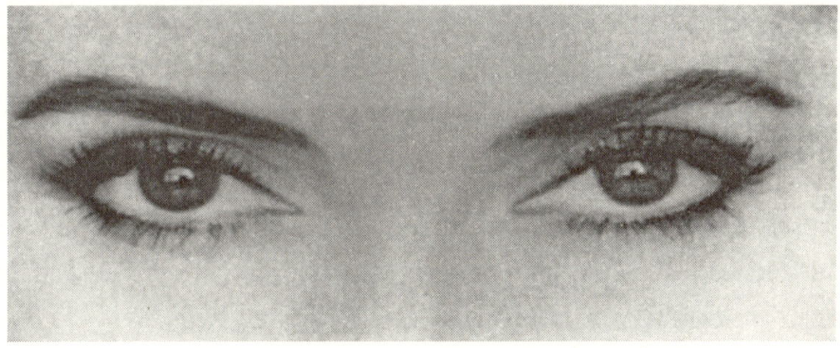

atónita **aburrida**

Las respuestas correctas a estas preguntas son «preocupado» y «decidida», respectivamente. Si quieres más pruebas sobre lo bueno que eres haciendo ingeniería inversa de alguien basándote en la expresión de sus ojos, puedes encontrar el test completo en línea buscando «Mind in the eyes test».

Como aprenderás en este capítulo, existen múltiples formas en las que nuestro cerebro utiliza los comportamientos observables de los demás para hacer inferencias sobre sus estados mentales. Y aquí, amigos míos, es cuando se va todo al carajo al tratar de conectar con los demás. Porque los seres humanos no somos robots y modelar nuestras mentes en el mundo real no siempre es tan sencillo como podría parecer en un examen tipo test. En la siguiente sección, empezaremos a describir las vías paralelas que utiliza nuestro cerebro para entender a los demás y en qué condiciones pueden alimentar la conexión o alejarnos.

Leer la mente a través de un espejo

Cuando se trata de entender a los demás, la primera herramienta del cerebro es una que compartimos con otros primates sociales. Nos permite aprender unos de otros desde una edad muy temprana, al modelar los comportamientos de los demás. En pocas palabras, cuando el cerebro observa a otra persona realizar una acción, simula la forma en que tú la harías. En esta simulación intervienen las «neuronas espejo», un término utilizado para describir grupos de neuronas que se activan tanto cuando realizas una acción como cuando observas a otra persona realizar la misma acción. A través de estas neuronas espejo, tu comprensión de los comportamientos de los demás se combina con una representación interna de cómo realizarías tú ese comportamiento, del mismo modo que tu comprensión de una taza de café se combina con la forma en que sostendrías la taza.

Uno de los puntos fuertes de este tipo de modelado mental es que te conecta con los demás de una forma orgánica que te permite empatizar o «sentir con ellos». En otras palabras, este tipo de modelado mental te pone en la piel de la persona a la que intentas comprender.

Esto nos lleva de nuevo a lo que comentamos sobre los mapas de significado en el capítulo 6: el yo en el centro del mapa de la comprensión del mundo por parte de tu cerebro. Cuando tratamos de entender a los demás, lo que hacemos por defecto es adaptarlos a nuestras propias perspectivas egocéntricas. ¿Cómo pensaría y me sentiría yo si me comportara así? Y al igual que los prejuicios implícitos que pueden dar forma a tus suposiciones sobre los extraños, esta autoproyección puede ser tan rápida y automática que ni siquiera eres consciente de que está ocurriendo.

Este reflejo automático probablemente explique, al menos en cierta medida, un fenómeno que los neurocientíficos sociales han estado documentando en los últimos cinco años: el hecho de que tendemos a juntarnos con personas cuyos cerebros funcionan como los nuestros. Por ejemplo, un ingenioso experimento de Carolyn Parkinson y sus colaboradores comenzó con la creación de una red social basada en los autoinformes de 279 estudiantes matriculados en el mismo programa de posgrado. Los estudiantes que se incluían mutuamente como amigos estaban conectados por un enlace, y los que no, no. Si dos personas no eran amigas, pero tenían un amigo en común, quedaban conectadas en la red a través de este vínculo intermedio. Tras crear una red que incluía todas las relaciones mutuas declaradas por el grupo de 279 estudiantes,[1] los científicos seleccionaron a 42 de ellos, con distintos grados de conexión social, para participar en un experimento de neuroimagen. En él, se registró su actividad cerebral mientras veían pasivamente una serie de videoclips, desde programas de humor hasta debates. Después, los investigadores extrajeron las series temporales de activación de ochenta regiones cerebrales distintas de cada participante y las correlacionaron, región por región, para cada uno de los 861 pares de participantes posibles.

Los resultados del estudio fueron sorprendentes. Las personas que eran amigas tenían respuestas cerebrales más similares en general que las que solo tenían un amigo en común, que a su vez tenían respuestas cerebrales más similares que las que no

[1] Hay una persona en esta red que no tiene contactos y eso me entristece. Solo espero que esta persona prefiera pasar el rato con compañeros no académicos en lugar de con su estresada cohorte.

tenían ningún amigo en común, y así sucesivamente. De hecho, cuando los autores utilizaron la similitud cerebral para predecir quién sería amigo de quién, explicaron una variabilidad significativa incluso cuando se controlaron predictores conocidos como la edad, el sexo y la nacionalidad. Y aunque este patrón se observó en muchas regiones cerebrales, varias de las áreas que estaban más fuertemente correlacionadas entre amigos se encontraban en los ganglios basales. Es probable que este resultado refleje algo que tú mismo puedes adivinar: que las personas a las que les gustan las mismas cosas tienden a caerse mejor más que las personas a las que les gustan cosas diferentes. Lo que esta investigación añadió a esa idea es que las personas que se llevan bien también tienen cerebros que responden de forma similar a los estímulos externos.

Aunque investigaciones más recientes realizadas por algunos de los mismos científicos sugieren que el efecto magnético de tener un funcionamiento cerebral similar va más allá de responder de la misma manera al mundo exterior. Por ejemplo, Ryan Hyon y su equipo, incluida Carolyn Parkinson (¡otra vez!), utilizaron el diseño de redes sociales para estudiar las relaciones entre todo un pueblo —798 individuos, para ser exactos— de una pequeña isla de Corea del Sur. Esta vez, los investigadores analizaron datos de resonancia magnética funcional sin tareas de 64 personas de la aldea, con distintos grados de conexión social. Una vez más, los resultados mostraron que el grado de similitud en el funcionamiento cerebral entre dos personas predecía la probabilidad de que fueran amigas. Pero esta vez, las similitudes no se basaban en cómo respondían dos cerebros a un cómico o documental concreto, sino en los patrones de conectividad cerebral extraídos de periodos de deambulación mental sin tareas. Y estos índices cerebrales predecían incluso la probabilidad de que dos personas tuvieran una relación social, ¡más allá de las similitudes en las medidas de personalidad!

Hablemos de cómo podría funcionar este reflejo cerebral en el contexto del modelo de Kanter de las relaciones satisfactorias. Si por defecto entendemos la mente del otro a través del reflejo, las parejas de personas con cerebros más parecidos deberían acertar más a menudo. Esto, de por sí, debería aumentar el número de interacciones interpersonales positivas que tendrían, lo que reforzaría su relación. Si a esto le añadimos la comodidad adicional que supone encontrar gratificantes los mismos estímulos ambientales, cada vez resulta más fácil entender por qué los cerebros de una misma especie pueden juntarse en bandadas.

Pero ¿qué ocurre cuando lo que uno siente en los zapatos de otra persona no es lo mismo que ella siente cuando lleva esos zapatos? ¿Cómo podemos explicar todas las colaboraciones notables de la historia que se producen cuando personas que no ven el mundo a través de la misma lente se unen para crear un todo que es mayor que la suma de sus partes? En la siguiente sección, hablaremos de otro mecanismo crítico que tenemos y que nos permite formarnos un modelo mental de mentes que funcionan de forma diferente a la nuestra. Como verás, esa capacidad es fundamental para poder conectar con los demás, sobre todo cuando sus cerebros funcionan de forma distinta a la tuya.

Desarrollo de teorías mentales

Aunque no son nuestra forma instintiva de entender a los demás, la mayoría de los humanos acaban adquiriendo formas más sofisticadas de ingeniería inversa de la mente de otro que el reflejo. Pero no nacemos con estas habilidades, tenemos que aprenderlas. Si alguna vez has visto a un niño pequeño «esconderse» cerrando los ojos, habrás visto cómo es el razonamiento sobre los demás antes de que seamos capaces de anular el proceso de reflejo. De hecho, los niños muy pequeños ni siquiera parecen ser conscientes de que mentes diferentes tienen contenidos diferentes. Aunque con el tiempo, en algún momento entre los dos y los cinco años,[2] la mayoría de nosotros aprendemos que si cerramos los ojos, los

---

[2] El intervalo de edad aquí indicado refleja el hecho de que algunas de las pruebas utilizadas para medir la asimilación de perspectivas son más difíciles que otras y, por tanto, arrojan diferentes estimaciones de lo que los niños son capaces de comprender sobre los demás y cuándo.

demás pueden seguir viéndonos, a pesar de que nosotros no podamos ver nada. Por supuesto, el grado en que esto se traduce en la comprensión de los puntos de vista más sofisticados de los demás varía. Porque hay muchos aspectos diferentes de las mentes de los demás que podríamos intentar modelar. Como puedes imaginar, ser capaz de entender lo que la persona sentada frente a uno ve a través de sus propios ojos requiere un tipo de proceso mental diferente al de formarse un modelo de lo que podría estar pensando. Cada vez hay más pruebas de que entender cómo se siente alguien puede ser completamente independiente de cualquiera de esos ejercicios de toma de perspectiva. Por desgracia, el mismo término —teoría de la mente— se ha utilizado para explicar una serie de procesos diferentes, aunque relacionados, que pueden utilizarse para modelar la mente de otra persona con una perspectiva diferente a la propia.

Para desentrañar un poco estas capas, empecemos hablando del tipo de modelado mental que se ha estudiado con más frecuencia a través de una lente de diferencia individual: la capacidad de hacer inferencias sobre lo que otra persona piensa o sabe. Una de las formas más comunes de estudiar esta capacidad durante el desarrollo es con un paradigma llamado tarea de falsa creencia.[3] Con niños pequeños, un experimento típico de falsa creencia es más o menos así: el investigador muestra a un niño algún tipo de recipiente familiar, como una caja de lápices de colores, y le pregunta qué cree que hay dentro. El niño responde con entusiasmo «¡Lápices!». Entonces, el investigador abre la caja y revela un giro de los acontecimientos, ¡la caja de lápices está llena de velas de cumpleaños! Esto sorprende incluso a los niños de dos y tres años, lo que demuestra que los mecanismos de predicción estadística están trabajando duro. Aquí es donde las cosas se ponen interesantes, el investigador vuelve a meter las velas en la caja de lápices y cierra la tapa. A continuación, le pregunta al niño qué pensaría otra persona que no esté

[3] Es divertido verlos. Si te interesa, puedes buscar en YouTube «False Belief Test: Theory of Mind» para verlo en acción.

en la habitación (como uno de sus padres o un hermano) que hay en la caja de lápices de colores. Los niños menores de cuatro años casi siempre responden «¡Velas!».

Por supuesto, existen diferencias individuales en cuanto a la rapidez y precisión con que los niños aprenden a representar sus propios conocimientos por separado de los de los demás. Y como el momento en que se desarrolla esta capacidad suele coincidir con el desarrollo de otras funciones de «control» del lóbulo frontal, algunos investigadores sostienen que adoptar la perspectiva de otra persona requiere inhibir, o anular, la propia. En otras palabras, ¡no se puede caminar un kilómetro en los zapatos de otra persona sin quitarse primero los propios!

Para probar esta hipótesis, Stephanie Carlson y Louis Moses realizaron un experimento en el que midieron tanto el control inhibitorio como el modelado mental en más de cien niños de tres y cuatro años. Carlson y Moses utilizaron un montón de pruebas para medir el control inhibitorio, que iban desde resistir tentaciones del mundo real, como pedir a los niños pequeños que «no miraran» mientras les envolvían un regalo a la espalda, hasta tareas más cognitivas, como hacerles señalar un cuadrado verde cuando el investigador decía «nieve» y uno blanco cuando decían «hierba». A los participantes en este estudio también se les sometió a una serie de pruebas de falsa creencia, como el escenario del lápiz de color/vela. Los resultados de estas pruebas mostraron que los niños que eran más capaces de inhibir las respuestas automáticas también eran mejores modelando los pensamientos de los demás. Estas pruebas concuerdan con la idea de «quitarse primero los zapatos»; sin embargo, dado que los datos son correlacionales y se recogieron en un único momento, hay otras posibles explicaciones que no se pueden descartar. Por ejemplo, ser capaz de modelar los pensamientos de otros podría haber ayudado a los niños a entender lo que se suponía que debían hacer en las tareas de control inhibitorio. Imagino que a un niño de tres o cuatro años le resultaría bastante extraño que un adulto le pidiera que hiciera algo manifiestamente incorrecto, como decir «día» cuando le muestran una imagen de la noche. Es posible que el hecho de comprender de algún modo que las personas pueden saber cosas distintas a las tuyas y que pueden hacer «trucos», como poner velas en una caja de lápices de colores, también te ayude a entender cómo se juega a un juego que implica hacer algo contrario a lo que estás acostumbrado.

Afortunadamente, la investigación en el campo de la genética del comportamiento ha proporcionado algunas pruebas interesantes y complementarias sobre cómo la naturaleza y la crianza contribuyen a la capacidad de modelar los pensamientos de los demás. Por ejemplo, un estudio realizado por Claire Hughes y sus colegas midió la capacidad de modelar la mente de más de mil pares de gemelos de cinco años.[4] El rico conjunto de datos recogidos de esta amplia muestra ofreció una imagen cristalina la importancia que tienen las relaciones familiares tanto en la naturaleza como en la crianza para la formación de la capacidad de los niños a la hora de aplicar ingeniería inversa a los pensamientos de los demás. En concreto, cuando los investigadores compararon las similitudes en las capacidades de modelado mental de los gemelos monocigóticos (idénticos), que constituían algo más de la mitad de la muestra, con las de los gemelos dicigóticos (fraternos) del mismo sexo, hallaron exactamente la misma correlación (r = 0,53) entre los gemelos de cada grupo. Esto demuestra de forma convincente que las similitudes observadas entre gemelos están relacionadas con sus entornos compartidos y no con su genética compartida. Esto contrasta fuertemente con las investigaciones que miden las diferencias individuales en el control inhibitorio y otros procesos de control del lóbulo frontal. Porque, como dice el título de un artículo de Naomi Friedman y colaboradores, «Las diferencias individuales en las funciones ejecutivas son casi totalmente de origen genético». En su análisis de las tareas de control recogidas de 582 parejas de gemelos, calcularon que la friolera del

[4] Siguiendo con el tema de modelado mental, me gustaría señalar lo impresionante que fue este esfuerzo de investigación. El equipo evaluó a más de 2 200 niños de cinco años en más de 3 000 horas de visitas a domicilio. Si alguna vez has intentado que un niño de cinco años haga lo que tenías planeado, puedes hacerte una idea de lo difícil que debe de haber sido.

99 % de la variabilidad en el control inhibitorio se explicaba por la genética, dejando solo un 1 % para ser explicado por factores ambientales. Este conjunto de investigaciones sugiere que, aunque el control inhibitorio y la capacidad de modelar creencias están relacionados entre sí en los niños pequeños, los mecanismos que los conforman son bastante diferentes. Dada la importancia de comprenderlas, la pregunta del millón es «¿Qué características del entorno pueden favorecer la capacidad de aprender a modelar la mente de los demás?».

Aprender a hablar el lenguaje de la mente

Resulta sorprendente pensar que algo tan difícil, y tan importante, como comprender el contenido de la mente de otra persona pueda estar totalmente determinado por nuestro entorno. Y un aspecto del entorno de un niño que se ha relacionado sistemáticamente con su capacidad para modelar los pensamientos de los demás es su contenido lingüístico. Por ejemplo, Hughes y sus colegas también midieron las capacidades verbales en su amplio estudio de gemelos de cinco años. Su sofisticado análisis de estos datos les permitió descubrir que un factor ambiental común explicaba una variabilidad significativa tanto en las capacidades verbales como en las de modelado mental. Para mí, esto tiene sentido si tenemos en cuenta que el lenguaje es uno de los comportamientos «observables» con mayor potencial para proporcionar pistas sobre lo que ocurre en la mente de otra persona. Por ejemplo, como madre de una niña extremadamente empática, podía decirle a Jasmine cosas como «Cuando haces esto, me preocupo porque temo que te hagas daño», o «Estoy estresada porque intento terminar los deberes». Como su empatía y sus neuronas espejo sabían lo que era sentirse preocupada o estresada, esto le ayudaba a guiar su comportamiento. De lo que no me di cuenta en aquel momento es de que también le estaba abriendo una ventana verbal a mi mundo interior.

Al fin y al cabo, los usuarios expertos del lenguaje disponen de una herramienta que les permite intercambiar eficazmente información sobre lo que ocurre en su cerebro. Pero comprender el contenido de la mente de otra persona también puede convertirle en un usuario más eficaz del lenguaje, porque para comunicarse con éxito también es necesario entender de dónde procede el cerebro que recibe las señales. Entonces, ¿qué es lo primero, la capacidad de modelar los pensamientos del otro o la capacidad de utilizar el lenguaje con eficacia?

Según un estudio longitudinal realizado por Janet Astington y Jennifer Jenkins, la respuesta es probablemente el lenguaje. En su estudio, siguieron a un grupo de niños de tres años durante un periodo de siete meses, evaluando sus capacidades lingüísticas y de modelado mental en tres momentos distintos. Sus resultados mostraron que las capacidades lingüísticas anteriores podían utilizarse para predecir el rendimiento en pruebas de falsas creencias en momentos posteriores, mientras que el rendimiento en pruebas de falsas creencias no predecía el rendimiento lingüístico posterior.

Otros estudios sobre la crianza de los hijos establecen un vínculo más específico entre los entornos lingüísticos y la forma en que se aprende a modelar los pensamientos de los demás. En concreto, una serie de estudios realizados por Elizabeth Meins y sus colaboradores desarrollaron el término mentalidad como un constructo que mide el grado de conciencia y sensibilidad de los cuidadores hacia las mentes de sus hijos pequeños. Meins describió por primera vez la idea recursiva de la mentalidad en un estudio de 2001 que investigaba los predictores del apego entre la madre y el bebé. En él, descubrió que las madres que hablaban de los estados mentales de sus bebés de seis meses tenían un apego más seguro con ellos cuando se les sometió a pruebas de laboratorio seis meses después. Luego, en un estudio de seguimiento, se estableció el vínculo crítico. Meins demostró que, tres años y medio más tarde, los mismos bebés de seis meses con madres que tienen más «la mente en la mente» obtuvieron mejores resultados en las pruebas de falsas creencias. Se trata de un hallazgo especialmente notable, teniendo en cuenta lo que sugiere la investigación sobre genética del comportamiento acerca de la ausencia de un componente genético en el modelado de la mente.

Los resultados combinados de la investigación longitudinal y los estudios de genética del comportamiento sugieren claramente que los niños que se encuentran en entornos lingüísticos ricos, y en particular los que tienen mucho contenido sobre los estados mentales tanto propios como ajenos, aprenden antes a comprender las mentes de los demás. Esto establece una conexión concreta entre aprender a pensar sobre los estados mentales y aprender a hablar de ellos. Aunque todos los padres y educadores saben que algunos intentos de enseñar y modelar conductas van mejor que otros.

Algo que podría sorprenderte es el papel que desempeña la alineación intercerebral en el éxito de los intercambios pedagógicos.

Una de mis demostraciones favoritas de esto medía esencialmente la probabilidad de que los bebés tuvieran en cuenta las recomendaciones breves y objetivas de sus padres. Victoria Leong y sus colaboradores registraron la actividad eléctrica de los cerebros de 47 parejas de madres y sus hijos de entre diez y once meses mientras intercambiaban información sobre objetos nuevos. El experimento comienza con la entrega a la madre de dos objetos que el bebé no ha visto nunca.[5] A continuación, coge uno de los objetos y lo aprueba con entusiasmo «¡Es fantástico! Nos gusta», o hace lo contrario «¡Qué asco! No nos gusta». En las fotos del experimento incluidas en el artículo, también se puede ver que las expresiones de las madres proporcionan información consistente sobre si el objeto es bueno o malo. A continuación, el investigador pasa ambos objetos al niño. Para ver si el bebé ha aprendido algo de la crítica de su madre, midieron cuánto tiempo pasaba jugando con el juguete sobre el que la madre comentaba positiva o negativamente frente al que no hablaba. Resultó que una mayor sincronización entre los cerebros de la madre y el bebé durante el comentario de la madre aumentaba la probabilidad de que el bebé aprendiera de él. Y los análisis de seguimiento mostraron que tanto

[5] En el artículo no se habla mucho de estos objetos, pero por las imágenes parecen piezas de plástico muy aburridas, el tipo de cosas sobre las que los niños no tendrían una opinión muy formada al realizar el experimento, lo cual tiene sentido, dado su objetivo.

el contacto visual como la duración de las intervenciones maternas aumentaban el grado de sincronización cerebral entre las parejas durante las interacciones satisfactorias. En otras palabras, cuanta más información recibe el bebé de la cara y la voz de mamá, más se sincronizan sus dos cerebros.[6] Cuando esto ocurre, el intercambio de información entre ambos se produce con mayor fluidez.

Pero antes de incorporar estas prácticas a tus interacciones con los bebés, debes tener en cuenta un «dato no tan divertido». Estos niños de diez y once meses no siempre aprendían imitando las recomendaciones de sus madres. De hecho, cuanto más diferentes eran los temperamentos de la madre y el bebé, según los informes de los padres, más probable era que el bebé cogiera el objeto que su madre no le recomendaba. El hecho de que lo hicieran de forma sistemática sugiere que estaban aprendiendo de las reacciones de sus padres, pero que de algún modo sus pequeños cerebros tenían en cuenta la similitud entre ellos y sus madres a la hora de decidir qué hacer con esa información.[7] El hecho de que los niños de diez meses puedan estar ya tomando decisiones sobre si seguir o no el consejo de su madre ilustra muy bien el punto que trataremos en la siguiente sección: no todo el mundo está igual de motivado para hacer el trabajo necesario para alinearse con el punto de vista de otra persona.

Conexión motivadora

Hasta ahora, la mayor parte de la investigación de la que hemos hablado se ha centrado en las condiciones que favorecen el

---

[6] Probablemente, esto ocurra también con los padres y otros cuidadores que interactúan regularmente con los bebés, pero la mayoría de los estudios se han centrado en las madres. Este es otro espacio en el que nuestros prejuicios sistémicos se representan en nuestra ciencia, porque —al menos en los Estados Unidos— las madres son mucho más propensas a ser las cuidadoras que están dispuestas y capaces de llevar a sus hijos al laboratorio para la investigación. Un saludo a mi jefe de laboratorio, Justin, que se toma seis meses de baja por paternidad para cuidar de sus hijos mientras su mujer vuelve al trabajo.

[7] Aunque apuesto a que en los cerebros de los padres que lean este libro habrá momentos «¡Ajá!», también espero que los que no tengáis hijos obtengáis información sobre las interacciones con vuestros padres.

aprendizaje de las habilidades necesarias para comprender los pensamientos de los demás. Pero, como aprendimos en el capítulo 6, que alguien sepa cómo hacer algo no significa necesariamente que vaya a hacerlo. Teniendo en cuenta lo difícil que es entender las mentes humanas, invisibles e impredecibles, y lo malas que pueden ser las consecuencias de los malentendidos, ¿qué nos motiva a intentarlo?

La respuesta a esta pregunta nos remontará a algunos de nuestros primeros debates sobre la neurociencia basada en las características de diseño más pequeñas de nuestro cerebro. Entre los ingredientes de tu cóctel neuronal se encuentra la oxitocina, el neurotransmisor más implicado en la promoción del apego social en los mamíferos. Para que nos esforcemos en mantener relaciones satisfactorias, la oxitocina puede estimular las neuronas receptoras de dopamina para aumentar el placer experimentado durante las interacciones sociales e influir en la amígdala y otras regiones límbicas de lucha o huida de modo que se reduzca la respuesta natural de estrés del cerebro a las interacciones sociales. En otras palabras, cuando la oxitocina está a bordo, puede disminuir la probabilidad de que el sistema de valoración del cerebro experimente una amenaza al acercarse a otra persona, lo que aumenta la posibilidad de que explore una conexión con ella.

Gran parte de lo que sabemos sobre el papel de la oxitocina a la hora de fomentar los vínculos sociales se basa en la medición de los cambios que se producen en una persona o un animal durante hitos importantes en sus relaciones. Convertirse en padre o madre es uno de los hitos más destacados, uno que implica mucho trabajo duro y que también resulta ser fundamental para la supervivencia de la especie. Pero si crees que entender la mente de otra persona adulta es difícil, prueba a tener «en mente la mente» de un bebé, especialmente durante su fase más temprana en la que todos los estímulos son nuevos. Desde un punto de vista evolutivo, sería un buen momento para dar un empujoncito y ayudar a alguien a interesarse por la perspectiva de otra persona, ¿no crees?

De hecho, este es uno de los papeles fundamentales que desempeña la oxitocina para mantener a los mamíferos en el planeta.

En el cuerpo femenino, la oxitocina funciona como una hormona que induce el parto y se libera durante la lactancia. En el cerebro, los niveles de oxitocina aumentan tanto en las madres como en los padres cuando tocan a sus hijos y participan en interacciones sociales con ellos, lo que aumenta los sentimientos de conexión y disminuye el estrés. Los datos longitudinales sugieren que los niveles de oxitocina siguen aumentando en los padres durante al menos los seis primeros meses de vida del bebé y que los padres que conviven tienen niveles de oxitocina correlacionados.

No obstante, los padres no son los únicos en estas relaciones que necesitan una fuerte dosis de oxitocina. Como puedes imaginar, nacer indefenso en un mundo lleno de cosas a las que no puedes encontrar sentido es bastante estresante para un bebé. La mayoría de los animales que les rodean son gigantes y sus «sentidos arácnidos» deben detectar que estos gigantes son capaces de hacerles daño. Sin embargo, los gigantes también parecen capaces de proporcionarles alimento y de mejorar sus niveles de confort en general. Las únicas herramientas que tienen los bebés para enfrentarse a este drama son unos cuantos reflejos y un cerebro capaz de aprender mucho en muy poco tiempo. Para aumentar sus posibilidades de supervivencia, el cerebro infantil necesita aprender rápidamente en cuál de los gigantes debe confiar. Porque, aunque el bebé no sea capaz de huir hasta dentro de un año o así, es capaz de sonreír, arrullarse y participar en una serie de comportamientos simpáticos y cada vez más complicados que pueden motivar a los gigantes de su elección a cuidar de él.

Las investigaciones realizadas con animales humanos y no humanos sugieren que la oxitocina desempeña un papel fundamental en este proceso temprano de creación de vínculos afectivos en los bebés. Sorprendentemente, los corderos recién nacidos y sus madres proporcionan un modelo muy interesante del papel de la oxitocina en la formación de vínculos. A diferencia de los humanos, los corderos nacen en un rebaño y se desplazan poco después de nacer. Estos entornos crean una función de forzamiento para averiguar cuál de las grandes criaturas lanudas es «mamá» ¡lo antes posible! Y en sus dos primeras horas de vida, los corderos que tienen la oportunidad de mamar empiezan a reconocer y a preferir a sus madres biológicas a los otros gigantes que les rodean. Un estudio reciente, publicado en 2021 por Raymond Nowak y sus colegas, aportó pruebas convergentes del papel de la oxitocina en este proceso de vinculación temprana de los corderos. En una serie de experimentos con corderos recién nacidos, el equipo de investigadores demostró en primer lugar que los niveles de oxitocina en los corderos aumentaban después de mamar, pero no después de otras interacciones no nutritivas con mamá. Luego demostraron que los recién nacidos a los que se administró un fármaco que bloquea la unión de la oxitocina en el cerebro exploraban con menos frecuencia el cuerpo de su madre y mostraban menos preferencia por ella a corto plazo.[8]

Aunque los recién nacidos humanos no tienen la oportunidad de alejarse y perderse en una manada, las escasas investigaciones que tenemos sobre sus niveles de oxitocina sugieren que desempeñan un papel similar en el vínculo parental. Por ejemplo, un estudio realizado con recién nacidos prematuros demostró que el contacto piel con piel con cualquiera de los progenitores aumentaba los niveles de oxitocina tanto en el padre como en el hijo. Y en relación con los beneficios para la salud de este tipo de intimidad, también se demostró que el contacto piel con piel disminuía los niveles de cortisol de los bebés.[9] En conjunto, esta muestra de la investigación sobre el vínculo afectivo entre padres e hijos sugiere que, por término medio, los cambios en los niveles de oxitocina de una persona coinciden con los momentos críticos del vínculo afectivo. Pero antes de que los niños lleguen a existir —al menos de la forma tradicional—, ¡sus padres también tienen que conectarse!

Resulta que la oxitocina también interviene en la motivación de las relaciones sexuales y románticas, y tenemos que agradecer a los

---

[8] Esto es triste, pero no te preocupes, los efectos de la droga tanto en el cerebro como en el vínculo fueron temporales. Todos los cambios desaparecieron en cuarenta y ocho horas, los corderos se volvieron a reunir con los gigantes lanudos que los parieron.

[9] Como probablemente recuerdes, el cortisol es un neurotransmisor relacionado con las experiencias de estrés prolongado.

topillos[10] la mayor parte de lo que sabemos al respecto. En 1992, Thomas Insel y Lawrence Shapiro buscaron la base biológica de la monogamia en el cerebro de dos especies de topillos que se parecen en muchos aspectos, salvo en sus prácticas sociales: los topillos de las praderas y los topillos de montaña. En libertad, los topillos de las praderas tienden a formar relaciones monógamas duraderas y ambos sexos cuidan de sus crías. En cambio, los topillos de montaña viven aislados, no son monógamos y dedican muy poco tiempo al cuidado de sus crías.

Cuando Insel y Shapiro investigaron los patrones de unión de tres neurotransmisores distintos en los cerebros de las dos especies de topillos, descubrieron diferencias abismales en sus sistemas de comunicación con la oxitocina. Los topillos de las praderas monógamos tenían más receptores de oxitocina en seis de las diez regiones cerebrales investigadas, incluidos más de seis veces más receptores en el núcleo accumbens, la parte de los ganglios basales más asociada a la recepción de proyecciones de dopamina y la sensación de placer. También tenían más del doble de receptores de oxitocina en la amígdala lateral, que interviene en la respuesta de lucha o huida. Una serie de estudios posteriores ampliaron este trabajo con manipulaciones causales. La oxitocina administrada a los topillos de las praderas antes de los periodos de cohabitación no sexual aumentaba su preferencia mutua, mientras que un fármaco que bloqueaba la unión de la oxitocina no interfería en el apareamiento, pero impedía que los topillos de las praderas formaran preferencias de pareja después. En otras palabras, al menos en los mamíferos monógamos, la oxitocina parece estar implicada en la conexión entre adultos, al igual que ocurre en las relaciones entre padres e hijos.

Estos hallazgos no tardaron en generar un montón de investigaciones interesantes sobre el papel de la oxitocina en las relaciones humanas adultas. Por ejemplo, en una ingeniosa serie de experimentos, Dirk Scheele y sus colegas administraron oxitocina

---

[10] Los topillos son unos roedores adorables. Se parecen un poco a un hámster *punk-rock.*

a participantes humanos y midieron sus efectos en el cerebro y el comportamiento. En dos estudios similares, Scheele y colaboradores examinaron los efectos de la oxitocina en las respuestas cerebrales de cuarenta hombres en relaciones comprometidas que, según sus medidas de autoinforme, estaban «apasionadamente enamorados». En el escáner, cada hombre veía imágenes de su pareja, imágenes de mujeres conocidas que no estaban relacionadas con ellos ni con su pareja, imágenes de desconocidas (seleccionadas por evaluadores independientes para que coincidieran con las de sus parejas en cuanto a atractivo y niveles de excitación) e imágenes de estímulos neutros, como casas. Para medir el efecto de la oxitocina en la percepción de sus parejas, todos los hombres se sometieron a dos sesiones de exploración, una con oxitocina y otra sin ella. Los resultados, en pocas palabras, mostraron que la oxitocina hacía que los cerebros de los hombres se parecieran más a los de los topillos de las praderas monógamos. Para ser más específicos,[11] ambos experimentos mostraron que cuando había oxitocina, la activación cerebral aumentaba en el núcleo accumbens,[12] el centro de recompensa sensible a la dopamina donde los topillos de las praderas tienen cantidades masivas de receptores de oxitocina. Lo realmente sorprendente de estos resultados es que esto solo ocurría cuando los hombres veían imágenes de sus parejas, no cuando veían imágenes de otras mujeres, extrañas o conocidas, que eran objetivamente igual de atractivas.[13]

En un ingenioso estudio de seguimiento, Scheele y colaboradores exploraron los efectos en el «mundo real» de la administración de oxitocina utilizando un paradigma denominado tarea

---

[11] Sobre todo porque los topillos de las praderas tienen cerebros diminutos…

[12] Ambos experimentos también mostraron un aumento de la activación en el área tegmental ventral, la región de los ganglios basales que libera dopamina ante las recompensas.

[13] No quiero matar el ánimo, porque esto es muy tierno, pero vale la pena señalar que estos datos se promediaron entre los hombres del grupo. ¿Te imaginas lo jugosa que sería la versión de telerrealidad de *El cerebro quiere lo que quiere*? Llena a tu pareja de oxitocina y enséñale fotos de tu cara y de la cara de desconocidos igual de atractivos, ¡y verás lo selectivos que son sus cerebros!

de «distancia de parada». La tarea incluía varias condiciones en las que un participante en el estudio se colocaba cara a cara con un investigador y se le pedía que decidiera la distancia a la que se sentía cómodo de pie. A veces, el investigador empezaba lejos y se acercaba al participante, y otras veces empezaba cerca y se alejaba. En ambos casos, el participante les decía «alto» cuando alcanzaban una distancia en la que se sentía cómodo. En otras condiciones, los participantes se acercaban al investigador desde lejos, o empezaban cerca y retrocedían. En ambos casos, los participantes simplemente se detenían cuando estaban a una distancia cómoda. Después, al final de cada ensayo, se registraba la distancia final entre la pareja, de barbilla a barbilla.

Y aquí es donde las cosas se ponen interesantes. Todos los participantes en este experimento eran hombres heterosexuales y la investigadora era una mujer atractiva, según la valoración de un grupo independiente de personas. Y aproximadamente la mitad de los 57 hombres que completaron el experimento mantenían relaciones monógamas estables y la otra mitad eran solteros. Entonces, ¿qué crees que ocurrió cuando se administró oxitocina a los dos grupos?

Si habías predicho que la oxitocina haría que los hombres con pareja se alejaran de las mujeres atractivas, ¡has dado en el clavo! Con la oxitocina a bordo, los hombres que mantenían una relación estable se alejaban unos quince centímetros de la atractiva investigadora. Sin oxitocina, sin embargo, los hombres que mantenían relaciones se sentían cómodos con un espacio de una persona entre ellos. En conjunto, estos resultados sugieren que la adición experimental de oxitocina a la mezcla aumenta el valor de recompensa percibido de una pareja, lo que puede motivar a los hombres a comportarse de forma más selectiva y en pareja.

Recientemente, Simone Shamay-Tsoory y Ahmad Abu-Akel han contribuido a explicar cómo influye la oxitocina en el vínculo social, proponiendo que su función real es aumentar la relevancia de la información socialmente relevante en el entorno. En el capítulo 4, hablamos de cómo los ganglios basales hacen esto, aumentando o disminuyendo las señales que viajan a la corteza prefrontal en función de lo que consideran relevante. Según la hipótesis de la relevancia social, los receptores de oxitocina de los ganglios basales pueden secuestrar este proceso y subir el volumen de las señales socialmente relevantes.

Si lo piensas bien, es algo evolutivamente inteligente. En lugar de hacer que un bebé humano se centre en lo primero que ve, se le dan las herramientas para que aprenda a entender las cosas de las que tiene más potencial para beneficiarse. Esto permitiría que las señales importantes de los cuidadores se contrapongan a la confusión floreciente y zumbante del resto del mundo para que los bebés puedan aprender en quién confiar.[14] Esto también podría explicar por qué los bebés de diez meses ya tienen suficientes datos sobre sus cuidadores como para decidir si están de acuerdo con su opinión sobre un objeto nuevo y brillante.

En consonancia con esta idea, una serie de experimentos sugieren que el aumento de los niveles de oxitocina está correlacionado con la mejora de la capacidad de modelar la mente. Sin embargo, los resultados de los estudios que investigan esta relación han sido inconsistentes. Por ejemplo, un experimento realizado por Gregor Domes y sus colegas reveló que los varones a los que se administró oxitocina obtuvieron mejores resultados en los ítems más difíciles del test de los ojos. Otro estudio realizado por Sina Radke y sus colegas, que siguió un protocolo muy similar, no encontró ninguna mejora a nivel de grupo, pero sí que los hombres que obtuvieron las puntuaciones más bajas en una escala de autoevaluación del rasgo de empatía mejoraron en el test cuando se les administró oxitocina. Por último, un metaanálisis que estudió los resultados de múltiples estudios sobre la lectura de emociones con oxitocina sugirió que la oxitocina solo podría ayudar a reconocer un puñado de emociones relacionadas con la amígdala, como el miedo o la ira. Una posible explicación de estos resultados, analizada en un comentario escrito por Jennifer Bartz y colaboradores, no debería sorprenderte lo más mínimo.

---

[14] De hecho, los bebés tienen preferencia por atender a estímulos socialmente relevantes, como caras y voces.

Describen la probabilidad de que la oxitocina no haga lo mismo en todo el mundo y esto se debe a que la información diferente es socialmente relevante en contextos específicos y para individuos específicos.

Esto tiene mucho sentido, si tienes en cuenta todo lo que has aprendido en este libro. La forma en que te concentras, combinada con tus experiencias vividas, está destinada a dar forma a los tipos de pistas que tu cerebro aprende a utilizar cuando intenta desenvolverse en situaciones sociales. Y aquí es donde las cosas se ponen decepcionantes, al menos desde mi punto de vista. No parece que la oxitocina sea el ingrediente mágico que acerque a las personas diferentes entre sí. De hecho, probablemente haga lo contrario.

En otro giro sobre los costes y beneficios de los distintos mecanismos de conexión, las investigaciones sugieren que la misma sustancia química que nos motiva a conectar parece aumentar nuestra conciencia de las diferencias entre «dentro del grupo» y «fuera del grupo». Por ejemplo, una serie de estudios de Carsten de Dreu y colaboradores demostraron que administrar oxitocina a varones adultos aumentaba sus prejuicios etnocéntricos, o dentro del grupo. Otro estudio demostró que administrar oxitocina a varones adultos[15] aumentaba su sensibilidad a las expresiones dolorosas, pero solo en rostros de la misma raza.

Una cosa que hay que tener en cuenta es que la oxitocina no crea estos prejuicios dentro del grupo. Es mucho más probable que aumente la prominencia de prejuicios ya existentes. En ambos experimentos, los hombres de los grupos placebo ya mostraban prejuicios grupales. El hecho de que sus prejuicios aumentaran tras la oxitocina probablemente refleja una «amplificación» de algún indicio social preexistente que sus cerebros ya utilizan para dividir el mundo en «nosotros» y «ellos».

---

[15] Si te preguntas por qué muchos de estos estudios se han realizado solo en hombres, no eres el único. Mi mejor conjetura es que hay razones basadas en la biología, los roles sociales, o ambos, por las que hombres y mujeres pueden diferir en estas respuestas. Y si no tienes suficiente dinero, o estímulos, para estudiar a ambos, estudias a los hombres porque… no, no puedo justificar científicamente nada más que eso.

En consonancia con esta idea, cuando Michaela Pfundmair y su equipo de investigación asignaron a sesenta participantes masculinos y femeninos a grupos supuestamente basados en sus preferencias artísticas, la oxitocina no potenció los prejuicios dentro del grupo. En el estudio, los investigadores presentaron primero a los participantes varios pares de cuadros y les pidieron que eligieran el que preferían. Después de presentar diez pares de cuadros, se dijo a cada participante que prefería los cuadros de «Pechstein», independientemente de su elección real. Entonces se les asignó al «equipo Pechstein». Sin que ellos lo supieran, no había otro equipo, pero se les hizo creer en un «equipo Heckel» ficticio, formado por personas a las que les gustaban cuadros distintos a los suyos. Tras ser asignados a los equipos, los participantes vieron una serie de vídeos de aspecto muy aburrido (el paradigma se creó para niños) en los que una mano o un brazo mecánico se acercaba a una pantalla y se dirigía hacia uno de dos objetos. Antes de cada vídeo con un brazo humano, una nota en la pantalla decía si pertenecían al equipo Pechstein o al equipo Heckel.

Aunque es increíblemente improbable que los participantes entraran en este estudio con algún tipo de identidad significativa asociada a cualquiera de los pintores, ser asignado al equipo Pechstein hizo que la gente se sintiera más empática hacia otros miembros de su equipo que hacia los miembros del equipo Heckel. Pero la adición de oxitocina no potenció este efecto. Por el contrario, las personas que recibieron oxitocina pasaron más tiempo mirando vídeos con manos humanas de cualquiera de los dos equipos que mirando los brazos mecánicos. Y aunque tanto las personas que recibieron oxitocina como las que no, miraron durante algo más de tiempo las manos del equipo Pechstein, el efecto no fue ni significativo ni significativamente mayor tras la administración de oxitocina. En resumen, si la vida no les había enseñado ya que afiliarse a gente a la que le gustaba Pechstein tenía algún beneficio, la oxitocina no lo creó.

Tal vez mi cerebro optimista y dopaminérgico me esté jugando una mala pasada, pero creo que esto da esperanza en lo que respecta a nuestra capacidad para conectar con los demás por encima de nuestras diferencias. Mientras que los resultados de estos estudios sugieren que la oxitocina puede mejorar las señales sociales que ya están asociadas con las distinciones entre dentro y fuera del grupo, también dejan espacio para aprender cuáles son las señales importantes para ti, en caso de que decidas redefinir lo que cuenta como tu manada.[16] Y en caso de que la importancia de esto no sea tan obvia para ti y tu cerebro como lo es para mí y el mío, en la siguiente sección, voy a cubrir algunos de los beneficios medibles que provoca ser capaz de realizar ingeniería inversa en la mente de otra persona.

Centrarse en el equipo

En este capítulo hemos hablado de cómo nuestros mecanismos innatos para comprender las acciones de los demás son egocéntricos y de cómo esto puede llevar a las personas a pasar tiempo con otros individuos con cerebros similares. Pero también hemos visto algunas pruebas bastante sólidas que sugieren que tanto la capacidad de comprender la mente de los demás como las señales sociales que tenemos en cuenta al hacerlo se aprenden. Así que, antes de dejar que cierres el libro sobre la idea de conectar con personas que trabajan de forma diferente a ti, permíteme defender la idea de una inteligencia social colectiva y el papel que se ha demostrado que desempeña en ella el modelado mental. Por si acaso, parafraseando a Maya Angelou, conocer mejor ayuda a sentar las bases para hacerlo mejor.

Nos guste o no,[17] hay momentos en la vida en los que se nos pide que cooperemos con grupos de personas que no podemos elegir. Desde los proyectos de clase hasta el lugar de trabajo, la pertenencia a un equipo es una parte esencial de la experiencia humana. Y cuando las cosas van bien en equipo, el efecto es que

---

[16] La metáfora es especialmente apropiada, ya que se ha demostrado que la oxitocina aumenta recíprocamente cuando los humanos miran a sus perros y cuando los perros miran a sus humanos. ¿No es hermoso lo mucho que podemos extender nuestras redes de pertenencia?

[17] Lo que probablemente tiene mucho que ver con lo extravertido que seas…

el rendimiento del equipo es realmente mayor que la suma de sus partes. Así que no es de extrañar que los psicólogos organizativos lleven décadas intentando comprender la «receta mágica» para formar un equipo de éxito.

En la última década, la ciencia del trabajo en equipo ha dado un salto adelante, en gran parte debido a la consideración de las capacidades de modelado mental. Dos enormes experimentos de trabajo en equipo dirigidos por Anita Woolley y sus colegas ofrecen claros ejemplos de este progreso. Lo primero que hicieron Woolley y su equipo fue idear una forma de medir el éxito de un equipo utilizando un término que ella definió como su «inteligencia colectiva». Para ello, primero asignó al azar a 699 personas a grupos de entre dos y cinco personas. A continuación, pidió a los grupos que trabajaran colectivamente para resolver una amplia variedad de problemas seleccionados para evaluar el rendimiento del equipo en una serie de condiciones diferentes. Los problemas iban desde resolver rompecabezas visuales hasta hacer juicios morales o negociar cómo utilizar recursos limitados. A continuación, estos equipos formados por completos desconocidos trabajaron juntos para alcanzar estos diferentes objetivos definidos por el investigador durante un máximo de cinco horas.

Una de las primeras contribuciones fundamentales de Woolley a este campo fue demostrar que los equipos con éxito obtenían mejores resultados que los equipos con menos éxito, independientemente de la tarea que se les encomendara. En otras palabras, no es que los grupos de personas reunidos al azar se clasificaran en «equipos rompecabezas» o «equipos logísticos». En cambio, la medida de inteligencia colectiva que Woolley obtuvo para cada equipo, basada en su rendimiento en todas las tareas, explicaba más del 40 % de su éxito en todos los resultados de la resolución de problemas en comparación con otros equipos. A partir de esta medida, pudo plantear la pregunta que los investigadores llevaban años estudiando.

«¿Qué predice el éxito de un determinado equipo?». Una de las mayores sorpresas fue que ni la inteligencia media de los individuos del equipo ni la inteligencia máxima de cualquier individuo de un equipo estaban estrechamente relacionadas con la inteligencia colectiva.[18] Tampoco lo estaban las medidas de la motivación media del equipo, la satisfacción o la cohesión del grupo. En cambio, tres factores predijeron de forma fiable el rendimiento general de los equipos de personas: (1) sus capacidades medias de ingeniería inversa de la mente humana, medidas por el test de los ojos, y un mejor rendimiento en el test se asoció con un mejor rendimiento del equipo; (2) la distribución de la toma de turnos hablada y una toma de turnos más distribuida se asoció con un mejor rendimiento del equipo, y (3) la proporción de mujeres participantes en cualquier equipo y un mayor número de mujeres se asoció con un mejor rendimiento del equipo.[19] Estos hallazgos revolucionarios fueron respaldados por otras investigaciones que demostraron que el rendimiento en el test de los ojos también predice el rendimiento del equipo en proyectos de clase, así como en entornos de colaboración en línea. En la sección final de este capítulo, haré todo lo posible por utilizar el lenguaje para compartir un poco del contenido de mi mente contigo, mientras conectamos los puntos entre lo que hemos aprendido sobre cómo entendemos a los demás.

Resumen: la similitud entre cerebros impulsa el éxito del reflejo mental, mientras que la experiencia con la «mentalización» moldea nuestra capacidad para modelar a los demás

Cuando se unen los resultados de este capítulo, las implicaciones son muy profundas. En primer lugar, la forma más instintiva que tenemos de entender a los demás es ponernos en su lugar. Y aunque esto puede crear una experiencia poderosa, empática, no funciona necesariamente bien cuando la persona con la que intentas

[18] En cada uno de los dos experimentos individuales descritos, estos factores no se correlacionaron significativamente con la inteligencia colectiva. Sin embargo, cuando se promediaron los resultados de dos experimentos, sí alcanzaron significación, explicando el 2,2 % y el 3,6 % de la varianza, respectivamente.

[19] Yo no hago las noticias, gente, solo informo.

conectar lleva un número de zapato diferente al tuyo. Y como no todo el mundo funciona igual, el uso de estos mecanismos de «reflejo» probablemente impulsa la homofilia que vemos a nuestro alrededor. Las personas cuyos cerebros funcionan de forma similar tienden a agruparse en grupos afines. Pero hay otras formas, más laboriosas, de aplicar ingeniería inversa al cerebro de otra persona a partir de los indicios observables. Estos métodos de «teoría de la mente» parecen estar muy relacionados con la capacidad de una persona para utilizar el lenguaje. Sorprendentemente, también parecen ser totalmente adquiridos. Aunque saber lo que otra persona puede estar pensando o sintiendo no significa necesariamente que se vaya a utilizar esa información para comportarse de un modo que tenga en cuenta sus sentimientos. El neurotransmisor oxitocina puede proporcionar una de las señales de motivación para hacerlo, al potenciar los sistemas de recompensa de la dopamina que nos impulsan a querer conectar y, por tanto, a subir el volumen de las señales socialmente relevantes, al menos cuando interactuamos con grupos de personas con los que nos sentimos motivados a conectar.

Por último, la bibliografía sobre el trabajo en equipo sugiere que las personas que saben hacer ingeniería inversa de las mentes de los demás tienen más éxito en diversos entornos de colaboración. Y puesto que el rendimiento en el test de los ojos también predice el éxito de las colaboraciones en línea en las que los compañeros de equipo no pueden verse, es probable que la capacidad de hacer ingeniería inversa de lo que otra persona está sintiendo en base a sus expresiones faciales refleje una experiencia más general en el uso de pistas sociales observables, incluido el lenguaje, para inferir el contenido de la mente de otra persona. Dado que estas habilidades parecen aprenderse, debería existir la posibilidad de mejorarlas. Son buenas noticias, porque, según el modelo de Kanter, las relaciones interpersonales dependen de la capacidad de comunicarse y hacerse entender tanto verbal como no verbalmente. La moraleja de esta historia, al menos desde la perspectiva de mi cerebro, es que la práctica hace al maestro cuando se trata de modelar la mente y que la práctica puede tener beneficios tangibles en el éxito de tus interacciones con los demás.

Y hablando de nuestras interacciones con los demás, espero sinceramente que hayas aprendido tanto sobre ti mismo leyendo este libro como yo cuando lo escribí. Si es así, mientras avanzas con todas estas nuevas ideas en tu mochila, me gustaría retarte a hacer algo diferente cuando intentes comprenderte a ti mismo y a los demás. Se trata de una tarea que realmente espero que la lectura de este libro te deje mejor preparado para afrontar.

¿Puedes aplicar ingeniería inversa a tus pensamientos, sentimientos y comportamientos basándote en lo que ahora sabes sobre el funcionamiento del cerebro? Aunque a veces la idea pueda hacerte sentir incómodo, ¿esta nueva comprensión de cómo tu cerebro construye tu realidad cambia la forma en que te entiendes a ti mismo?

Y ahora, ¿puedes llevar este ejercicio un paso más allá y tratar de entender por qué otra persona, que podría estar comportándose de una manera que tú encuentras totalmente idiota, podría simplemente estar impulsada por un cerebro diferente que ha sido moldeado por experiencias diferentes? Puesto que el cerebro es el creador de la mente, creo firmemente que hacerlo te proporcionará las habilidades de modelado mental más poderosas posibles. Después de todo, intentar caminar un kilómetro en los zapatos de otra persona provocará ampollas irremediablemente si no son del tamaño adecuado. En lugar de eso, espero que te unas a mí en esta aventura e intentes caminar un kilómetro con su cerebro. Porque echar un vistazo al interior de nuestras diferentes formas biológicas de ser puede abrir tu mente a un mundo aún inexplorado.

AGRADECIMIENTOS

Cuando era joven, solía bromear con que algún día escribiría un libro y se lo dedicaría a Norah, la líder de las *Girl Scouts* de Davis (California), la ciudad que es «liberal por fuera pero conservadora por dentro». Norah nos hizo sentir a Jasmine y a mí como una mierda porque no encajábamos con las otras madres futbolistas de su tropa. Pero han pasado veinte años y ahora estoy algo menos cabreada por ello. De hecho, estoy casi agradecida por la forma en que esa experiencia alimentó mi crecimiento, lo que finalmente me motivó a tratar de entender por qué alguien se comportaría de esa manera. Así que, aunque mi motivación para hacerlo sea ligeramente menos infantil de lo que imaginé en un principio: gracias, Norah.

Pero prefiero centrarme en los que me han apoyado, que afortunadamente superan a los detractores en una proporción de mil a uno. Soy muy afortunada. Así que empezaré mi más sincero agradecimiento con los que me han apoyado toda la vida, mis padres. Mi interés por las diferencias individuales se debe a que mis padres son dos de las personas más diferentes que he conocido. No puedo imaginar que nada que no fuera una pequeña ciudad y el movimiento *Free Love* pudieran haberlos unido, pero me alegro de que así fuera, aunque solo fuera por un tiempo. Como se imaginarán, no era la niña más fácil de criar. Gracias, mamá, por hacer siempre todo lo posible por criarme, aunque no «funcionáramos» igual. Gracias a mi padre por animarme a soñar a lo grande. Y gracias a mi padrastro, Jim, por darme todas las habilidades automovilísticas para hacer estas metáforas y por revisar varias versiones de ellas antes de que aparecieran en el libro.

Y luego, por supuesto, está la mejor amiga que di a luz: Jasmine. Recuerdo el momento en que soñé con lo que podrías ser y lo sorprendida que sigo estando de lo mucho más que eres. Gracias por preocuparte por mí y por enseñarme lo poderosa que puede ser la conexión. Y gracias por tus lentos, pero minuciosos, perspicaces y divertidos comentarios sobre el primer tercio del libro. Espero que te guste el resto cuando tengas la oportunidad de leerlo.

Esto me lleva a la primera persona que leyó este libro en su totalidad: Andrea. Desde tus ilustraciones hasta cada uno de los paseos y excursiones que hicimos en los que intercambiamos ideas para el libro, pasando por el hecho de que te hicieras cargo casi por completo de las responsabilidades domésticas mientras yo estaba enterrada en dos trabajos a tiempo completo, no hay forma de que hubiera podido hacer esto sin ti. Me preocupa un poco tener que decirle a un montón de perfectos desconocidos lo genial que eres, pero cuento con la oxitocina, además del hecho de que nadie sabe de ganglios basales como yo, para mantenernos conectados, aunque seas demasiado bueno para mí. Gracias por ser mi mayor apoyo. Ojalá pudiera ver el mundo (y a mí misma) a través de tu cerebro.

A continuación, a mi extraordinaria agente, Margo Beth Fleming, y a mi brillante editora, Jill Schwartzman. Gracias por dar una oportunidad a alguien con muy poco que mostrar, salvo ideas... La verdad que os llevé en un viaje lleno de baches. Y gracias por explicármelo todo, por escucharme y por vuestro aprecio a los ridículos memes y actualizaciones fotográficas que enviaba con cada *check-in*.

También me gustaría dar las gracias a Ray Pérez y al *Cognitive Science of Learning Program at the Office of Naval Research*, que actualmente financian mi investigación y han apoyado parte de la redacción de mi libro. Y gracias al *Sou'wester Lodge's Artist*

Residency Program por alojarme a mí y a mi perro durante algunas de las tareas intelectuales más pesadas de escribir este libro.

Por supuesto, gracias a todos los amigos, familiares y estudiantes que leyeron partes del libro o me dieron ideas sobre lo que sería interesante contar: Eddie, Jen K., Jenni, Jeanne, Brianna, Katie (mi musa), David y Judy (la familia que encontré en el proceso de escritura), Caitlin, el primo Danny, Shaya, el tío Danny, Jen J., Kira, Maria, Michelle, la tía Jan, Tonya, Richard, Stacie, Robin, Holy A., Julie, tío Larry, Kristy, Annamarie S., Claire, Deanna, Deborah, Jeffrey, Obadiah, Kim (RIP), Dawn, Dina, Charlotte, Erik, Rabiah, Akira, Yinan, Olga, Zirui, Malayka, Lauren, Thea, Marissa, Margarita, Jim, Jay, Cher, Preston, Amanda, Mari y Shreya. Un agradecimiento especial a Justin y Jim por su «vista de águila» en la corrección de pruebas. Se necesita un pueblo y mi pueblo es fuerte.

Y por último, pero no por ello menos importante, a mi perra, Coccolina, que ha estado sentada a mi lado durante el 95 % de este escrito. Gracias por inundar mi cerebro de oxitocina y por enseñarme que, a veces, estar al lado de alguien es lo mejor que puedes hacer por él.

Escanea el código QR para acceder a las notas de este libro:

Este libro se terminó de imprimir en el mes de abril de 2025
en Liberdúplex, S.L. (Barcelona).